"十二五"国家重点图书出版规划项目
智能电网研究与应用丛书

新能源发电功率预测

Renewable Energy Generation
Power Forecasting

王 飞 甄 钊 刘兴杰 米增强 著

科学出版社
北京

内 容 简 介

本书介绍了作者团队近年来在风电、光伏发电功率预测技术领域的研究成果，包括出力特性、理论方法、预测模型、算例验证与应用系统。本书研究成果可以作为电网公司和新能源发电运营商有关技术和管理人员的参考，为电力调度控制中心的运行控制和决策优化提供支撑，帮助新能源发电运营商提高场站的发电容量利用率、经济效益和投资回报率。全书共 10 章，分别为新能源功率预测背景意义、预测基本问题概述、光伏发电系统出力特性分析、光伏发电功率极短期预测、光伏发电功率超短期预测、光伏发电功率短期预测、深度学习理论在光伏发电功率预测中的应用、风电功率超短期预测、风电功率短期预测以及实际预测系统。

本书适合电气及相关专业本科生和研究生使用，也可供电力企业、科研院所研究人员和管理人员参考。

图书在版编目（CIP）数据

新能源发电功率预测 = Renewable Energy Generation Power Forecasting /
王飞等著. —北京：科学出版社，2020.6

（智能电网研究与应用丛书）

ISBN 978-7-03-065158-7

Ⅰ.①新…　Ⅱ.①王…　Ⅲ.①新能源-发电-功率-预测技术　Ⅳ.①TM61

中国版本图书馆CIP数据核字（2020）第083036号

责任编辑：范运年　霍明亮 / 责任校对：王萌萌
责任印制：赵　博 / 封面设计：蓝正设计

科 学 出 版 社 出版
北京东黄城根北街 16 号
邮政编码：100717
http://www.sciencep.com
三河市春园印刷有限公司印刷
科学出版社发行　各地新华书店经销
*
2020 年 6 月第　一　版　　开本：720 × 1000　1/16
2025 年 2 月第六次印刷　　印张：17 1/2
字数：350 000

定价：158.00 元
（如有印装质量问题，我社负责调换）

《智能电网研究与应用丛书》编委会

《智能电网研究与应用丛书》序

迄今为止，世界电网经历了"三代"的演变。第一代电网是第二次世界大战前以小机组、低电压、孤立电网为特征的电网兴起阶段；第二代电网是第二次世界大战后以大机组、超高压、互联大电网为特征的电网规模化阶段；第三代电网是第一、二代电网在新能源革命下的传承和发展，支持大规模新能源电力，大幅度降低互联大电网的安全风险，并广泛融合信息通信技术，是未来可持续发展的能源体系的重要组成部分，是电网发展的可持续化、智能化阶段。

同时，在新能源革命的条件下，电网的重要性日益突出，电网将成为全社会重要的能源配备和输送网络，与传统电网相比，未来电网应具备如下四个明显特征：一是具有接纳大规模可再生能源电力的能力；二是实现电力需求侧响应、分布式电源、储能与电网的有机融合，大幅度提高终端能源利用的效率；三是具有极高的供电可靠性，基本排除大面积停电的风险，包括自然灾害的冲击；四是与通信信息系统广泛结合，实现覆盖城乡的能源、电力、信息综合服务体系。

发展智能电网是国家能源发展战略的重要组成部分。目前，国内已有不少科研单位和相关企业做了大量的研究工作，并且取得了非常显著的研究成果。在智能电网研究与应用的一些方面，我国已经走在了世界的前列。为促进智能电网研究和应用的健康持续发展，宣传智能电网领域的政策和规范，推广智能电网相关具体领域的优秀科研成果与技术，在科学出版社"中国科技文库"重大图书出版工程中隆重推出《智能电网研究与应用丛书》这一大型图书项目，本丛书同时入选"十二五"国家重点图书出版规划项目。

《智能电网研究与应用丛书》将围绕智能电网的相关科学问题与关键技术，以国家重大科研成就为基础，以奋斗在科研一线的专家、学者为依托，以科学出版社"三高三严"的优质出版为媒介，全面、深入地反映我国智能电网领域最新的研究和应用成果，突出国内科研的自主创新性，扩大我国电力科学的国内外影响力，并为智能电网的相关学科发展和人才培养提供必要的资源支撑。

我们相信，有广大智能电网领域的专家、学者的积极参与和大力支持，以及编委的共同努力，本丛书将为发展智能电网，推广相关技术，增强我国科研创新能力做出应有的贡献。

　　最后，我们衷心地感谢所有关心丛书并为丛书出版尽力的专家，感谢科学出版社及有关学术机构的大力支持和赞助，感谢广大读者对丛书的厚爱；希望通过大家的共同努力，早日建成我国第三代电网，尽早让我国的电网更清洁、更高效、更安全、更智能！

周孝信

前　言

随着经济社会的快速发展，能源的生产和消费也随之快速增长。化石能源的大量消耗不但导致资源枯竭，还会产生大量有害气体，危及生态环境和人类健康。为此，大力开发利用可再生能源，特别是以风电、光伏发电为代表的新能源，已经成为当今世界经济社会可持续发展的重要战略。

大规模风电、光伏等新能源的并网使电力系统的形态结构和潮流分布发生了深刻变化，其出力随机波动的特点给电网的规划、运行、调度和控制带来了严峻挑战。准确的新能源功率预测不仅能够为电网调度决策提供依据，还可为风、光、水、火、储的多能互补协调控制提供支撑，是提高电网消纳规模化风电、光伏发电的关键技术之一。因此，针对新能源发电功率预测开展研究具有重要意义，具体表现在以下三方面。

（1）从调度计划角度，可为电网实时调度、不同时间尺度发电计划制定、区域电力系统的机组组合优化、设备检修合理安排等提供科学依据；

（2）从运行控制角度，风电、光伏发电功率预测配合电网调度可实现新能源电力的最大程度消纳，还可为风、光、水、火、储等多种能源发电的协调控制和优化运行提供技术支撑；

（3）从新能源场站运营商角度，准确的功率预测不仅可增加场站发电小时数和容量利用率，减少预测偏差带来的经济惩罚，还能为合理安排发电单元和逆变器的维护检修提供参考，从而提高新能源场站运行的经济效益和投资回报率。

本书共 10 章。

第 1 章介绍了新能源发展现状、面临问题与挑战以及新能源功率预测的意义。

第 2 章对新能源功率预测基本问题进行了概述，包括新能源功率预测的基本方式、新能源功率预测时空尺度、常用的预测方法以及预测误差评价考核指标。

第 3 章介绍了光伏发电的基本原理与光伏发电功率系统的基本结构，分析了光伏发电系统出力特性。

第 4 章介绍了光伏发电功率极短期预测，通过云空辨识、云团运动速度计算、地表辐照度映射等环节实现了基于天空图像的光伏发电功率分钟级极短期预测。

第 5 章介绍了光伏发电功率超短期预测，根据集合预测方法实现了基于小波分解的多重并行预测与多重并行预测结果的自适应时间断面融合技术。

第 6 章介绍了光伏发电功率短期预测,通过重要气象影响因子预测与光伏电站发电功率关联数据映射建模实现了基于天气状态模式识别的光伏电站发电功率分类预测方法。

第 7 章介绍了深度学习理论在光伏发电功率预测中的应用,包括多种深度学习模型的原理和建模方法、基于深度学习理论的天气状态模式识别模型、基于天气状态分类和深度学习理论的辐照度预测模型。

第 8 章介绍了风电功率超短期预测,利用模糊粗糙集理论、混沌理论、经验模式分解(empirical mode decomposition,EMD)方法及时空关联信息实现风电功率超短期预测。

第 9 章介绍了风电功率短期预测,包括基于数值天气预报(numerical weather prediction,NWP)的短期风电功率预测方法与风电功率概率预测方法。

第 10 章介绍了实际的光伏功率预测系统与风电功率预测系统,包括数据采集与处理、系统架构设计、系统实现、应用界面等。

本书是在华北电力大学电力系统自动化研究所"智慧能源网络综合运营"(Smart Energy Network Integrated Operation Research,SENIOR)课题组新能源发电功率预测领域多年研究工作基础上完成的。本书部分研究工作得到了国家重点研发计划项目"促进可再生能源消纳的风电/光伏发电功率预测技术及应用(2018YFB0904200)"的资助,在此表示感谢。同时感谢多年来中国电力科学研究院有限公司、国网河北省电力有限公司、云南电网有限责任公司对作者研究团队的大力支持;特别感谢王伟胜、刘纯、冯双磊、王勃、王铁强、苏适、陆海、杨明、彭小圣等专家的指导和帮助;感谢博士研究生李康平与硕士研究生刘力铭、汪新康、吕锴、王蔚卿、玄智铭、葛鑫鑫、柴华和户霖等为本书文字编辑与排版所做的工作。

因作者水平有限,书中难免存在疏漏之处,恳请读者批评指正。

王 飞

2020 年 1 月 5 日

目　　录

第1章 新能源功率预测背景意义

1.1 新能源的发展

随着经济社会的快速发展，能源的生产和消费也快速增长。2016 年，我国煤电装机容量占全国总装机容量的 57.3%，占火电装机容量的 92.5%[1,2]。煤炭、石油和天然气等化石能源的大量消耗，不但会导致资源枯竭，而且其燃烧过程中产生的二氧化碳、二氧化硫等气体也会造成温室效应、酸雨等问题，这会对生态环境造成严重破坏，甚至危害人类的身体健康。因此，调整能源结构，开发利用新能源已经成为世界各国经济和社会可持续发展的重要战略。作为清洁的可再生能源，风能、太阳能、潮汐能以及生物质能等新能源在世界范围内也更加受到关注。

1.1.1 风力发电

目前，在新能源领域，由于风力发电技术已经比较成熟，并且其经济指标也逐步接近清洁发电，许多国家都把发展风力发电作为改善能源结构、减少环境污染和保护生态环境的一项措施纳入了国家发展规划。风力发电也因此越来越受到重视并得到了大力开发和利用。

近年来，全球风电市场持续繁荣发展，市场规模以超过 10% 的年增长率增长。据全球风能理事会（Global Wind Energy Council，GWEC）统计[3]，2007～2018 年全球风电装机容量变化如图 1-1 所示。其中，2018 年全球累计风电装机总量已达

图 1-1 2007～2018 年全球风电装机容量变化

到 591GW,年增长率为 9.4%,新增装机容量 51GW。这意味着每年发电 300TW·h,减少二氧化碳排放 6.11 亿 t。全球风电总装机容量和新增装机容量的前十位国家如图 1-2 所示,可见,中国和美国成为总装机容量和新增装机容量最多的国家,且排名前十位的国家的总装机容量和新增装机容量均占据了全球风电市场发展的 80%以上。

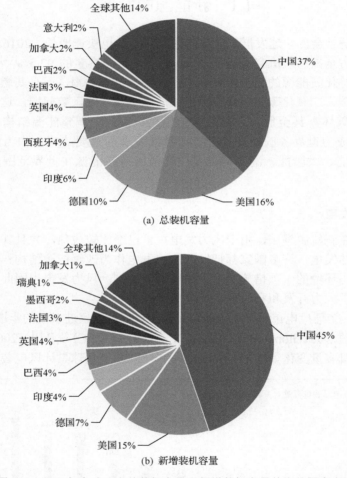

(a) 总装机容量

(b) 新增装机容量

图 1-2 2018 年全球风电总装机容量和新增装机容量前十位国家占比

我国幅员辽阔,海岸线长,风能资源比较丰富。根据全国 900 多个气象站对陆地上 10m 高度的测风资料进行估算的结果[4],全国平均风功率密度为 100W/m²,风能资源总储量约为 32.26 亿 kW,可开发和利用的陆地上的风能储量有 2.53 亿 kW,近海可开发和利用的风能储量有 7.5 亿 kW,共计约为 10 亿 kW,开发潜力巨大。尤其是对于沿海岛屿,交通不便的偏远山区,地广人稀的草原牧场,以及远离电网和电网难以达到的农村、边疆，风力发电作为解决生产和生活用能的一种可靠途径，有着十分重要的意义。

我国政府日益意识到了风电对改善能源结构、保护环境及实现社会的可持续发展的重要性，高度重视并大力鼓励风电的发展。2005 年 2 月 28 日通过了《中华人民共和国可再生能源法》，建立了国家可持续能源利用的法律框架，确定了风电发展的三项原则。从此，中国的风电产业进入了一个快速增长阶段，成为新能源构成中的一个重要部分。2008～2018 年中国风电装机容量发展情况如图 1-3 所示[5]。可见，截至 2018 年，我国（除港、澳、台地区外）累计安装风电机组容量达到了210GW，年增长率为 11.2%，新增装机容量为 21GW。而风电并网总容量截至 2018年底达 1.84 亿 kW，年增长率为 12.2%。可以预见，随着政府的扶持和风电技术的进步，未来风电装机容量和风电场规模都将进一步快速增加。

图 1-3　2008～2018 年我国风电装机容量发展情况

1.1.2　光伏发电

太阳能是一种取之不尽用之不竭的清洁能源，相比于其他传统能源，其具有无污染、清洁、可再生等优点，被誉为当今世界上最有发展前景的、最理想的新能源，各国政府也都将太阳能资源利用作为国家可持续发展战略的重要内容[6]。作为太阳能开发利用的重要方式，光伏发电具有无燃料消耗、无污染物排放、应用形式灵活、容量规模不受限制、安全可靠、维护简单等优点，有着非常广阔的应用前景。

以 2017 年为例，国际能源署（International Energy Agency，IEA）光伏发电系统计划（Photovaltaic Power System Programme，PVPS）成员国 2017 年新增的光伏

发电容量如表 1-1 所示[7]。由表 1-1 可知，2017 年全世界累计的光伏装机容量为 403GW，新增光伏发电容量为 99GW，其中 IEAPVPS 成员国新增光伏发电容量约为 83GW。2017 年 IEAPVPS 成员国新增光伏发电容量超过 1GW 的有 7 个国家，分别是澳大利亚、中国、德国、日本、韩国、土耳其和美国，而 2014 年新增光伏发电容量超过 1GW 的只有中国、德国、日本、美国 4 个国家。

表 1-1　2017 年 IEAPVPS 成员国光伏发电容量

国家	人口总量/百万人	光伏装机容量/MW	光伏新增装机容量/MW	人均新增光伏容量/(W/人)	光伏发电总量/(TW·h)	电能消耗总量/(TW·h)	光伏渗透率/%
澳大利亚	25	7470	1309	52.4	10.2	259	3.9
奥地利	9	1271	173	19.7	1295	71	1.8
比利时	11	3877	289	25.4	3.5	82	4.4
加拿大	37	2974	249	6.7	3.4	507	0.7
智利	18	2037	892	49.6	3.5	73	4.7
中国	1386	131140	53068	38.3	170.0	6308	2.7
丹麦	6	910	61	10.1	0.9	31	2.8
芬兰	6	80	43	7.2	0.1	86	0.1
法国	67	8076	875	13.1	9.3	482	1.9
德国	83	42492	1776	21.4	40.8	541	7.5
以色列	9	978	103	11.4	1.7	56	3.0
意大利	61	19682	414	6.8	24.6	321	7.7
日本	127	49500	7459	58.7	51.8	906	5.7
韩国	51	5873	1371	26.9	7.7	508	1.5
马来西亚	32	402	60	1.9	0.5	144	0.4
墨西哥	129	674	285	2.2	1.1	270	0.4
荷兰	17	2938	853	50.2	2.9	115	2.5
挪威	5	44	17	3.4	0.0	134	0.0
葡萄牙	10	581	64	6.4	0.6	48	1.3
西班牙	47	5331	148	3.2	9.2	268	3.5
瑞典	10	322	118	11.8	0.3	141	0.2
瑞士	8	1907	242	30.3	1.8	59	3.2
南非	57	1759	69	1.2	3.0	193	1.6
泰国	69	2698	251	3.6	4.1	194	2.1
土耳其	81	3427	2588	32.0	5.0	228	2.2
美国	326	51638	10682	32.8	59.9	4015	1.5
世界总和	7530	403294	98947	13.1	531.6	20863	2.5

从发展趋势看，光伏发电即将成为技术可行、经济合理、具备规模化发展条件的可再生能源发电方式，对降低煤炭等化石能源消耗、减少污染物排放和保护环境发挥重要作用。根据 IEA 的预测，到 2050 年光伏发电可以提供全世界 20%～25%的电力供应[8]。

中国太阳能总辐射资源丰富，总体呈"高原大于平原、西部干燥区大于东部湿润区"的分布特点。其中，青藏高原最为丰富，年总辐射量超过 1800kW·h/m²，部分地区甚至超过 2000kW·h/m²。四川盆地资源相对较低,存在低于 1000kW·h/m² 的区域[9]。

在国际市场的带动下，我国太阳能光伏产业近年来发展迅速，在技术和成本上均已形成一定的国际竞争力。自 2007 年成为世界上最大的光伏电池生产国以来，我国一直是世界光伏电池产量最多的国家，2017 年光伏电池产量占世界总产量的一半以上。2017 年世界光伏电池产量的分布如图 1-4 所示[10]。

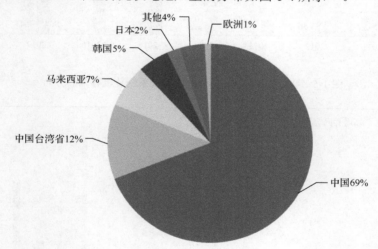

图 1-4　2017 年世界光伏电池产量的分布

为了更好地平衡国内光伏组件的生产和国内光伏市场的需求，国家发展和改革委员会(China National Development and Reform Commission，CNDRC)通过特许权招标(Concession Biddings，CB)和保护性分类电价(Feed-In-Tariff，FIT)制度等激励政策来促进国内光伏产业和光伏市场的发展。在这些政策的引导推动下，我国光伏发电的发展也非常迅速，2018 年我国新增光伏发电装机容量 44.10GW，累计光伏发电安装容量为 175.24GW，中国成为世界第一大光伏市场。我国 2011～2018 年光伏发电系统装机容量的分布如图 1-5 所示。

光伏发电根据其是否与电网相连可以分为并网型光伏电站和离网型光伏发电系统。并网型光伏电站可根据发电容量、接入电压等级的不同分为大规模并网型光伏电站和分布式并网光伏发电系统(如建筑光伏),这是光伏发电的主要利用方式。离网型光伏发电系统一般应用在较为偏僻的地区和海岛,在整个光伏发电容量中所占比重很小。2001～2017 年我国并网和离网型光伏发电年度新增安装容量如图 1-6 所示。

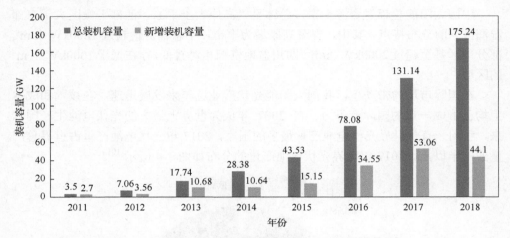

图 1-5　我国 2011～2018 年光伏发电系统装机容量的分布

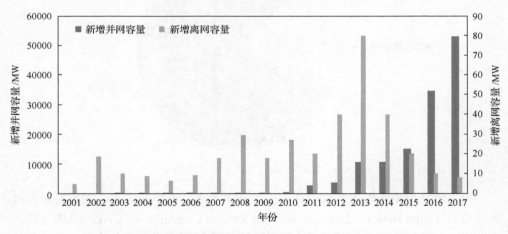

图 1-6　并网和离网型光伏发电年度新增安装容量(2001～2017 年)

由图 1-6 可以看出,在光伏发电总装机容量中并网型光伏发电占绝大多数,2017 年新增并网光伏装机容量接近 55GW,离网型光伏只有 900MW 左右。我国 2001～2017 年新增光伏发电容量的具体组成情况如表 1-2 所示[11]。

为了推动光伏发电产业的持续发展,中国政府进一步提高了光伏发电累计装机容量的预期目标。根据政府的"十三五"规划,我国在 2017～2020 年的预期光伏累计容量和新增容量如图 1-7 所示[12]。

表 1-2　我国 2001～2017 年新增光伏发电容量的具体组成情况

年份	离网/MW	分布式并网/MW	集中式并网/MW	年度新增/MW	累计总量/MW
2001	4.50	0.01	0.00	4.51	23.50
2002	18.50	0.01	0.00	18.51	42.01
2003	10.00	0.07	0.00	10.07	52.08
2004	8.80	1.20	0.00	10.00	62.08
2005	6.40	1.30	0.20	7.90	69.98
2006	9.00	1.00	0.02	10.02	80.00
2007	17.80	2.00	0.20	20.00	100
2008	29.50	10.00	0.50	40.00	140
2009	17.80	34.20	108.00	160.00	300
2010	27.00	190.00	283.00	500	800
2011	20.00	680.00	2000.00	2700	3500
2012	40.00	890.00	2630.00	3560	7060
2013	80.00	800	9800	10680	17740
2014	40.00	2050.00	8550.00	10640	28380
2015	20.00	1390.00	13740.00	15150	43530
2016	10.00	4230.00	30310.00	34550	78080
2017	8.00	19440.00	33620.00	53060	131140

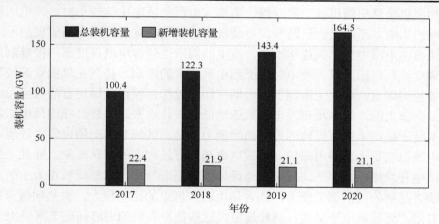

图 1-7　中国光伏发电的发展目标

1.2　问题与挑战

如图 1-8 所示，电力系统运行的根本特性之一是发电、输电、用电的实时动态平衡，电力系统调度管理的核心任务就是通过各种运行控制手段和技术措施保证这三者的平衡状态处于合理水平。一旦这种平衡状态被破坏，系统的频率将发生较大变化，从而影响系统的安全稳定运行。

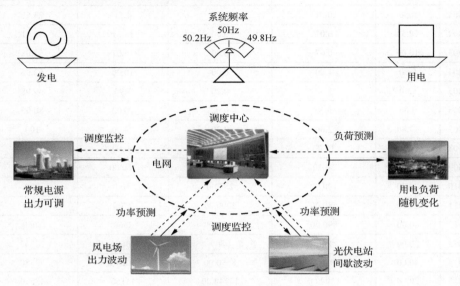

图 1-8　电力系统的实时动态平衡

　　由于风电机组的出力与风速的三次方成正比，风的随机波动性使得风电机组输出功率也呈现出随机波动的特性。当接入电网的风电比例较小时，风电间歇性对电网的影响并不明显。但随着风电装机容量的迅猛发展和风电场规模的不断扩大，风电在电网中的比例逐年增加，风电的间歇性使得电网调度部门很难制定合理的调度计划，因此风力发电时常受到电网调度的限制，甚至在风能资源较好的时段被拉闸限电，这大大限制了风电场产能的发挥，使得我国现有的风力发电容量并未全部上网，风电场年发电时数远远低于设计水平。另外，我国风电富集地区大多处于电网末端，当地的风电消纳能力不足，区域电网间输电能力较弱，导致风电难以在更大范围内消纳，造成风电场运行过程中的弃风现象。除此之外，我国风电开发集中在"三北"偏僻地区，而"三北"地区以燃煤机组为主的电源结构缺乏足够的灵活调节能力，加之热电联产机组的比重较大，供热期调节能力更加有限，而且风电还呈现反调峰现象，这些使得系统的调峰问题非常突出。

　　与火电、水电、核电等常规电源出力连续且可调、可控的特点不同，光伏发电是受辐照度、环境温度、风速等多元气象因素影响的电源，其出力也存在与风力发电相同的波动性、间歇性和随机性等不利于电力系统良性运行的因素，当大规模光伏发电接入电网后，就会产生随机发电与随机用电两组互不相关变量的实时平衡问题。越来越多的光伏发电并网运行，尤其是我国特有的大规模光伏发电集中接入电网的开发模式，将给电力系统的功率平衡、安全稳定与经济运行带来巨大挑战[13,14]。而且，在不具备良好间歇性电源消纳技术的条件下，从电力系统安全稳定与经济运行、可再生能源最大限度开发利用、光伏电站投资回报和光伏发电产业可持续发展等多个角度出发，面对大规模光伏发电并网问题，电网公司处于两难境地。如果要求电网接纳随机波动的大规模光伏发电，就需要系统提供与其容量相匹配的旋转备用去平抑光伏发电的出力波动，保证电力系统的功率平衡和频率稳定，这会造成大量不必要的燃料消耗，产生更多的污染物排放，同时运行成本的增加会降低电力系统的经济运行水平，使得清洁能源电力利用的综合效益大大降低。如果因此拒绝规模化光伏发电的接入或将其功率出力限制在很低的水平上，则会导致光伏电站大规模弃光，不仅大大降低了清洁能源的利用效率，还会造成光伏发电投资建设的极大浪费，制约光伏发电产业的可持续发展。因此，如何在满足电网安全稳定和经济运行约束的前提下，最大限度地消纳这些间歇性的可再生能源，已经成为当前新能源电力系统领域的研究热点问题。

1.3　新能源功率预测的意义

准确的发电功率预测不仅能够为电网的发电计划制定、调峰调频、潮流优化、设备检修等调度决策行为提供可靠依据，而且可为风、光、水、火、储的多能互补协调控制提供技术支撑，是提高电网消纳规模化间歇性电源能力的关键技术之一。因此，针对出力随机波动的规模化风力/光伏发电，开展发电功率预测研究已成为当务之急，其研究意义表现在以下三方面：

（1）从电网调度管理角度，可为不同时间尺度下的发电计划制定、区域电网的实时功率调控和调峰调频等调度决策行为提供数据支撑；

（2）从电网优化运行角度，与电网调度和风电功率预测配合可实现新能源电力的最大程度消纳，能够减少旋转备用容量、降低燃料运行成本，为区域电网内风、光、水、火、储等多种能源发电出力的协调控制和优化运行奠定基础；

（3）从新能源场站运营商角度，可提高新能源场站的发电容量利用率、经济效益和投资回报率，为合理安排发电单元和逆变器的维护检修及电站的经济运行提供参考，同时为间歇性电源参与电力市场创造有利条件，减少由于供电不确定性而造成的经济惩罚和损失，提高新能源场站的竞争力。

参 考 文 献

[1] 中国的能源政策(2017)[R]. 北京: 中华人民共和国国务院新闻办公室, 2017.

[2] 中国电力行业年度发展报告 2017[R]. 北京: 中国电力企业联合会, 2017.

[3] 全球风电报告: 年度市场发展[R]. 布鲁塞尔: 全球风能理事会. 2019.

[4] 秦海岩. 2009 中国风电发展[R]. 北京: 中国可再生能源学会风能专业委员会, 2010.

[5] 2018 中国风电装机容量统计简报[R]. 北京: 中国风能协会, 2019.

[6] 孙园园. 光伏并网逆变器 MPPT 技术研究[D]. 南京: 南京航空航天大学, 2010.

[7] IEA PVPS Task1. Trends 2018 in photovoltaic applications. Survey report of selected IEA countries between 1992 and 2016[R]. Report IEA PVPS T1-34. 2018.

[8] IEA renewable energy division. Technology roadmap: Solor photovoltaic energy 2010[EB/OL]. [2012-12-28]. http: // ww. iea. org/publications/freepublications/name,3902,en. html.

[9] 国家能源局. 我国太阳能资源是如何分布的？ [EB/OL]. [2014-08-03]. http://www.nea.gov.cn/2014-08/03/c_133617073.htm.

[10] IEA International Energy Agency. IEA PVPS trends 2018 in photovoltaic applications[R]. 2018.

[11] IEA International Energy Agency. National survey report of PV power application in China 2017[R]. 2018.

[12] 中华人民共和国中央人民政府. 中华人民共和国国民经济和社会发展第十三个五年规划纲要[EB/OL]. [2012-12-28]. http://www. china. com. cn/lianghui/news/2016-03/17/content_38053101. htm.

[13] 李柯, 何凡能. 中国陆地太阳能资源开发潜力区域分析[J]. 地理科学进展, 2010, 29 (9): 1049-1054.

[14] Eltawil M A, Zhao Z. Grid-connected photovoltaic power systems: Technical and potential problems: A review[J]. Renewable and Sustainable Energy Reviews, 2009, 14(1): 112-129.

第 2 章　预测基本问题概述

2.1　新能源功率预测的基本方式

新能源功率预测的实现方式可分为直接预测和分步预测两大类。直接预测模型的输入是电站发电功率和相关气象因素的历史数据以及天气预报信息,输出就是电站发电功率的预测值。分步预测是将功率预测分为影响因子预测和功率特性建模两步,即分别建立影响因子预测模型和电站功率特性模型,本章将对光伏发电与风力发电的直接预测、间接预测的流程与特点进行介绍。

2.1.1　直接预测

对于光伏发电功率预测问题来说,直接预测模型的输入是光伏电站发电功率和相关气象因素的历史数据以及天气预报信息,输出就是光伏电站发电功率的预测值。直接预测实现方式的流程图如图 2-1 所示。

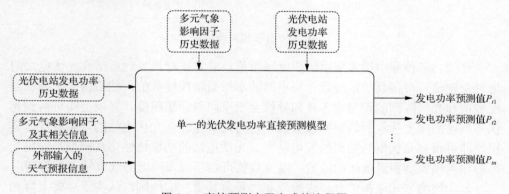

图 2-1　直接预测实现方式的流程图

对于风力发电功率预测来说,直接预测模型的输入是风电场发电功率和相关气象因素的历史数据以及天气预报信息,输出就是风电场发电功率的预测值。基于历史数据的直接预测方法也可以分为两种,一种是直接对风电场建立预测模型进行预测,另一种是对每台风电机组进行建模预测,求和得到整个风电场的功率预测值。

2.1.2　分步预测

对于光伏电站来说，分步预测是将功率预测分为影响因子预测和光伏电站功率特性建模两步，即分别建立影响因子预测模型和光伏电站的功率特性模型，首先对影响光伏发电功率的各个因子进行预测(如辐照度、温度等)，然后将得到的影响因子预测值作为输入，通过光伏电站的功率特性模型得到相应的发电功率预测值，其实现方式的流程图如图 2-2 所示。

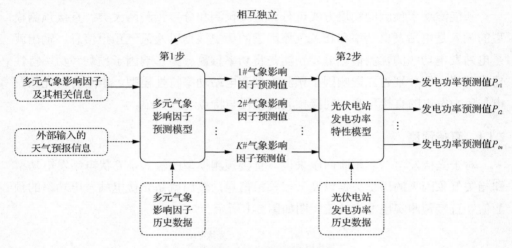

图 2-2　分步预测流程图

光伏功率预测中通常采用辐照度预报值，对其进行预处理后结合光伏电站的地理位置信息可得到确定地点、每小时的水平面辐照度数值，然后将水平面辐照度数值和光伏阵列的朝向输入各向异性全天空倾斜面辐照度计算模型即可得到光伏阵列倾斜面上接收到的辐照度数值，再将此数值输入光伏电站的功率特性仿真模型即可得到光伏电站输出的发电功率。光伏电站的功率特性仿真模型是输出功率与输入辐照度和温度间的函数，温度数值可由当地或附近的气象站测量得到。

分步预测方式遵循"分步进行"和"各负其责"的原则，从实现步骤上将光伏发电功率预测分为两步进行，从研究内容上将复杂的发电功率预测问题科学合理地划分成为若干个相对独立和相对简单的子问题，其主要特点表现在以下几方面。

(1)物理意义：分步预测方式的物理意义清楚，可与光伏发电的工作原理、发电功率的出力特性以及气象影响因子的相关分析等研究很好地结合，能够从基本理论、工作原理等较高层面理清研究工作思路、引导研究工作方向。

(2)组织实施：分步预测方式中的气象影响因子预测与光伏电站发电功率出力特性模型两部分研究相互之间是完全独立的，而且不同气象影响因子预测研究也是相对独立的，其任务分解科学合理，每个子问题的目标明确、任务有限、互不影响，使得整个问题研究的技术路线较为清晰，便于研究工作的组织实施，为研究工作的顺利进行提供了可靠保障。

（3）工作推进：克服了直接预测方式存在的多种因素错综复杂、关联耦合、彼此制约的缺陷，通过对不同任务的分解，使每个子问题研究取得的进展都能够有效地提升发电功率预测模型的整体性能，从不同角度共同推进整个研究工作的开展。

（4）时间尺度：不同的预测时间尺度只是针对气象影响因子预测的研究，而与光伏电站的发电功率出力特性模型无关。可根据不同的时间尺度分别采取智能方法或借助数值天气预报对多元气象影响因子进行预测，而光伏电站发电功率出力特性模型反映的是多元气象影响因子与发电功率之间的映射关系，与预测时间尺度无关。

（5）建模方法：分步预测方式从实现步骤上将光伏发电功率预测分为影响因子预测和光伏电站发电功率出力特性建模两步，可根据每步各自的特点灵活地选择不同的建模方法，很好地克服了直接预测方式只通过一种建模方法、建立一个统一模型解决所有问题的局限。

（6）后续研究：分步预测方式对不同气象影响因子的预测研究进行了分离，提供了影响因子作用程度对比分析的基本框架，为多元气象影响因子的灵敏度分析和降维解耦的进一步研究奠定了基础。

基于以上分析，本书关于并网型光伏电站发电功率预测的研究均采用分步预测方式进行，即首先建立光伏电站太阳辐照度等气象影响因子的预测模型，然后建立光伏电站的发电功率出力特性模型，进而得到发电功率的预测值。

风电功率分步预测方法与光伏类似，其首先建立预测模型预测未来某时段的风速、风向信息，然后根据风电功率曲线（功率曲线的建模方法将在第 8 章详细阐述）求取输出功率，这种预测方法也称为基于功率曲线的预测方法。

有两种途径可以进行整个风电场的输出功率预测，一种是直接建立整个风电场的功率曲线，这种方法对于运行稳定可靠的风电场是可行的，但实际运行中风电场经常受到风机故障、调度限负荷、机组检修、通信失败等因素的影响，导致风电场的功率曲线变化很大，所以不推荐采用该方法。另一种是每台机组建立一个功率曲线，根据每台机组的输出功率预测值求和得到整个风电场的输出功率。由于每台机组的预测误差有正有负，求和后呈现出"统计平滑"特性，整个风电场的预测误差一般要小于第一种方法，所以本书选用这种方法进行风电输出功率预测，其预测流程如图 2-3 所示。其中，查询风机的运行状态是为了确定每台风电机组的输出功率，当机组处于停机状态时，输出功率直接置 0；当风机处于功率控制状态时，根据控制功率的大小确定输出功率的大小。如此，能够很快地反映风电机组运行状态的变化，可以提高整体预测精度。

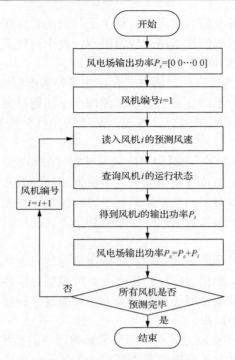

图 2-3   风电输出功率预测

新能源功率预测方式除了上述分类方法，根据预测模型的输入中是否包含预测值，还可将分步预测方法分为迭代分步预测法和直接分步预测法。迭代分步预测须将得到的预测值作为新信息加入原时间序列中并再次调用该预测模型，而直接分步预测模型仅使用测量数据。可见，迭代分步预测法计算量较大，且存在累计误差。而直接分步预测法不依赖单步预测的结果，避免了累计误差，将有助于进一步地提高预测精度。

2.2   新能源功率预测时空尺度

光伏发电与风力发电功率预测的时间尺度总体来说可以分为长期预测、中期预测、短期预测和超短期预测，针对光伏发电还有极短期功率预测。从电网运行角度，按照预测时间尺度的不同，新能源功率预测可以分为短期预测和超短期预测，具体要求如下。

1. 短期功率预测应满足下列要求

(1) 应能预测次日零时起至未来 72h 的电站输出功率。
(2) 功率预测输出的时间分辨率为 15min。

(3)短期预测每日执行两次。

(4)单次计算时间应小于 5min。

2. 超短期功率预测应满足下列要求

(1)能预测未来 15min 至 4h 的电站输出功率。

(2)功率预测输出的时间分辨率为 15min。

(3)超短期预测应 15min 执行一次。

(4)动态更新预测结果，单次计算时间应小于 5min。

可按照空间尺度的不同将新能源发电功率预测分为四种，分别是针对单个发电单元的微尺度功率预测、针对单个场站的小尺度功率预测、针对区域电网中由多个场站组成的集群的中尺度功率预测和针对更大区域内新能源的大尺度功率预测，新能源发电功率预测的时空尺度如图 2-4 所示。

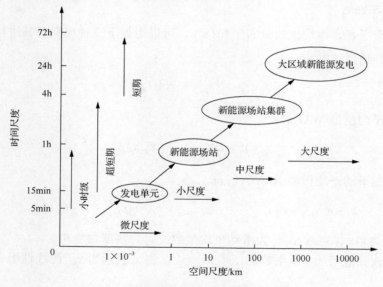

图 2-4　新能源发电功率预测的时空尺度

2.3　功率预测方法

2.3.1　时间序列

1. 方法介绍

在统计研究中，常用按时间顺序排列的一组随机变量 X_1, X_2, $\cdots$, X_t 来表示一个随机事件的时间序列，简记为 $\{X_t, t \in T\}$ 或 $\{X_t\}$。用 x_1, x_2, $\cdots$, x_n 或 $\{x_t, t = 1,$

2, $\cdots$, n} 表示该随机序列的 n 个有序观察值，称为序列长度为 n 的观察值序列。

早期的时序分析通常都是通过直观的数据比较或绘图观测，寻找序列中蕴含的发展规律，这种方法就称为描述性时序分析。描述性时序分析方法具有操作简单、直观有效的特点，从提出直到现在一直被人们广为使用，它通常是人们进行统计时序分析的第一步。

随着研究领域的不断拓宽，单纯的描述性时序分析局限性越发明显。对于随机性非常强的随机变量，仅通过简单的观察和描述很难总结出随机变量的发展变化规律，因此很难用这种方法预测随机变量的未来变化趋势。

为了更为准确地估计随机序列发展变化的规律，从 20 世纪 20 年代开始，学术界利用数理统计学原理分析时间序列。研究的重心从表面现象的总结转移到分析序列值内在的相关关系上，由此开辟了一门应用统计学科——时间序列分析[1,2]。

2. 原理概述

对一个平稳、零均值的时间序列 $\{x_t\}$，可以用如下三种模型对其进行拟合。

自回归模型 AR(n)：

$$x_t = I_1 x_{t-1} + I_2 x_{t-2} + \cdots + I_n x_{t-n} + \varepsilon_t \tag{2-1}$$

滑动平均模型 MA(m)：

$$x_t = \varepsilon_t - \theta_1 \varepsilon_{t-1} - \cdots - \theta_m \varepsilon_{t-m} \tag{2-2}$$

自回归滑动平均模型 ARMA(n,m)：

$$x_t - \varphi_1 x_{t-1} - \varphi_2 x_{t-2} - \cdots - \varphi_n x_{t-n} = \varepsilon_t - \theta_1 \varepsilon_{t-1} - \cdots - \theta_m \varepsilon_{t-m} \tag{2-3}$$

式中，φ_i 为自回归参数；x_t 为滑动平均参数；ε_t 为高斯白噪声。

若能选择适当的 k 个系数 $\varphi_{k1}, \varphi_{k2}, \cdots, \varphi_{kk}$，将 x_t 表示为 x_{t-i} 的线性组合，即

$$x_t = \sum_{i=1}^{k} \varphi_{ki} x_{t-i} \tag{2-4}$$

当这种标识的误差方式

$$J = E\left[\left(x_t - \sum_{i=1}^{k} \varphi_{ki} x_{t-i}\right)^2\right] \tag{2-5}$$

为极小时，则定义最后一个系数 φ_{kk} 为偏自相关函数。

定义方差函数 $R_0 = E\left[x_t^2\right]$ 以及自相关系数 $\rho = \dfrac{R_k}{R_0} = \dfrac{E\left[x_t x_{t-k}\right]}{R_0}$，将上式分别对 φ_{ki} 求偏导数并令其等于 0，有

$$\rho - \sum_{j=1}^{k} \varphi_{kj} \rho_{j-i} = 0 \tag{2-6}$$

分别取 $i = 1, 2, \cdots, k$，考虑到 $\rho_i = \rho_{i-1}$，可以得到如下矩阵形式：

$$\begin{bmatrix} \rho_0 & \rho_1 & \rho_2 & \rho_3 & \cdots & \rho_{k-1} \\ \rho_1 & \rho_0 & \rho_1 & \rho_2 & \cdots & \rho_{k-2} \\ \vdots & \vdots & \vdots & \vdots & & \vdots \\ \rho_{k-1} & \rho_{k-2} & \rho_{k-3} & \rho_{k-4} & \cdots & \rho_0 \end{bmatrix} \begin{bmatrix} \varphi_{k1} \\ \varphi_{k2} \\ \vdots \\ \varphi_{kk} \end{bmatrix} = \begin{bmatrix} \rho_1 \\ \rho_2 \\ \vdots \\ \rho_k \end{bmatrix} \tag{2-7}$$

式中，$\rho_0 = 1$。式 (2-7) 称为 Yule-Walker 方程。对于 AR(n) 模型，其模型参数 $\varphi_i = \varphi_{ki}$。φ_{kk} 是在给定 $x_{t-1}, \cdots, x_{t-k+1}$ 条件下，x_t 与 x_{t-k} 的条件自相关函数，即偏自相关函数。当时 $\varphi_{kk} = 0$，此即偏自相关函数对 AR 模型的截尾特性。

确定自回归模型 AR(n) 阶次的主要方法有样本偏自相关函数 (partial auto-correlation function，PACF) 定阶、AIC (Akaike's information criterion) 准则定阶和 BIC (Bayesian information criterion) 准则定阶。对于时间序列模型参数的估计，通常采用长自回归法。该方法将 ARMA 模型参数估计的非线性回归问题转化为线性回归问题处理，大大降低了参数估计的复杂程度。

对于利用长自回归法建立 ARMA 模型的步骤，通常有如下几步。

(1) 预处理，即数据的平稳化、零均值标准化、正态化处理。

(2) 定阶，即确定 n 和 m 的值。

(3) 估计，即估计模型参数 φ_i 和 θ_j。

(4) 检验，即检验模型对样本数据是否适用。

2.3.2　人工神经网络

1. 方法介绍

人工神经网络是一个由许多简单并行工作的处理单元组成的系统，其功能取决于网络的结构、连接强度以及各单元的处理方式。从 1890 年 James 在 *The Principles of Psychology* 中首次阐明了有关人脑结构及其功能，到 1958 年 Rosenblatte 定义了一个神经网络结构，称为感知器 (perceptron)，这是第一个真正的人工神经网络，再到如今人工神经网络的广泛应用，人工神经网络的发展十分曲折。当前，神经网络研究工作者对于研究对象的性能和潜力有了更充分的认识，从而对研究和应

用的领域有了更恰当的理解。神经网络的研究，不仅其本身正在向综合性发展，而且越来越与其他领域密切结合起来，发展出性能更强的结构[3,4]。

神经元是神经网络的基本单位，是一种感知器模型，是一种抽象生物神经元的数学模型，模拟生物神经元的功能，用于接收一组输入信号并产生相应输出。该模型主要由五部分组成：

（1）$m+1$ 维的输入向量 $X = \{x_0 = 1, x_2, x_3, \cdots, x_m\}$。

（2）一维的输出值 y。

（3）与输入向量 X 各维对应的连接权值 $w_0, w_1, w_2, \cdots, w_m$，如果权值为正则表示激励，如果权值为负数则表示抑制该输入对结果的影响。

（4）求和单元，求取神经元输入向量各维数据的加权和，并把加权和作为后面激活函数的输入。

（5）激活函数，通常都是非线性的函数，实现把输入向量进行非线性映射，使得系统可以更精确地拟合数据；每个神经元把每个通道的输入和连接权系数相乘再求和，并把总和送入激活函数产生一个输出。激活函数是解决非线性映射问题的关键，直接影响到神经网络的训练收敛速度。常用的激活函数有阈值型函数、饱和型函数、S 型函数、双曲型函数及高斯函数等。单个简单神经元的结构示意图如图 2-5 所示。

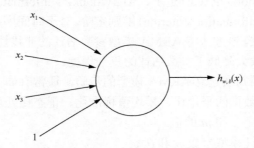

图 2-5　单个简单神经元的结构示意图

神经网络在网络结构确定以后，连接权值的设计与调整至关重要。通常是通过学习（或训练）来完成的。学习是指在选定神经网络的神经元模型和神经元之间的连接形式，以及在给定输入样本集的条件下，寻找连接权值，使神经网络具有所希望的特性和功能。学习算法是体现神经网络智能的主体。神经网络的学习算法一般分为有指导的学习、无指导的学习和灌输式的学习。

神经网络的学习过程如图 2-6 所示。在神经网络的学习训练过程当中，无论采用哪种具体的学习规则和算法调整网络连接权值，在调整之前都必须对网络输出的准确性进行评价。

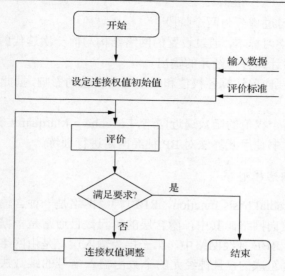

图 2-6　神经网络的学习过程

2. BP 神经网络模型

神经网络有很强的非线性拟合能力，理论上能够以任意精度逼近任何非线性连续函数，使其适合于求解内部机制复杂的问题，因此神经网络模型被广泛地应用在新能源功率预测方面。本书采用的是一种常用的 BP（back propagation）神经网络模型。BP 网络是一种多层前馈神经网络，由输入层、隐含层和输出层组成，当其在训练时，能够通过学习自动提取输入、输出数据间的"合理规则"，并自适应地将学习内容记忆于网络的权值中。图 2-7 是一个典型的两层 BP 神经网络模型。

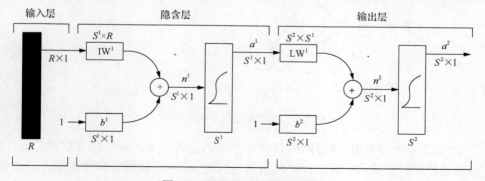

图 2-7　两层 BP 神经网络模型

该模型中，R 为输入向量；IW^1 为输入层与隐含层之间的权值向量；b^1 为隐含层的阈值向量；S^1 为隐含层的激励函数；LW^1 为输出层与隐含层之间的权值向量；b^2 为输出层的阈值向量；S^2 为输出层的激励函数；a^2 为输出向量。

BP 网络的学习过程分为两个阶段。

(1) 输入已知学习样本,通过设置的网络结构与前一次迭代的权值和阈值,从网络的第一层向后计算各神经元的输出。

(2) 从最后一层向前计算各权值和阈值对总误差的影响,据此对各权值和阈值进行修改。

对于包含数百个权值的函数逼近网络,Levenberg-Marquardt 算法收敛速度快,精度比较高,故本书使用此算法对 BP 神经网络进行训练。

3. RBF 神经网络模型

径向基函数(radial basis function,RBF)神经网络是一种含输入层、单隐含层和输出层的三层前向网络,其中,隐含层的单元数目通常是根据所描述对象的需要来确定的[5]。在 RBF 神经网络中,第一层为输入层,是由网络与外部环境连接起来的信号神经元组成的,且神经元的个数由输入信号的维数决定;第二层为隐含层,隐含层神经元是一种中心点径向对称衰减的非负非线性函数,且是局部分布的,即输入层到隐含层的变换是非线性变换;第三层为输出层,输出层对输入模型做出响应。RBF 神经网络的结构图如图 2-8 所示。

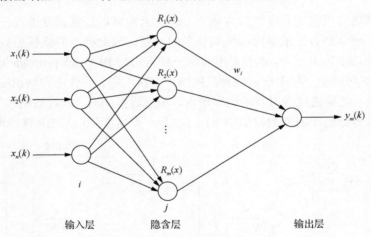

图 2-8　RBF 神经网络的结构图

如图 2-8 所示 RBF 神经网络具有 n 个输入层神经元,m 个隐含层神经元,1 个输出层神经元,所以 RBF 神经网络的结构为 n-m-1。设神经网络的输入层向量为 $X =[x_1,x_2,\cdots,x_n]$,隐含层到输出层的权值向量为 $W =[w_1,w_2,\cdots,w_m]^{\mathrm{T}}$;常用的径向基函数为 h_j;网络的输出为 y_m。

由图 2-8 可知,RBF 主要由两部分组成。

第一部分是输入层到隐含层的连接,是对输入的向量进行非线性映射,即将

n 维空间的输入数据映射到 m 维空间内，实现 $X \to h_j$ 的非线性映射，其表达式为

$$h_j = f_j(x_1, x_2, \cdots, x_n) \tag{2-8}$$

式中，RBF 神经网络的径向基函数为 $f(x)$，其中，$j = 1, 2, \cdots, m$。

第二部分是隐含层到输出层的连接，是通过线性映射连接，实质就是用隐含层神经元的输出通过线性加权求和计算通过网络的输出层输出，整个过程是 $h_j \to y_m$ 的线性映射，其表达式为

$$y_m = \sum_{j}^{m} w_j h_j \tag{2-9}$$

RBF 神经网络是通过非线性映射将输入层的值映射到隐含层中来实现输入层到隐含层的连接，然后又通过线性映射将隐含层的值映射到输出层来实现隐含层到输出层的连接。RBF 神经网络的实质就是求解 n 维空间中的第 k 个数据点的神经元响应，由于每一个隐含层神经元都会产生一个响应，所以网络的最后输出就是这些神经元响应的加权之和。

最常用的径向基函数为高斯型函数：

$$h_j(x) = f_j\left(\frac{\|x - c_j\|}{b_j}\right) = \exp\left(-\frac{\|x - c_j\|^2}{b_j}\right) \tag{2-10}$$

由式 (2-10) 可知，输入样本是随着靠近节点距离的长短而发生变化的，而节点的输出值为 0～1，随着输入样本越靠近节点的中心，输出值会越来越大。当 c 的取值较大时，RBF 神经网络的影响范围会逐渐增大，那么切割神经元函数之间平滑度也会相对变好；然而，当 c 的取值较小时，高斯函数的形状会慢慢变窄，只有当与权值矢量距离无限接近的输入才有可能使输出接近 1，所以对其他输入的响应速度并不是很灵敏。

高斯函数之所以被采用为径向基函数，是因为其具有以下优点：高斯函数不仅结构简单，而且具有径向对称性和存在任意阶导数，它还具有表示简单和解析性好的特点，对理论分析比较容易。但是高斯基函数的主要缺点是具有正定性而不具备紧密性，因此不能进行局部调整权值。实际上，当 x 距离 Q 较远时，可以视为 0，对于时间运算只有当 $h_j(x)$ 大于某一数值时，才可以对相应的权值进行修改，这样近似处理是为了使 RBF 神经网络也具有局部逼近网络学习收敛的能力。不同的 RBF 径向基函数性能差异较大，通常是根据实际问题需要来选取 RBF 构造不同的 RBF 神经网络。

2.3.3　支持向量机

支持向量机(support vector machine，SVM)由 Vapnik 首先提出，像多层感知器网络和径向基函数网络一样，支持向量机可用于模式分类和非线性回归。支持向量机的主要思想是建立一个分类超平面作为决策曲面，使得正例和反例之间的隔离边缘被最大化。支持向量机的理论基础是统计学习理论，更精确地说，支持向量机是一种监督式的机器学习方法，通过寻求结构化风险最小来提高学习机泛化能力，实现经验风险和置信范围的最小化，从而达到在统计样本量较少的情况下，也能获得良好的统计规律的目的[6-9]。

1. 硬间隔分类器

支持向量机中最简单的是最大间隔分类器，也称为硬间隔分类器，它只能用于线性可分的数据。假设一个给定的具有 l 个样本的训练集为

$$T = \{(x_1, y_1), (x_2, y_2), \cdots, (x_l, y_l)\} \in (\mathbf{R}^n \times \{+1, -1\})^l \tag{2-11}$$

它在输入空间线性可分表明存在着超平面

$$w \cdot x + b = 0, \quad (w, b) \in \mathbf{R}^n \times \mathbf{R} \tag{2-12}$$

将训练集中的正类样本 $(v_i = +1)$ 和负类样本 $(v_i = -1)$ 正确地分开；或者存在着参数对 (w, b)，使

$$y_i = \text{sgn}(w \cdot x_i + b), \quad i = 1, 2, \cdots, l \tag{2-13}$$

式中，sgn(•)为符号函数。

分类学习的目标是要确定使式(2-13)成立的参数对 (w, b)，然后构造决策函数

$$f(x) = \text{sgn}(w \cdot x + b) \tag{2-14}$$

使式(2-13)成立的参数对 (w, b) 有许多，应该选择其中的哪对呢？为了回答此问题，首先需要说明分类间隔和最优分类超平面的概念。

定义 2-1(分类间隔)　假设超平面 $w \cdot x + b = 0$ 可以将两类样本正确地分开，且使得所有的正类样本满足 $w \cdot x_i + b \geqslant 1$，所有的负类样本满足 $w \cdot x_i + b \leqslant 1$。又令超平面 $w \cdot x + b = 1$ 和 $w \cdot x + b = -1$ 之间的距离为 2Δ，称 Δ 为分类间隔或几何间隔。

任取超平面 $w \cdot x + b = 0$ 上的一点 $\tilde{x}$，即 $w \cdot \tilde{x} + b = 0$，则 $\tilde{x}$ 到超平面 $w \cdot x + b = 1$ 的距离为分类间隔 Δ：

$$\Delta = \frac{|w \cdot \tilde{x} + b - 1|}{\|w\|} = \frac{1}{\|w\|} \tag{2-15}$$

定义 2-2（最优分类超平面）　能将两类样本无错误地分开，而且使得分类间隔 Δ 最大的超平面 $w \cdot x + b = 0$ 称为最优分类超平面，也称为最大间隔超平面。

线性可分情形的最优分类超平面如图 2-9 所示。

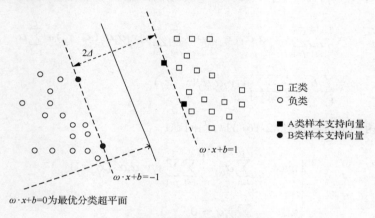

图 2-9　线性可分情形的最优分类超平面

最优分类超平面最小化了结构风险，故其泛化能力要优于其他分类超平面。我们的目的就是要寻找这样的最优分类超平面，即确定使式（2-13）成立并且分类间隔 Δ 最大的参数对 (w, b)。

命题 2-1　对于一个线性可分的训练样本集（2-11），求解最优化问题

$$\begin{cases} \min & \dfrac{1}{2}\|w\|^2 \\ \text{s.t.} & y_i[(w \cdot x_i) + b] \geqslant 1, \quad i = 1, 2, \cdots, l \end{cases} \tag{2-16}$$

可以得到超平面 $w \cdot x + b = 0$，它是分类间隔为 $1/\|w\|$ 的最优分类超平面。

为了求解最优化问题（2-16），引入 Lagrange 函数

$$L(w, b, \alpha) = \frac{1}{2}\|w\|^2 - \sum_{i=1}^{l} \alpha_i \left\{ y_i \left[(w \cdot x_i) + b \right] - 1 \right\} \tag{2-17}$$

式中，α_i 为 Lagrange 乘子（$\alpha_i \geqslant 0$），$\alpha = [\alpha_1, \alpha_2, \cdots, \alpha_l]^{\mathrm{T}}$。

求式（2-17）关于变量 w、b 的偏导，得到

$$\frac{\partial L(w,b,\alpha)}{\partial w} = 0 \Rightarrow w = \sum_{i=1}^{l} y_i \alpha_i x_i, \qquad \frac{\partial(w,b,\alpha)}{\partial b} = 0 \Rightarrow 0 = \sum_{i=1}^{l} y_i \alpha_i \qquad (2\text{-}18)$$

代入原 Lagrange 函数，得到

$$
\begin{aligned}
L(w,b,\alpha) &= \frac{1}{2}\|w\|^2 - \sum_{i=1}^{l}\alpha_i\left\{y_i\left[(w\cdot x_i)+b\right]-1\right\} \\
&= \frac{1}{2}\sum_{i=1}^{l}\sum_{j=1}^{l}y_i y_j \alpha_i \alpha_j (x_i\cdot x_j) - \sum_{i=1}^{l}\sum_{j=1}^{l}y_i y_j \alpha_i \alpha_j (x_i\cdot x_j) + \sum_{i=1}^{l}\alpha_i \\
&= \sum_{i=1}^{l}\alpha_i - \frac{1}{2}\sum_{i=1}^{l}\sum_{j=1}^{l}y_i y_j \alpha_i \alpha_j (x_i\cdot x_j)
\end{aligned}
\qquad (2\text{-}19)
$$

于是得到最优化问题(2-16)的对偶问题：

$$
\begin{cases}
\max & \displaystyle\sum_{i=1}^{l}\alpha_i - \frac{1}{2}\sum_{i=1}^{l}\sum_{j=1}^{l}y_i y_j \alpha_i \alpha_j (x_i\cdot x_j) \\[2mm]
\text{s.t.} & \displaystyle\sum_{i=1}^{l}y_i \alpha_i = 0 \\[2mm]
& \alpha_i \geqslant 0, \quad i=1,2,\cdots,l
\end{cases}
\qquad (2\text{-}20)
$$

显然，这是一个具有线性约束的凸二次优化问题，具有唯一解。另外，根据原始最优化问题(2-16)的 KKT 条件，最优解 α^*，(w^*,b^*) 必须满足

$$\alpha_i^*\left(y_i\left[(w^*\cdot x_i)+b^*\right]-1\right)=0, \quad i=1,2,\cdots,l \qquad (2\text{-}21)$$

这意味着只有最靠近最优分类超平面的点对应的 α_i^* 非零，而其他的点对应的 α_i^* 均为零，这就说明了式(2-20)的解具有稀疏性，我们称具有非零 α_i^* 的点为支持向量(参见图 2-9，其中实心的圆点和方框均为支持向量)。

综合所述，可通过求解对偶问题(2-20)获得原始问题(2-16)的解，具体步骤概括如下。

步骤 1：给定训练集(2-11)。

步骤 2：求解对偶问题(2-20)，得到最优解 $\alpha^* = (a_1^*, a_2^*, \cdots, a_l^*)^{\mathrm{T}}$。

步骤 3：计算 $w^* = \displaystyle\sum_{i=1}^{l} y_i a_i^* x_i$；任选 α^* 中的一个分量 $\alpha_j^* \geqslant 0$ 对应的点 x_j（支持向量），并据此计算 $b^* = y_i - \displaystyle\sum_{i=1}^{l} y_i a_i^* (x_i \cdot x_j)$。

步骤 4：构造决策函数

$$f(x) = \text{sgn}(w^* \cdot x + b^*) = \text{sgn}\left[\sum_{i=1}^{l} y_i a_i^* (x_i \cdot x) + b^*\right] \tag{2-22}$$

对偶问题 (2-20) 和决策函数 (2-22) 有一个显著的特征，就是数据仅出现在内积中。用核函数代替这种内积就得到了如下命题。

命题 2-2　考虑一个训练样本集 (2-11)，它在核 $k(x, z)$ 隐式定义的特征空间中是线性可分的。假定参数 α^* 是下面的二次优化问题的解：

$$\begin{cases} \max & \sum_{i=1}^{l} \alpha_i - \frac{1}{2}\sum_{i=1}^{l}\sum_{j=1}^{l} y_i y_j \alpha_i \alpha_j k(x_i, x_j) \\ \text{s.t.} & \sum_{i=1}^{l} y_i \alpha_i = 0 \\ & \alpha_i \geqslant 0, \quad i = 1, 2, \cdots, l \end{cases} \tag{2-23}$$

则决策函数为

$$f(x) = \text{sgn}\left[\sum_{i=1}^{l} y_i a_i^* k(x_i, x) + b^*\right] \tag{2-24}$$

式中，任选 α^* 中的一个分量 $\alpha_j^* > 0$ 对应的点 x_j，$b^* = y_j - \sum_{i=1}^{l} y_i a_i^* k(x_i \cdot x_j)$，而 $\sum_{i=1}^{l} y_i a_i^* k(x_i, x) + b^* = 0$ 就是核 $k(x, z)$ 隐式定义的特征空间中的最优分类超平面。

2. 软间隔分类器

硬间隔分类器不适合用于数据中通常混有噪声的问题。如果一定要强行保证这些情况下特征空间中的线性可分性，就需要用到可能导致过拟合的非常复杂的核函数。软间隔分类器通过引入松弛变量允许在一定程度上违反间隔约束，从而能够容忍训练集中的一些噪声和异常数值，而不会大幅度地改变解的结果。考虑如下的原始最优化问题：

$$\begin{cases} \min & \frac{1}{2}\|w\|^2 + C\sum_{i=1}^{l} \xi_i \\ \text{s.t.} & y_i\left[(w \cdot x_i) + b\right] \geqslant 1 - \xi_i \\ & \xi_i \geqslant 0, \quad i = 1, 2, \cdots, l \end{cases} \tag{2-25}$$

式中，ξ_i 为松弛变量；C 为惩罚系数。

用与求解硬间隔支持向量机相同的方法求解此最优化问题得到其对偶形式如下：

$$
\begin{cases}
\max & \displaystyle\sum_{i=1}^{l}\alpha_i - \frac{1}{2}\sum_{i=1}^{l}\sum_{j=1}^{l}y_i y_j \alpha_i \alpha_j (x_i \cdot x_j) \\
\text{s.t.} & \displaystyle\sum_{i=1}^{l}y_i\alpha_i = 0 \\
& 0 \leqslant \alpha_i \leqslant C, \quad i=1,2,\cdots,l
\end{cases}
\tag{2-26}
$$

对式 (2-26) 的优化问题求解，α_i 有下述三种可能的取值：① $\alpha_i = 0$；② $0 < \alpha_i < C$；③ $\alpha_i = C$，后面两种情形所对应的 x_i 为支持向量。特别值得注意的是根据原始最优化问题 (2-27) 的 KKT 条件，只有当 $\alpha_i = C$ 时才出现非零的松弛变量，非零松弛变量的点的几何间隔小于 $1/\|w\|$；而 $0 < \alpha_i < C$ 的点位于距离最优分类超平面的 $1/\|w\|$ 处，线性不可分情形的最优分类超平面如图 2-10 所示。

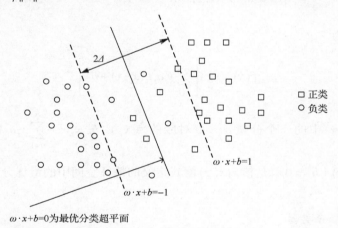

图 2-10　线性不可分情形的最优分类超平面

和命题 2-2 类似，用核函数代替内积就得到了命题 2-3。

命题 2-3　给定一个训练样本集 (2-11)，假定参数 α^* 是下面二次优化问题的解

$$
\begin{cases}
\max & \displaystyle\sum_{i=1}^{l}\alpha_i - \frac{1}{2}\sum_{i=1}^{l}\sum_{j=1}^{l}y_i y_j \alpha_i \alpha_j k(x_i, x_j) \\
\text{s.t.} & \displaystyle\sum_{i=1}^{l}y_i\alpha_i = 0 \\
& 0 \leqslant \alpha_i \leqslant C, \quad i=1,2,\cdots,l
\end{cases}
\tag{2-27}
$$

则决策函数为

$$f(x) = \text{sgn} \left[\sum_{i=1}^{l} y_i a_i^* k(x_i, x) + b^* \right] \tag{2-28}$$

式中,任选 α^* 中的一个分量 $0 < \alpha_j^* < C$,对应的点 x_j,$b^* = y_j - \sum_{i=1}^{l} y_i a_i^* k(x_i \cdot x_j)$,

而 $\sum_{i=1}^{l} y_i a_i^* k(x_i, x) + b^* = 0$ 就是核 $k(x, z)$ 隐式定义的特征空间中的最优分类超平面。

3. 支持向量机的特点

(1)支持向量机通过非线性变换将输入空间映射到高维(甚至无限维)的特征空间,然后在此特征空间中求取最优分类超平面,非线性变换是通过适当定义并满足一定条件的核函数隐式实现的。

(2)支持向量机的分类(决策)函数形式上类似于一个神经网络,其输出是若干中间层节点的线性组合,而每一个中间层节点对应于输入样本与一个支持向量在特征空间中的内积,因此也称为支持向量网络,如图 2-11 所示。最终的决策函数中实际上只包含与支持向量的内积,因此分类时的计算复杂度取决于支持向量的数目,而非特征空间的维数。

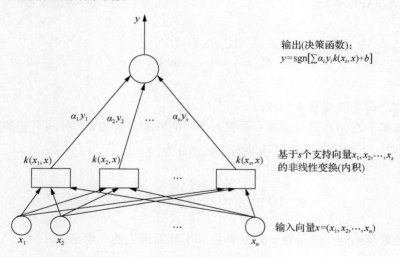

图 2-11 支持向量机结构

(3)支持向量机的解具有稀疏性,支持向量机的解中大部分样本所对应的 α_i 为零,只有支持向量所对应的 α_i 是非零的。这意味着支持向量包括了重构超平面的所有必要信息。

（4）支持向量机求解对应的最优化问题是一个凸优化问题，因而不存在局部极小问题，这优于其他许多传统的机器学习算法（如神经网络）。

2.3.4　小波变换

1. 方法介绍

小波变换是 20 世纪 80 年代中后期逐渐发展起来的一种数学分析方法，是继多年前的傅里叶分析之后又一个重大突破，它是通过平移和伸缩小波形成小波基来分解或重构时变信号，这个数学过程与傅里叶分析是相似的。两者的区别在于，傅里叶分析是整体化时频分析，用单独的时域或频域表示信号的特征，而小波分析是局部化时频分析，它用时域和频域的联合表示信号的特征。因此，小波变换在时域和频域都具有很好的局部化性质，较好地解决了时域和频域分辨率的矛盾，对于信号的低频成分采用宽时窗，对高频成分采用窄时窗，是处理非平稳序列的一种很有效的方法。常用的小波函数有 Harr 小波、Marr 小波、Morlet 小波、db N 小波（Daubechies 小波）等[10,11]。

2. 小波变换理论

设 $\psi(t) \in L^2(R)$，$L^2(R)$ 为能量有限的函数空间。$\psi(t)$ 的傅里叶变换为 $\hat{\psi}(\omega)$，若 $\hat{\psi}(\omega)$ 满足容许条件

$$C_\psi = \int_0^{+\infty} \frac{\left| \hat{\psi}(\omega) \right|^2}{\omega} \mathrm{d}\omega < +\infty \tag{2-29}$$

则 $\psi(t)$ 称为母小波或基本小波。

将基本小波 $\psi(t)$ 进行伸缩和平移，令时间伸缩参数为 a。时间平移参数为 b，$\dfrac{1}{\sqrt{a}}$ 为归一化因子。经过平移伸缩后 $\psi_{a,b}(t)$ 为

$$\psi_{a,b}(t) = \frac{1}{\sqrt{a}} \psi\left(\frac{t-b}{a} \right), a \in \mathbf{R}^+, b \in \mathbf{R} \tag{2-30}$$

此函数是由同一母函数 $\psi(t)$ 经伸缩和平移而得到的一组函数。

3. 连续小波变换

设 $\psi(t)$ 为基本小波函数，$\psi_{a,b}(t)$ 是由 $\psi(t)$ 经伸缩和平移变换得到的小波函数族，对于任意能量有限信号 $f(t) = L^2(R)$，则

$$W_f(a,b) = \frac{1}{\sqrt{a}} \int_{-\infty}^{+\infty} f(t)\psi^* \left(\frac{t-b}{a} \right) \mathrm{d}t = \left\langle f(t), \psi_{a,b}(t) \right\rangle \tag{2-31}$$

式中，$W_f(a,b)$ 为 $f(t)$ 的连续小波变换，a 为尺度参数，b 为平移参数；$\psi^* \left(\dfrac{t-b}{a} \right)$

为 $\psi \left(\dfrac{t-b}{a} \right)$ 的共轭函数。$W_f(a,b)$ 也可以表示为 $f(t)$ 与 $\psi_{a,b}(t)$ 的内积。

连续小波变换的逆变换公式为

$$f(t) = \frac{1}{C_\psi} \int_0^{+\infty} \frac{\mathrm{d}a}{a^2} \int_{-\infty}^{+\infty} W_f(a,b)\psi_{a,b}(t)\mathrm{d}b \tag{2-32}$$

4. 离散小波变换

在现实应用中，通常把连续小波采样成离散小波。小波离散化时伸缩尺度变量 a 的离散化公式为 $a = a_o^j$，平移参数 b 的离散化公式为 $b = ka_o^j b_o$，$j \in \mathbf{Z}$，其中步长 a_o 为固定值。则离散小波函数公式为

$$\varphi_{j,k}(t) = a_o^{-\frac{j}{2}} \varphi \left(\frac{t - ka_o^j b_o}{a_o^j} \right) = a_o^{-\frac{j}{2}} \varphi(a_o^{-j}t - kb_o) \tag{2-33}$$

离散系数为

$$C_{j,k} = \int_{-\infty}^{+\infty} f(t)\varphi_{j,k}^*(t)\mathrm{d}t = \left\langle f, \varphi_{j,k} \right\rangle \tag{2-34}$$

其重构公式为

$$f(t) = C \sum_{-\infty}^{+\infty} \sum_{-\infty}^{+\infty} C_{j,k}\psi_{j,k}(t) \tag{2-35}$$

在实际中，运用最多的为二进制的采样网格，即 $a_o = 2$，$b_o = 1$，得到的小波函数簇为

$$\psi_{j,k}(t) = 2^{-\frac{j}{2}} \psi(2^{-j}t - k) \tag{2-36}$$

式中，$j,k \in \mathbf{Z}$。

2.3.5　经验模态分解

1. 方法介绍

经验模态分解(empirical mode decomposition，EMD)法是美国航空航天局黄锷博士于 1998 年提出的一种数据处理方法，即希尔伯特-黄变换(Hilbert-Huang transform，HHT)[12]。HHT 的基本思想是将时间序列分解成数个固有模态函数(intrinsic mode function，IMF)，然后利用 Hilbert 变换构造解析信号，得出时间序列的瞬时频率和振幅，进而得到 Hilbert 谱。HHT 理论上能精确地给出信号中频率随时间变化的规律，避免虚假频率等冗余现象。为了能把一般数据分解成 IMF，黄锷等基于对信号局部均值和特征时间尺度与瞬时频率关系的研究，引入了将一个复合信号分解成 IMF 分量的方法——EMD 或经验筛法。同时认为任一信号都是由若干 IMF 组成的，一个 IMF 必须满足以下两个条件：①在整个数据长度中，极值点和过零点的数目必须相等或至多相差一个；②在任意数据点，局部极大值的包络和局部极小值的包络的均值必须为零。

2. EMD 的基本原理

EMD 分解是建立在以下的假设上[13]：①信号至少有两个极值点，一个极大值点和一个极小值点；②特征时间尺度是通过两个相邻的极值点之间的时间间隔定义的；③若数据缺乏极值点但有变形点，则可通过数据微分一次或几次获得极值点，然后再通过积分来获得分解结果。

该方法的本质是通过数据的特征时间尺度来获得本征波动模式，然后以此为依据分解数据，分解所用的基函数是基于数据本身的。根据 Drazin 的经验[14]，数据分析的第一步是用眼睛观察数据，有两种方法能直接区分不同尺度的波动模式：①观察依次交替出现的局部极大、极小值点间的时间间隔；②观察依次出现的过零点的时间间隔。交织的局部极值点与过零点形成了复杂的数据序列：一个波动骑在另一个波动之上，同时它们又可能骑在其他的波动上，以此类推，这些起伏波动中的每一个分量都定义了数据的一个特定尺度。采取依次出现的极值点间的时间间隔作为局部振荡模式的时间尺度，因为它对局部振荡模式不但有更好的分辨率，而且可用于单一符号的数据，即数据可以都是正值或都是负值，无论有没有过零点。

为了把各种波动模式从数据中提取出来，采用 EMD 或形象地称为"筛"的过程，思路如下。

根据 IMF 的定义，该分解方法利用局部极大值与局部极小值定义的包络来求均值曲线，找出信号中所有局部极大值并利用三次样条插值函数连接成上包络。

同理，利用三次样条插值函数连接所有局部极小值构成下包络，所有的数据都应包含在上下包络之间。设原始信号为 $X(t)$，求出上下包络线的均值将其定义为 m_1，而原始信号与 m_1 的差值被定义为分量 h_1，即可得到式 (2-37)。

$$X(t) - m_1 = h_1 \quad (2-37)$$

理想情况下，h_1 应是本征模函数，因为 h_1 的构造过程就是使它满足 IMF 的条件。但即使对包络线的拟合非常好，信号斜坡上的一个微小凸包也可能在筛选过程中转变成新的极值点，这些新的极值点正是前一次筛选过程中遗漏的。因此需要反复筛选，以恢复所有低幅度的叠加波。黄锷等通过实际工作表明，这种筛选过滤过程能把数据中内在的波动尺度分解出来。

为了去除叠加波使波形更加对称，筛的过程必须进行多次。在第二次筛的过程中，把第一次的 h_1 看作待处理数据，$m_{1,1}$ 为 h_1 的包络平均，"筛"的过程表达为

$$h_1 - m_{1,1} = h_{1,1} \quad (2-38)$$

经过第二次筛选过滤后会有显著改进的处理结果，只要重复进行"筛"的过程 k 次，直到 $h_{1,k}$ 是一个 IMF 分量，于是

$$h_{1,k-1} - m_{1,k} = h_{1,k} \quad (2-39)$$

这样就从原始信号中分解出了第一个 IMF，把它定义为

$$c_1 = h_{1,k} \quad (2-40)$$

正如以上描述的，处理过程事实上是一个筛选过程，仅从特征时间角度出发，一步步地把信号中最精细的局部模态筛选出来。筛选过程有两个效果：第一个效果是去除叠加波；第二个效果是平滑不平稳的振幅。为了保证 IMF 分量保存足够的反映物理实际的幅度与频率调制，必须确定一个终止筛选过程的准则。黄锷等提出了筛选过程的两种终止准则，第一种是仿柯西收敛准则，该条件准则可以通过限制两个依次筛出的 $h_{1,k-1}(t)$ 和 $h_{1,k}(t)$ 的标准差 (standard deviation，SD) 的值来定义

$$SD = \sum_{t=0}^{T} \left[\frac{\left| h_{1,k-1}(t) - h_{1,k}(t) \right|^2}{h_{1,k-1}^2(t)} \right] \quad (2-41)$$

当 SD 的值小于某一设定值时就停止筛的过程，黄锷建议取 0.2～0.3。第二种是只要波形的极值点和过零点的数目相等，筛选过程就终止。

由筛的过程可看出，c_1 应包含原信号中最精细或周期最短的分量。原信号 $X(t)$ 减去 c_1，则得到残余信号 r_1：

$$X(t) - c_1 = r_1 \tag{2-42}$$

若残余信号 r_1 中还包含一些长周期的组分，那就把它作为一个新的数据进行如上所述的筛的过程。对后面的 r_i 也进行同样的筛选，这样依次得到第 2 个 IMF、$\cdots$、第 n 个 IMF：

$$\begin{cases} r_1 - c_2 = r_2 \\ \quad\vdots \\ r_{n-1} - c_n = r_n \end{cases} \tag{2-43}$$

整个分解过程按如下任何一个准则终止：①当 c_n 分量或残余分量 r_n 变得比预定值小时便停止；②当残余分量 r_n 变成单调函数，从中不能再筛选出 IMF 分量为止。将式（2-42）相加最终得到

$$X(t) = \sum_{i=1}^{n} c_i + r_n \tag{2-44}$$

于是，到此已经把原始数据分解成 n 个 IMF 分量及剩余分量 r_n，r_n 为平均趋势或常量。

3. EMD 的算法步骤

由 EMD 的原理可总结得到 EMD 分解的具体算法，如下所述：

(1) 令 $r(t) = X(t)$。

(2) 判断 $r(t)$ 是否为单调函数或其幅度差是否小于预先给定的阈值，若满足则算法停止，否则执行步骤(3)。

(3) 令 $h(t) = r(t)$。

(4) 判断 $h(t)$ 是否为 IMF，若是则执行步骤(7)。

(5) 求出信号 $h(t)$ 的低频走势 $m(t)$。

(6) $h(t) = h(t) - m(t)$，转到步骤(4)。

(7) $C(t) = h(t)$。

(8) $r(t) = r(t) - C(t)$，转到步骤(2)。

2.3.6　混沌理论与相空间重构

1. 混沌

混沌是指在确定性非线性系统中存在的一种类似随机、貌似无规则的现象，

而且这种看似随机的行为中蕴含着一定的秩序，其主要研究的是系统内部非线性引起的不确定性。混沌表面上看起来杂乱无章，但其和随机运动有着本质的区别。混沌运动虽然没有明显的周期性和清晰的对称性，但有着非常丰富的内部层次，其微观结构是井然有序的[15,16]。

混沌研究涉及的基本概念包括：相空间（phase space）、分形（fractal）和分维（fraction dimension）、吸引子（attractor）等。

下面给出几种常用的混沌的定义。

1）Li-Yorke 混沌定义

1975 年 Li-Yorke 提出了著名的定理：设 f 为区间 $[a,b]$ 上的连续自映射，若 $f(x)$ 有三个周期点，则对于任何正整数 n，$f(x)$ 有 n 个周期点。根据 Li-Yorke 定理，可以对混沌进行如下定义。

对于 $[a,b]$ 上的连续自映射 f，满足以下条件。

（1）f 有任意周期的周期点。

（2）闭区间 I 存在不可数非周期不变子集 S，满足：

① $f(S) \subset S$。

② 对于任意 $x,y \in S$ 和 f 的任一周期点 y，有 $\lim\limits_{n\to\infty} \sup \left| f^n(x) - f^n(y) \right| > 0$。

③ 对于任意 $x,y \in S$，当 $x \neq y$ 时有 $\lim\limits_{n\to\infty} \sup \left| f^n(x) - f^n(y) \right| > 0$。

（3）存在 S 的不可数子集 S_0，对任意的 $x,y \in S_0$，有任意的 $\lim\limits_{n\to\infty} \inf | f^n(x) - f^n(y) | = 0$，则 f 有混沌现象。

2）Devaney 的定义

1989 年 Devaney 给出了一个更容易理解的定义。

对于度量空间 V 上的映射 $f: V \to V$，如果满足：

（1）对初值的敏感性，即存在 $\delta > 0$，对任意的 $\varepsilon > 0$ 和 $x \in V$，在 x 的 ε 邻域中存在 y 和自然数 n，使得 $\left| f^n(x) - f^n(y) \right| > \delta$。

（2）f 是拓扑传递的，对 X 上的任一对开集 X_1，X_2，存在 $k > 0$，使得 $f^k(X_1) \bigcap X_2 \neq \varnothing$。

（3）f 的周期点在 X 中稠密，则映射 $f: V \to V$ 是混沌的。

2. 基于混沌的相空间重构

Packard 和 Takens 提出的相空间理论认为：确定某系统状态所需的全部动力学信息都蕴含在该系统任一变量的时间序列中，当把单一变量时间序列嵌入新的坐标系中时，只要嵌入维数足够大，在该嵌入维空间里可把吸引子恢复出来，即所得的状态轨迹保留了原空间状态轨道最主要的特征。为了从给定的时间序列中把蕴藏的信息充分地显露出来，以便恢复吸引子的特性，通常采用时间延迟技术重构相空间。

把长度为 N 的一维时间序列 $x(t)$ 嵌入 m 维空间中，则重构的相空间为

$$X_m(t) = \left\{ x(t), x(t+\tau), \cdots, x[t+(m-1)\tau] \right\} \tag{2-45}$$

式中，$t = 1, 2, \cdots, M$，$M = N - (m-1)\tau$，M 为重构相空间中的相点总数；τ 为延迟时间；m 为嵌入维数；$X_m(t)$ 表示相空间中的一个相点，任一相点都包含 m 个分量。在重构相空间的过程中，延迟时间 τ 和嵌入维数 m 的选取是否恰当直接影响到相空间重构的质量，进而影响到预测的精度。同时，嵌入维数和延迟时间也是估算最大 Lyapunov 指数所必需的基本参量。

2.4　预测误差评价与考核

现代统计学理论、机器学习方法等的发展为实现高精度的风电预测提供了技术条件，由此涌现出大量基于不同原理的风电预测方法。这些方法具有不同的特点，在性能和适用性方面也存在差异。因此，选择合适的功率预测考核指标，对各种预测方法进行有效的评价尤为重要，根据新能源发电领域相关行业标准以及国家能源局文件，现有的新能源功率预测误差评价与考核指标主要包括均方根误差（root mean square error，RMSE）、平均绝对误差（mean absolute error，MAE）、相关性系数（correlation coefficient，以 r 表示）、最大预测误差（以 δ_{max} 表示）以及合格率（qualification rate，QR）等，主要评价与考核指标的计算方法如下所示。

（1）均方根误差：

$$\text{RMSE} = \frac{\sqrt{\sum_{i=1}^{n} (P_{Mi} - P_{Pi})^2}}{\text{Cap} \cdot \sqrt{n}} \tag{2-46}$$

（2）平均绝对误差：

$$\text{MAE} = \frac{\sum_{i=1}^{n} |P_{Mi} - P_{Pi}|}{\text{Cap} \cdot n} \tag{2-47}$$

(3) 相关性系数:

$$r = \frac{\sum_{i=1}^{n}[(P_{Mi} - \bar{P}_M) \cdot (P_{Pi} - \bar{P}_P)]}{\sqrt{\sum_{i=1}^{n}(P_{Mi} - \bar{P}_{Mi})^2 \cdot \sum_{i=1}^{n}(P_{Pi} - \bar{P}_P)^2}} \tag{2-48}$$

(4) 最大预测误差:

$$\delta_{\max} = \max(|P_{Mi} - P_{Pi}|) \tag{2-49}$$

(5) 合格率:

$$QR = \frac{1}{n}\sum_{i=1}^{n} B_i \times 100\%$$

$$B_i = \begin{cases} 1, & \left(1 - \dfrac{|P_{Mi} - P_{Pi}|}{C_i}\right) \geqslant 0.75 \\ 0, & \left(1 - \dfrac{|P_{Mi} - P_{Pi}|}{C_i}\right) < 0.75 \end{cases} \tag{2-50}$$

式中,P_{Mi} 为 i 时刻的实际功率;P_{Pi} 为 i 时刻的预测功率;$\bar{P}_M$ 表示所有样本实际功率的平均值;$\bar{P}_P$ 表示所有样本预测功率的平均值;Cap 为机组开机总容量;n 表示预测样本个数。

目前,国内外针对新能源预测评价领域已进行了大量研究,学者根据实际工程需求,构建了较为完整的评价体系,提出了多种预测误差评价指标以及预报考核指标,这些研究成果对于服务于工程实际具有一定的实用价值。但新能源功率的预测精度与多种因素相关,场站自身出力的波动特性是其中一个重要的影响因素。现有的预测评价研究较多关注评价指标的选取与改进,而忽视电场自身出力的可预测程度,即可预测性对评价结果的影响,为保证评价结果的公平性,在制定评价标准的过程中应该充分考虑不同场站自身出力特性对预测精度的影响。已有学者针对新能源场站的可预测性进行了研究并取得了一定成果,对制定更加公平合理的新能源功率评价体系有重要的参考价值,但该部分不是本书所关注的重点,因此不再详述。

参 考 文 献

[1] 杨叔子,吴雅,王治藩,等. 时间序列分析的工程应用[M]. 武汉: 华中科技大学出版社, 2003.
[2] 叶美盈,汪晓东,张浩然. 基于在线最小二乘支持向量机回归的混沌时间序列预测[J]. 物理学报, 2005, 54(6): 2568-2573.

[3] 韩力群. 人工神经网络理论、设计及应用——人工神经细胞、人工神经网络和人工神经系统[M]. 北京: 化学工业出版社, 2002.

[4] 何新贵, 梁久祯. 过程神经元网络的若干理论问题[J]. 中国工程科学, 2000, 2(12): 40-44.

[5] 王晓兰, 葛鹏江. 基于相似日和径向基函数神经网络的光伏阵列输出功率预测[J]. 电力自动化设备, 2013, 33(1): 100-103, 109.

[6] 张学工. 关于统计学习理论与支持向量机[J]. 自动化学报, 2000, 26(1): 32-42.

[7] 汪延华. 支持向量机模型选择研究[D]. 北京: 北京交通大学, 2009.

[8] 曹葵康. 支持向量机加速方法及其应用研究[D]. 杭州: 浙江大学, 2010.

[9] 王磊. 支持向量机学习算法的若干问题研究[D]. 成都: 电子科技大学, 2007.

[10] 龚志强, 邹明玮, 高新全, 等. 基于非线性时间序列分析经验模态分解和小波分解异同性的研究[J]. 物理学报, 2005, 54(8): 3947-3957.

[11] Cao J, Cao S H. Study of forecasting solar irradiance using neural networks with preprocessing sample data by wavelet analysis[J]. Energy, 2006, 31(15): 3435-3445.

[12] 邓拥军, 王伟, 钱成春, 等. EMD 方法及 Hilbert 变换中边界问题的处理[J]. 科学通报, 2001, 46(3): 257-263.

[13] 戴桂平. 基于 EMD 的时频分析方法研究[D]. 秦皇岛: 燕山大学, 2005.

[14] Drazin P G. Nonlinear Systems[M]. London: Cambridge University Press, 1998: 55-89.

[15] 刘洪. 混沌理论的预测原理[J]. 科技导报, 2004, 22(2): 13-17.

[16] 陈敏, 李泽军, 黎昂. 基于混沌理论的城市用电量预测研究[J]. 电力系统保护与控制, 2009, 37(16): 41-45.

第3章 光伏发电系统出力特性分析

3.1 光伏发电系统简介

3.1.1 光伏发电的基本原理

光伏发电是利用半导体界面的光生伏特效应直接将光能转变为电能的一种技术[1]。太阳能电池又称为光伏电池，不仅是太阳能光伏发电的能量转换器，还是太阳能光伏发电系统的基础和核心器件。太阳能电池经过串联后进行封装保护可形成大面积的太阳电池组件，再配合上功率控制器等部件就形成了光伏发电装置。太阳能电池发电的原理是光生伏特效应。光伏电站利用太阳能电池的光伏特性，接收太阳辐射，产生光电流，通过调、变、存储、分配等供给各种负载使用。

以晶体硅太阳能电池为例，将光能转换成电能的工作原理[2-4]概括为如下过程：P 型晶体硅经过掺杂磷可得 N 型硅，形成 P-N 结。当光线照射太阳能电池表面时，一部分光子被硅材料吸收；光子的能量传递给了硅原子，使电子发生了越迁，成为自由电子在 P-N 结两侧集聚形成了电位差，当外部接通电路时，在该电压的作用下，将会有电流流过外部电路产生一定的输出功率。这个过程的实质是光子能量转换成电能的过程。

图 3-1 为太阳能电池整个转换过程的示意图。

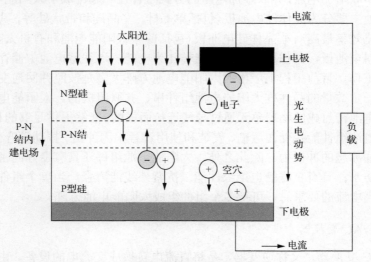

图 3-1　太阳能电池整个转换过程的示意图

3.1.2　光伏发电系统的结构

并网型光伏发电系统是利用太阳能电池组件和其他辅助设备将太阳能转换成电能的系统[5]。光伏发电系统结构如图 3-2 所示，它主要由太阳能电池方阵和逆变器两部分组成，太阳能电池方阵发出的电经过并网逆变器将电能直接输送到交流电网上，或将太阳能所发出的电经过并网逆变器直接转换成交流负载供电。

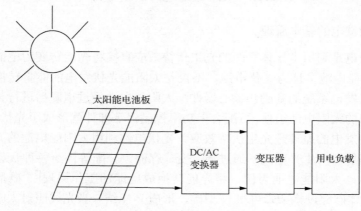

图 3-2　光伏发电系统结构

1. 太阳能电池板

太阳能电池是光伏发电系统中接收太阳辐射能量的核心组件。大量的太阳能电池通过串联增加电流，并联增加电压的方式组合在一起构成了太阳能电池方阵。太阳能电池主要分为晶体硅电池板(包括单晶硅、多晶硅和带状硅等，其中单晶硅的电池转化效率最高)、非晶体硅电池板(包括薄膜太阳能电池和有机太阳能电池)和化学燃料电池板，其作用是将太阳能转化为电能，送往蓄电池中储存起来，或推动负载工作。目前工程上应用的太阳能电池方阵大多是按照并网逆变器的电压要求通过一定数量的晶体硅太阳能电池组件串、并联组成的。太阳能电池组件是由太阳能电池密封成的物理单元通过导线连接而成的，能够提供足够的机械强度，使太阳能电池组件能经受在运输、安装和使用过程中因冲击、振动等产生的应力，能够经受住冰雹的冲击力。除此之外，太阳能电池组件还具有良好的密封性，能够防风、防水；具有良好的电绝缘性能；抗紫外线能力强。当单个组件不能满足高电压和高电流的要求时，可把多个组件组成太阳能电池方阵。

2. DC/AC 变换器

DC/AC 变换器，又称逆变器，是将直流电转换成交流电的设备。由于太阳能电池和蓄电池是直流电源，当负载为交流负载时，就需要使用 DC/AC 变换器，将太阳能电池组件产生的直流电或蓄电池释放的直流电转化为负载需要的交流电。太阳能电池组件产生的直流电或蓄电池释放的直流电经逆变主电路的调制、滤波、升压后，得到与交流负载额定频率、额定电压相同的正弦交流电，供给系统负载使用。

3. 变压器

变压器(transformer)是利用电磁感应的原理来改变交流电压的装置，主要构件包括初级线圈、次级线圈和铁心(磁芯)。主要功能有电压变换、电流变换、阻抗变换、隔离、稳压(磁饱和变压器)等。按用途可以分为配电变压器、电力变压器、全密封变压器、组合式变压器、干式变压器、油浸式变压器、单相变压器、电炉变压器、整流变压器等。

4. 用电负载

太阳能光伏发电系统按负载性质分为直流负载系统和交流负载系统，两者的区别是交流负载需在控制器和负载之间加逆变器，把光伏发电系统产生的直流电转换为交流电。

3.2　光伏发电系统出力特性

3.2.1　光伏发电系统的输出特性

在太阳能光伏发电系统中最重要的是太阳能电池，太阳能电池的伏安特性决定了光伏发电功率的输出特性。光伏电池是以半导体 P-N 结上接收太阳辐射产生光生伏特效应为基础，直接将光能转换成电能的能量转换器。光伏系统电池模型分为两类，其中一类是基于实验数据的线性回归模型，例如，Sandia 实验室模型[6]；另一类是基于等效电路和五参数的 $I\text{-}V$ 方程的物理模型，如五参数模型[7]（图 3-3），以及忽略并联电阻电流后的四参数模型[8]。还有国内的简化工程用模型[9]。

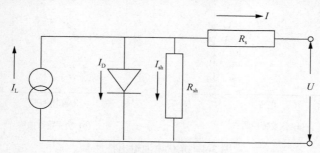

图 3-3　无储能(不带蓄电池)系统光伏等效电路

　　五参数模型是相对简便有用的模型，因为它只需要输入由制造商提供的数据，就可以预测出太阳能电池的输出特性曲线，即 I-V 曲线，因此，它成为能源预测的一种有用工具。当加入太阳辐射强度信息时，五参数模型的预测能力还会得到改善。

　　当受光照射的太阳能电池接上负载时，光生电流流经负载，并在负载两端建立起端电压，此时太阳能电池的工作情况可用图 3-3 所示的等效电路来描述。当流进负载 R_L 的电流为 I，负载的端电压为 U 时，可以得到五参数的数学模型：

$$I = I_L - I_D - I_{Rh} = I_L - I_0 \left(e^{\frac{U + I_{R_S}}{a}} - 1 \right) - \frac{U + I_{R_S}}{R_{sh}} \tag{3-1}$$

$$U = IR_L \tag{3-2}$$

$$P = IU = \left[I_L - I_0 \left(e^{\frac{U + I_{R_s}}{a}} - 1 \right) - \frac{U + I_{R_s}}{R_{sh}} \right]^2 R_L \tag{3-3}$$

式中，I_L 为光电流；I_0 为二极管反向饱和电流；R_{sh} 为并联电阻；R_s 为串联电阻；α 为理想修正因子。

　　根据式(3-1)～式(3-3)可以得到太阳能电池输出功率和电压、电流之间的关系，若选取输出电压 U 为横坐标，电流 I 为纵坐标，可以得到电压-电流特性曲线，即负载特性曲线，如图 3-4(a)所示，曲线上任一点均为工作点，与工作点对应的横、纵坐标为工作电压和工作电流，工作点和原点的连线称为负载线，负载线的斜率为 $1/R_L$，光伏电池负载特性曲线与电流所在轴的交点为短路电流 I_{SC}，与电压所在轴的交点为开路电压 U_{oc}。调节负载电阻 R_L 到某一值 R_m 时，在曲线上得到一点 M，对应的工作电流 I_m 和工作电压 U_m 之积最大，即

$$P_m = I_m U_m \tag{3-4}$$

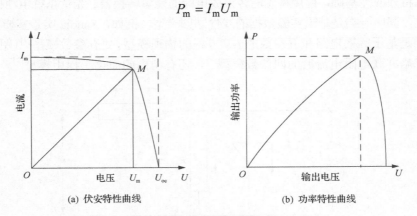

(a) 伏安特性曲线　　　　　　　　　　　(b) 功率特性曲线

图 3-4　光伏电池输出特性

此时，称 M 点为该太阳能电池的最佳工作点或最大功率点，I_m 为最佳工作点，

U_m 为最佳工作电压，R_m 为最佳工作电阻。由 I_m 和 U_m 得到的矩阵几何面积也是该特性曲线所能包揽的最大面积，称为光伏电池的最大输出功率 P_m。为了更精确地计算最大功率点，可根据伏安特性曲线画出图 3-4(b)所示的 P-U 曲线，与图 3-4(a)对应，由图 3-4(b)可以看出，在电压达到最佳工作电压 U_m 之前，随着电压的增大，输出功率逐渐增大；过了最大功率点 M 以后，电压增大，输出功率反而减少，这是因为当光伏电池的负载电阻值大于最佳工作电阻 R_m 后，随着电池输出电压继续增大，电流急剧下降，使输出功率减少，运行效率降低。通常采用脉冲宽度调制技术，使整个系统始终运行在最大功率 P_m 点附近。

3.2.2　光伏发电功率影响因子相关性分析

光伏发电功率与天气状态密切相关，天气状态的波动变化可以通过多个气象参数进行描述。根据气象专业理论和对光伏发电基本原理及工作条件的分析可知，太阳辐照度、环境温度、相对湿度、风速、风向、气压等因素均会对光伏发电功率产生影响。但是这些多元气象因子对光伏发电功率的影响程度各不相同，同一因子在不同运行状态下的作用程度也有可能发生变化，而且这些气象因子相互之间还存在多重的关联和耦合关系。为了对光伏发电功率预测模型的输入变量进行识别优化，就需要对光伏发电功率与多元气象影响因子之间的关联关系进行深入分析和定量研究[10-13]。为此，利用光伏电站的实际运行数据，对发电功率与辐照度、环境温度、相对湿度、风速等气象影响因子进行回归分析和通径分析。

1. 气象影响因子的回归分析

1）光伏发电功率与辐照度

云电科技园光伏电站 2#发电单元(40kWp①)的发电功率与辐照度的实测值关系曲线和散点图如图 3-5 所示。

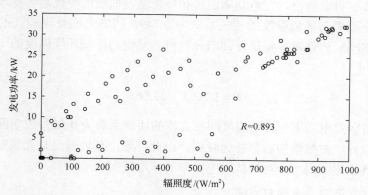

图 3-5　光伏发电功率与辐照度的实测值关系曲线和散点图

---

① kWp 英文全称为 killo Watt peak，指太阳能光伏电池的峰值总功率。

由图 3-5 可以看出，发电功率曲线和辐照度曲线的变化趋势非常一致，计算得到发电功率与辐照度的相关系数为 0.893，两者之间呈现很强的正相关关系。利用统计产品与服务解决方案（statistical product and service solutions，SPSS）软件对数据进行回归分析得到发电功率与辐照度的一元线性回归方程为

$$P = 0.031G + 1.79 \tag{3-5}$$

计算得到发电功率与辐照度回归方程的决定系数为 0.779，表明回归方程的拟合优度很好，对数据的解释能力很强。由此可见，辐照度是光伏发电功率非常重要的气象影响因子，对光伏发电功率的作用很大。

2）光伏发电功率与环境温度

光伏发电功率与环境温度的实测值关系曲线和散点图如图 3-6 所示。

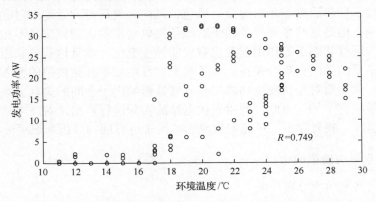

图 3-6　光伏发电功率与环境温度的实测值关系曲线和散点图

由图 3-6 可以看出，发电功率曲线和环境温度曲线的变化趋势基本一致，计算得到发电功率与环境温度的相关系数为 0.749，两者之间呈现较强的正相关关系。利用 SPSS 软件对数据进行回归分析得到发电功率与环境温度的一元线性回归方程为

$$P = 1.769T + 21.665 \tag{3-6}$$

计算得到发电功率与环境温度回归方程的决定系数为 0.555，表明回归方程的拟合优度较好，对数据的解释能力较强。由此可见，环境温度是光伏发电功率比较重要的气象影响因子，对光伏发电功率的作用较大。

3）光伏发电功率与相对湿度

光伏发电功率与相对湿度的实测值关系曲线和散点图如图 3-7 所示。

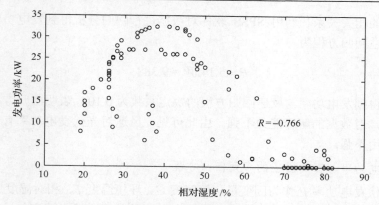

图 3-7　光伏发电功率与相对湿度的实测值关系曲线和散点图

由图 3-7 可以看出，发电功率曲线和相对湿度曲线的变化趋势相反，计算得到发电功率与相对湿度的相关系数为–0.766，两者之间呈现较强的负相关关系。利用 SPSS 软件对数据进行回归分析得到发电功率与相对湿度的线性回归方程为

$$P = -0.408H + 34.765 \tag{3-7}$$

计算得到发电功率与相对温度回归方程的决定系数为 0.581，表明回归方程的拟合优度较好，对数据的解释能力较强。由此可见，相对湿度是光伏发电功率比较重要的气象影响因子，对光伏发电功率的作用较大。

4) 光伏发电功率与风速

光伏发电功率与风速的实测值关系曲线和散点图如图 3-8 所示。

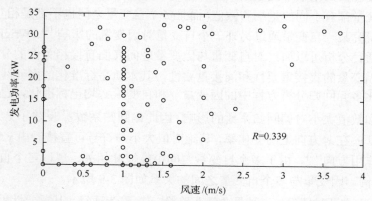

图 3-8　光伏发电功率与风速的实测值关系曲线和散点图

由图 3-8 可以看出，发电功率和风速曲线的变化趋势并无明显规律，影响作用时正时负，正时居多，计算得到发电功率与风速的相关系数为 0.339，两者之间

存在一定的相关关系。利用 SPSS 软件对数据进行回归分析得到发电功率与风速的一元线性回归方程为

$$P = 5.145W + 9.388 \tag{3-8}$$

计算得到发电功率与风速回归方程的决定系数为 0.104，表明回归方程的拟合优度较差，对数据的解释能力不强。由此可见，风速对光伏发电功率有一定的影响，但作用不强。

5) 发电功率与影响因子的多元回归方程

将光伏发电功率 P 作为因变量，辐照度 G、环境温度 T、相对湿度 H 和风速 W 作为自变量，采用逐步回归的方法利用 SPSS 软件建立发电功率与这些气象影响因子的多元线性回归方程为

$$P = 0.023G + 0.291T - 0.166H + 0.263W + 7.279 \tag{3-9}$$

随着多个自变量被逐步引入回归方程，决定系数 R^2 在逐渐增大，说明引入的自变量对因变量的作用在增加。最终方程的决定系数为 0.925，说明方程的拟合优度很好。剩余通径分析因数 $e = \sqrt{1 - R^2}$ 则说明对光伏发电功率有影响的变量不止以上 4 个气象因子，还有一些其他相关的因素没有考虑，但是以上的 4 个气象因子占主导作用，可称为光伏发电功率的主要气象影响因子。

2. 气象影响因子的通径分析

多元线性回归系数不能直接反映各因子作用程度的大小，因为各个回归系数对应的自变量都有不同的量纲和数值，而且多个自变量之间也不都是相互独立的，有时还要研究某一自变量通过另外一个自变量对因变量的影响[14]。Wright 于 1921 年提出的通径分析可以通过对自变量与因变量之间表面直接相关性的分解来研究自变量对因变量的直接重要性和间接重要性，其本质是标准化的多元线性回归分析。标准化多元回归分析方程中的因变量 y 和自变量 x_i 均已标准化，已经消除了不同量纲和数值大小对偏回归系数的影响，因此偏回归系数 b_i^* 反映了 x_i 对 y 的标准作用，即 y 在 x_i 方向上的变化率，其绝对值大小与符号可直接看出 x_i 对 y 影响的大小和作用方向[15]。由于多个自变量之间可能彼此相关，现以三个自变量 x_1、x_2、x_3 为例，因变量与多个自变量之间的关系如图 3-9 所示。

图 3-9 中有两种路径，一种是单箭头路径 →，称为通径，其重要性用偏回归系数 b_i^* 表示；另一种是双箭头路径 ↔，称为相关路径，其重要性用相关系数 r_{ij} 表示。除了自变量 x_1、x_2、x_3，还有剩余因素 ε，即 y 由 x_1、x_2、x_3 和 ε 完全决定。除

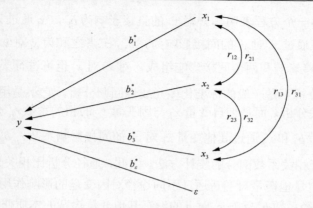

图 3-9　三个自变量时的通径关系

了 ε 外，三个自变量到 y 的三条直接通径 $x_i \to y$ 表示 x_i 对 y 的直接作用，大小为 b_i^*。研究任一自变量 x_j 对 y 的作用，除了一条直接通径 $x_j \to y$，还有 x_j 通过其他自变量 $x_k (k \neq j)$ 的相关路径对 y 的间接影响，如式 (3-10) 所示。

$$x_j \xleftrightarrow{\ r_{jk}\ } x_k \xleftrightarrow{\ b_k^*\ } y \tag{3-10}$$

这是一个通径链，称为 x_j 通过 x_k 对 y 影响的间接通径，间接通径系数等于各段路径系数之积，即 $r_{jk} b_k^*$。规定通径链中的相关路径只能有一条，则对于一个自变量来说，间接通径只有 $p-1$（p 为自变量个数）条，如 $x_1 \leftrightarrow x_2 \leftrightarrow x_3 \to y$ 就不是间接通径。通径分析这种机理可用标准化线性回归的正则方程组来表达，如式 (3-11) 所示。

$$\begin{bmatrix} r_{11} & r_{12} & \cdots & r_{1p} \\ r_{21} & r_{22} & \cdots & r_{2p} \\ \vdots & \vdots & & \vdots \\ r_{p1} & r_{p2} & \cdots & r_{pp} \end{bmatrix} \begin{bmatrix} b_1^* \\ b_2^* \\ \vdots \\ b_p^* \end{bmatrix} = \begin{bmatrix} r_{1y} \\ r_{2y} \\ \vdots \\ r_{py} \end{bmatrix} \Rightarrow R_{xx} b^* = R_{xy} \tag{3-11}$$

式中，R_{xx} 为 $x_1, x_2, \cdots, x_p$ 的相关阵；$b^* = (b_1^*, b_2^*, \cdots, b_p^*)^T$；$R_{xy}$ 为 x 对 y 的相关阵，即 $R_{xy} = (r_{1y}, r_{2y}, \cdots, r_{py})^T$。

对于 $p=3$，有

$$\begin{bmatrix} r_{11} & r_{12} & r_{13} \\ r_{21} & r_{22} & r_{23} \\ r_{31} & r_{32} & r_{33} \end{bmatrix} \begin{bmatrix} b_1^* \\ b_2^* \\ b_3^* \end{bmatrix} = \begin{bmatrix} r_{1y} \\ r_{2y} \\ r_{3y} \end{bmatrix} \Rightarrow \begin{cases} b_1^* + r_{12} b_2^* + r_{13} b_3^* = r_{1y} \\ r_{21} b_1^* + b_2^* + r_{23} b_3^* = r_{2y} \\ r_{31} b_1^* + r_{32} b_2^* + b_3^* = r_{3y} \end{cases} \tag{3-12}$$

式(3-12)第一个方程表明，x_1 对 y 的直接影响为 b_1^*，x_1 通过 x_2 对 y 的间接影响为 $r_{12}b_2^*$，x_1 通过 x_3 对 y 的间接影响为 $r_{13}b_3^*$，三者之和为 x_1 对 y 的总影响 r_{1y}，即 r_{1y} 由 x_1 的直接影响和两个间接影响组成，对 x_2 对 x_3 也可进行类似的分析。由此可知，通径分析不是一般的标准化多元线性回归分析，它不是用来预测和控制的，也不是相关分析，而是把自变量 x_j 与因变量 y 的相关系数 r_{jy} 分解成 x_j 对 y 的直接作用系数 b_j^* 和 x_j 通过其他变量 x_k 对 y 的间接影响系数 $r_{jk}b_k^*$ 的一种统计分析方法，即进行相关系数剖分的统计方法。因此，通径分析比相关分析更加全面、细致，它可以定量地衡量自变量通过不同途径对因变量的影响作用。

(1)直接通径系数 b_j^* 反映 x_j 对 y 的没有其他变量掺杂的本质作用的大小。

(2)在多个变量 $x_1, x_2, \cdots, x_p$ 与 y 之间的相关分析中，r_{jy} 不能真实地反映 x_j 与 y 的关系，因为它里面含有其他变量通过 x_j 对 y 的间接影响。

(3)在 $x_1, x_2, \cdots, x_p$ 与 y 之间的复杂相关关系中，可以明确某个自变量通过其他自变量间接作用于 y 的影响系数和路径，对于分析多元耦合的自变量与因变量之间的复杂相互作用关系和通径，以及识别主要影响因子具有重要意义。

通径系数 $b^* = (b_1^*, b_2^*, \cdots, b_p^*)^{\mathrm{T}}$ 可由式(3-11)解出，如式(3-13)所示。

$$b^* = R_{xx}^{-1} R_{xy}, \ \det R_{xx} \neq 0 \tag{3-13}$$

式中，R_{xx}^{-1} 为相关阵 R_{xx} 的逆矩阵。

$$R_{xx}^{-1} = \begin{pmatrix} r_{11} & r_{12} & \cdots & r_{1p} \\ r_{21} & r_{22} & \cdots & r_{2p} \\ \vdots & \vdots & & \vdots \\ r_{p1} & r_{p2} & \cdots & r_{pp} \end{pmatrix}^{-1} = \begin{pmatrix} c_{11} & c_{12} & \cdots & c_{1p} \\ c_{21} & c_{22} & \cdots & c_{2p} \\ \vdots & \vdots & & \vdots \\ c_{p1} & c_{p2} & \cdots & c_{pp} \end{pmatrix} \tag{3-14}$$

在多变量的相关分析中，可以用通径系数绝对值的大小，直接比较不同的自变量在回归方程中的作用，这对于从多个变量中准确识别关键因子、合理选取自变量(解释变量)非常重要。

利用软件进行通径分析计算，得到发电功率、辐照度、环境温度、相对湿度和平均风速各变量之间的相关系数如表 3-1 所示。

利用 SPSS 软件进行通径分析计算，得到各个自变量(辐照度、环境温度、相对湿度和平均风速)与因变量(光伏发电功率)之间的相关系数、直接通径系数和间接通径系数如表 3-2 所示。

表 3-1　变量相关系数

变量	发电功率	辐照度	环境温度	相对湿度	平均风速
功率	1	0.893	0.749	−0.766	0.339
辐照度	0.893	1	0.524	−0.512	0.306
环境温度	0.749	0.524	1	−0.883	0.136
相对湿度	−0.766	−0.512	−0.883	1	−0.308
平均风速	0.339	0.306	0.136	−0.308	1

表 3-2　通径系数

系数		自变量			
		辐照度	环境温度	相对湿度	平均风速
与因变量之间的相关系数		0.893	0.749	−0.766	0.339
直接通径系数（直接作用）		0.663	0.123	−0.311	0.017
间接通径系数（间接作用）	辐照度	—	0.360	−0.339	0.203
	环境温度	0.064	—	−0.109	0.021
	相对湿度	0.159	0.259	—	0.096
	风速	0.005	0.002	−0.005	—
间接通径系数合计		0.228	0.621	−0.453	0.320

通过表 3-1 和表 3-2 可以看出：

（1）从影响因子对发电功率总体作用程度的强弱来说，发电功率与辐照度、相对湿度、环境温度和平均风速的相关系数分别为 0.893、−0.766、0.749、0.339，由此可以看出，作用程度由强到弱的顺序依次是辐照度、相对湿度、环境温度和风速。

（2）从影响因子对发电功率直接作用程度的强弱来说，辐照度的直接通径系数为 0.663，可见其对光伏发电功率有非常强的正直接作用；而相对湿度、环境温度和平均风速的直接通径系数分别为−0.311、0.123 和 0.017，可见这些因素对光伏发电功率的直接影响作用依次降低。

（3）从影响因子对发电功率总体作用程度的方向来说，辐照度、环境温度和平均风速与发电功率的相关系数分别为 0.893、0.749、0.339，均为正，说明对发电功率是正的作用，而相对湿度与发电功率的相关系数为负，说明对发电功率是负的作用。

（4）从影响因子对发电功率间接作用的路径来说，环境温度、相对湿度和平均风速通过辐照度对发电功率作用的间接通径系数分别为 0.360、−0.339、0.203，可见其他因素通过辐照度对发电功率作用是最主要的间接相关路径。

（5）环境温度通过相对湿度的间接通径系数为 0.259，相对湿度通过环境温度的间接通径系数为−0.109，这说明环境温度与相对湿度之间存在一定的关联耦合；辐照度通过相对湿度的间接通径系数为 0.159，相对湿度通过辐照度的间接通径系数为−0.339，说明辐照度与相对湿度之间存在较强的关联耦合。

综上所述，对光伏发电气象影响因子的特点作用总结如下。

（1）多元性。影响光伏发电功率的气象因子呈现多元性，如辐照度、相对湿度、环境温度、平均风速和气压等都会对光伏发电功率造成或正或负或大或小的影响，影响因子的作用程度会根据时间、季节等情况的不同而变化，但其多元性的特点不会改变。

（2）耦合性。光伏发电功率的气象影响因子之间不是相互独立的，而是具有一定程度的相关性。由通径分析可知，气象影响因子除了其自身对光伏发电功率产生直接影响作用，还会通过其他因子对光伏发电功率产生间接作用。

（3）主导性。尽管光伏发电功率气象影响因子数量较多，种类各异，对发电功率的作用程度、作用途径和方式各不相同，与发电功率之间呈现复杂的非线性关系，并且相互之间存在多重关联耦合，但仍可利用数学统计方法对其进行定量衡量和对比，从而识别确定起关键作用的若干主要气象影响因子。

3.2.3　光伏电站发电功率出力特性的关联数据模型

由并网型光伏电站的组成和工作原理可知，太阳能经过太阳能电池转化为电能，后经逆变器、变压器并入电网。太阳能电池的型号、阵列的面积、安装方式、表面污染情况、工作状态、衰减特性，以及时间、辐照度、环境温度、相对湿度、平均风速、逆变器控制策略等均会对发电功率产生影响，应综合考虑这些因素的作用。由于这些因素与发电功率之间是复杂的非线性关系，且相互之间存在多重耦合，建立考虑所有相关影响因素的并网型光伏电站发电功率出力特性模型比较困难。对于建成投运的并网型光伏电站，其构成与内部工作特性已经基本稳定，其输出量（发电功率）的大小主要与其输入量（如辐照度、环境温度、相对湿度、平均风速等）有关。

光伏电站监控系统采集记录的运行状态数据蕴含了其发电功率出力特性的变化规律。为了利用实测数据描述光伏电站的发电功率出力特性，根据前面光伏发电功率气象影响因子相关性分析的结论，选取辐照度 G、环境温度 T、相对湿度 H、平均风速 V 四个主要的气象影响因子，与发电功率 P 一起构成光伏电站的运行状态空间 S，S 中的点与光伏电站的运行状态一一对应。由辐照度 G、环境温度 T、相对湿度 H 和平均风速 V 构成的空间称为输入特征空间 F，输入特征空间 F 可描述光伏电站的输入状态，而功率特性的数学模型就是从输入特征空间 F 到发电功率 P 的非线性单值映射。描述功率特性的非线性映射对应运行状态空间 S 中的一个超平面，此超平面实际上是 S 中部分点的集合，可用一组形如 (G,T,H,V,P) 的数据记录表示，此记录的集合称为关联数据模型[16]。关联数据模型记录中的前四项为输入特征字段，最后一项为发电功率字段。

在并网型光伏电站的运行过程中，不断采集光伏电站的输入参数（主要气象影响因子）和输出发电功率数据，并对不同输入参数及与之对应的输出参数进行记录，得到光伏电站发电功率出力特性的关联数据模型，该模型中每条数据记录的结构均为 (G,T,H,V,P)，其中，G 为辐照度、T 为环境温度、H 为相对湿度、V 为平均风速、P 为发电功率。光伏电站发电功率出力特性关联数据模型的建立、学习与更新方法如下[17]。

1. 关联数据记录的数据结构

关联数据记录的数据结构如表 3-3 所示。

表 3-3　关联数据记录的数据结构

序号	参数、符号	单位	取值范围
1	辐照度，G	W/m²	[0,对应的地外辐照度数值]
2	环境温度，T	℃	[−50,75]
3	相对湿度，H	%	[0,100]
4	平均风速，V	m/s	[0,30]
5	发电功率，P	W	[0,光伏电站最大功率]

2. 实际数据的有效性处理

传感器故障、数据传输错误、电磁干扰或其他原因可能引起数据的缺失和数值异常，因此需要对并网型光伏电站的辐照度 G、环境温度 T、相对湿度 H、平均风速 V、发电功率 P 等数据进行预处理。如果实际数据数值在表 3-3 对应的取值范围之内，则认为该数据是有效数据；如果数值超出表 3-3 的取值范围，则认为该数据为异常数据。按照有关技术规范检验数据的时标、顺序、数量等是否符合要求，通过插值或其他措施对缺失数据和异常数据进行插补、修正，并对其进行相应标识以示区别。

3. 关联数据模型的建立与自学习方法

在并网型光伏电站运行过程中，随着时间的推移会不断地出现新的有效数据记录，根据新增的有效数据记录与关联数据模型中已有的数据记录之间对应关系的不同情况，按照下面步骤建立并在线实时更新关联数据模型 D。

判断新增的有效数据记录 (G, T, H, V, P) 中的前四项数据 (G, T, H, V) 是否与 D 中已有的某条记录的前四项数据完全相同：如果关联数据模型 D 中没有任何记录的前四项数据与 (G, T, H, V) 完全相同，则将新增的有效数据记录 (G, T, H, V, P)，作为新出现的运行状态加入关联数据模型，更新过程结束。否则进入下一步。

如果新增的有效数据记录 (G, T, H, V, P) 中的前四项数据 (G, T, H, V) 与 D 中某条已有记录的前四项数据相同，则继续判断新增有效数据记录中的发电功率 P 与 D 中对应记录中的发电功率 P_0 是否相同：如果两个发电功率相同，即 $P = P_0$，说明新增有效数据记录与 D 中对应的记录完全一样，则忽略此新增数据，关联数据模型 D 不做任何修改，更新过程结束。否则进入下一步。

如果新增有效数据记录的发电功率 P 与关联数据模型 D 中对应记录的发电功率 P_0 不同，即 $P \neq P_0$，为保证关联数据模型映射关系的单值性，需按预设权重对与新读入数据输入特征字段相同的关联数据记录的发电功率字段进行更新，即对新增数据记录的发电功率 P 和 D 中对应记录的发电功率 P_0 进行加权平均，如式(3-15)所示。

$$P_x = \frac{a_1 P + a_2 P_0}{2} \tag{3-15}$$

式中，P_x 为发电功率更新值；a_1 为新发电功率数据对应的权重系数；a_2 为原发电功率数据对应的权重系数。本书 a_1 和 a_1 分别取 0.8、0.2。

用式(3-15)计算得到的发电功率加权平均值 P_x 来更新关联数据模型 D 中原有的记录，关联数据模型 D 中更新后的记录为 (G, T, H, V, P_x)。关联数据模型生成和更新的流程如图 3-10 所示。

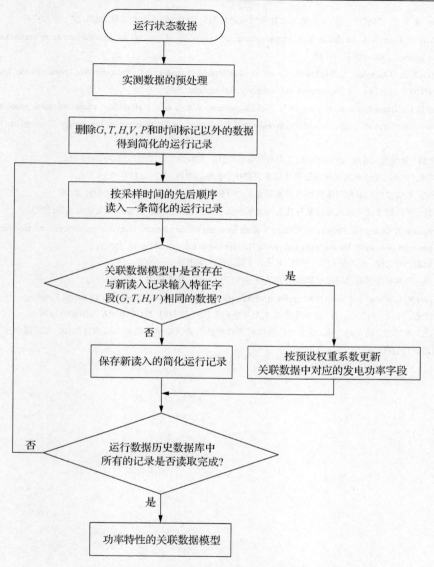

图 3-10　关联数据模型的生成和更新的流程图

参 考 文 献

[1] 宋金莲, 冯垛生. 太阳能发电原理与应用[M]. 北京: 人民邮电出版社, 2007.

[2] 周德佳, 赵争鸣, 吴理博, 等. 基于仿真模型的太阳能光伏电池阵列特性的分析[J]. 清华大学学报, 2007, 47(7): 1109-1112, 1117.

[3] King D L, Boyson W E, Kratochvil J A. Photovoltaic array performance model, SAND2004-3535[R]. US Department of Commerce, Springfield, 2004.

[4] 王飞, 余世杰, 苏建徽, 等. 太阳能光伏并网发电系统的研究[J]. 电工技术学报, 2005, 20(5): 72-74.

[5] Soto W D, Klein S A, Beckman W A. Improvement and validation of a model for photovoltaic array performance[J]. Solar Energy, 2006, 80(1): 78-88.

[6] King D L, Gonzalez S, Galbraith G, et al. Performance model for grid-connected photovoltaic inverters, SAND2007-5036[R]. US Department of Commerce, Springfield, 2007.

[7] King D L, Kratochvil J A, Bayson W E. Field experience with a new performance characterization procedure for photovoltaic arrays[C]. 2nd World Conference and Exhibition on Photovoltaic Solar energy Conversion, Vienna, 1998.

[8] 苏建徽, 余世杰, 赵为. 硅太阳电池工程用数学模型[J]. 太阳能学报, 2001, 22(4): 409-412.

[9] 刘兴杰, 郭栋. 光伏发电系统等效简化模型研究[J]. 太阳能学报, 2016, 37(3): 759-764.

[10] 杨光. 光伏发电功率与气象影响因子关联关系的分析研究[D]. 北京: 华北电力大学, 2014.

[11] 郭佳. 并网型光伏电站发电功率与其主气象影响因子相关性分析[D]. 北京: 华北电力大学, 2013.

[12] Chigueru T, Ricardo E, Beltrão A. Siting PV plant focusing on the effect of local climate variables on electric energy production-case study for araripina and recife[J]. Renewable Energy, 2012, 48: 309-317.

[13] 何晓群, 刘文卿. 应用回归分析[M]. 北京: 中国人民大学出版社, 2007.

[14] 王飞. 并网型光伏电站发电功率预测方法与系统[D]. 北京: 华北电力大学, 2013.

[15] Myers R. Classical and Modern Regression with Applications[M]. 2nd ed. Stamford: Thomson Learning.

[16] 米增强, 王飞, 刘兴杰, 等. 并网型光伏电站发电功率预测方法[P]. 2010. 06. 09. 201010033376.4.

[17] 王飞, 米增强, 杨奇逊, 等. 基于神经网络与关联数据的光伏电站发电功率预测方法[J]. 太阳能学报, 2012, 33(7): 1171-1177.

第 4 章　光伏发电功率极短期预测

4.1　概　　述

在多云天气下地表辐照度受云团生消与运动的影响，其变化呈现出随机、快速、剧烈的特点，变化速率达分钟级，波动范围高达对应晴空数值的 80%，严重影响了传统预测算法的精度。因此，为了提高多云天气下地表辐照度的预测精度，需对天空中的云团进行直接观测以获取相应数据，研究天空图像云团像素辨识方法、云团位移矢量计算方法以及基于天空图像的地表辐照度映射模型[1,2]。

云团分布预测的难点主要在于天空图像中云团的辨识以及其运动过程的追踪计算。对于天空图像云团辨识，阈值分割技术是一种简单、方便识别云的方法。该方法的关键是找到正确的阈值，通过迭代法、最小误差法、最大类间方差法等可以设置不同的阈值将图像的像素分成几个类别，以达到图像分割的效果。对于基于数字图像处理的云团运动过程追踪计算，常用的方法有基于图像灰度信息的计算方法与基于图像傅里叶频域信息的计算方法，前者根据图像中物体的灰度相似性来判断其在两幅相邻图像中的位移，后者则根据傅里叶频域相位谱相位差来计算图像中物体位移。基于灰度信息的天空图像云团移动矢量计算方法包括：尺度不变特征变换（scale invariant feature transform，SIFT）算法、光流（optical flow，OF）法、相关性分析及粒子图像测速（particle image velocimetry，PIV）技术。与基于灰度信息的天空图像云团移动矢量计算方法不同，基于图像傅里叶频域信息的计算方法均基于统一的傅里叶相位相关原理，并且能够以更为数学化的方式描述图像差异[3]。图像中一些抽象特征的变化，如物体轮廓，会在频域中反映出来从而可通过计算进行进一步分析。在实际应用中，基于傅里叶变换的计算方法所需的耗时与计算资源相对较少[4]。在一些早期研究中，天空图像中云团的位移可根据两幅相邻图像间的相位差进行计算[5-7]。

本章介绍一种光伏发电功率分钟级预测系统，包括基于天空图像云辨识方法、基于天空图像云追踪预测方法以及基于天空图像的地表辐照度映射模型三部分。本章重点介绍云团位移矢量的计算方法。

4.2　基于天空图像的光伏发电功率分钟级预测方法

4.2.1　云团运动对光伏发电功率的影响机理

地表辐照度是光伏发电功率最主要的影响因子。太阳和云团的运动共同决定了两者之间的相对位置，并直接影响地表辐照度的大小。在分钟级时间尺度下，太阳运动引起的相对位置变化几乎可以忽略不计，这时云团运动就成为影响地表辐照度数值的关键因素，即云团的生消、移动导致其对太阳遮挡情况的变化是引起地表辐照度改变的主要原因，进而可能造成光伏发电功率的快速剧烈波动。

光伏电站天空区域不同时刻天空图像中云团分布的差异可分为两种情况：①两者的形状、位置均不同；②两者的形状基本一致但位置不同。具体属于哪种情况由图像时间间隔和大气运动对云团生消、移动的影响共同决定。图像时间间隔越长、大气运动越剧烈则第一种可能性越大；反之则第二种可能性更大。由于云团生消形变属于复杂的大气物理过程，存在一定惯性，需要累计一定的时间才能显现出来。对于时间间隔为 $1\sim2\text{min}$ 的两幅天空图像，除极少数异常剧烈天气条件外，在如此短时间内大气运动尚不能对云团的形状造成明显影响，故可认为属于第二种情况，即天空图像中云团的形状和分布不变，仅所在位置不同，大量不同地域的实测天空图像也证明了这一点。因此，对于分钟级时间尺度的光伏功率预测来说，认为相邻天空图像中云团形状保持一致的假设是合理的，在该条件下基于线性外推原理计算云团运动速度以及预测云团分布在理论上是可行的。

4.2.2　光伏发电功率分钟级预测基本技术路线

图 4-1(a) 展示了用于光伏发电功率分钟级预测的全天空成像仪设备及其采集图像。该方法是以地基观测设备采集的光伏电站对应天空区域的图像序列为对象，基于分钟级时间尺度下云团形状与运动速度保持不变的假设，通过对图像中云团特征的识别与匹配，计算云团位移矢量场及运动速度；然后根据计算得到的云团运动速度，在当前地基天空图像基础上进行线性外推，预测得到未来某时刻天空中的云团分布；再根据"天空云团-地表辐照度-光伏发电功率"映射模型，计算得到对应光伏发电功率出力的预测值。预测算法流程如图 4-1(b) 所示。

文献[8]和[9]根据云团运动速度的计算结果预测未来某一时刻天空中云团的分布，并结合太阳位置信息得到云团对太阳的遮挡情况，从而进一步预测地表辐照度。文献[10]则直接构建了以太阳位置、云团运动速度与方向，以及在云团运动方向上图像的灰度分布信息为输入的地表辐照度预测模型。上述文献中云团运

(a) 全天空成像仪设备及其采集图像

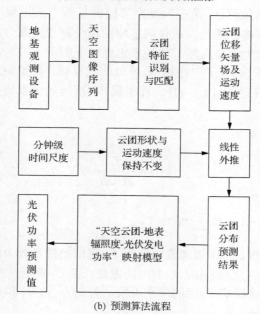

(b) 预测算法流程

图 4-1　基于天空图像的光伏发电功率分钟级预测

动速度计算均采用常规的基于时域图像分割匹配的方法。从计算速度角度,此方法耗时较长,仅适合于时间分辨率及预测时间尺度较大的场合,对分钟级预测来说其计算速度无法满足要求;从预测精度角度,因该方法使用的地基天空图像时间分辨率以及预测时间尺度均远大于分钟级,在很多情况下不能保证"相邻图像中云团形状基本不变"这一假设条件,故不宜采用该方法进行云团运动的外推预测。

由上述分析可知,基于天空图像的光伏发电功率分钟级预测方法由多个相对独立的环节组成,需针对各个环节分别开展研究。由于这些环节之间存在先后顺序关系,其中云团运动速度计算是进行外推预测的前置环节,是后续步骤的前提和基础,所以需要针对云团运动速度计算方法开展深入研究,提高其计算速度与准确性,为光伏发电功率分钟级预测奠定基础。

4.3　云　空　辨　识

4.3.1　基于最大类间方差法的云空辨识算法

1. 最大类间方差法原理

最大类间方差法(也称 Otsu 法,是由日本学者 Otsu 于 1979 年提出的一种对图像进行二值化的高效算法)是在灰度直方图的基础上采用最小二乘法的原理推导出来的[11]。它的基本原理是以最佳阈值将图像分割成两部分,使两部分之间的方差最大,即具有最大的分离性。其基本思想如下所示。

假设 $f(x,y)$ 是图像 $I_{M \times N}$ 中坐标 (x,y) 处的灰度值,将给定图片的像素表示为 L 个灰度级,从而 $f(x,y) \in [0, L-1]$。属于第 i 灰度级的像素数量用 f_i 表示,且总像素数为 $M \times N$。

灰度级为 i 的概率为

$$p(i) = \frac{f_i}{M \times N} \tag{4-1}$$

式中, $i = 0,1,2,\cdots,L-1$, 且 $\sum_{i=0}^{L-1} p(i) = 1$ 。

现在,假设以灰度级 t 作为阈值的情况下,我们把像素分为两大类 C_0 和 C_1(背景和目标); C_0 表示灰度级在[0, $L-1$]内的像素,而 C_1 表示灰度级在[t, $L-1$]内的像素,即背景 C_0 和目标 C_1 对应的像素可表示为 $\{f(x,y) < t\}$ 和 $\{f(x,y) \geqslant t\}$。

背景部分 C_0 的概率如下:

$$w_0 = \sum_{i=0}^{t-1} p(i) \tag{4-2}$$

目标部分 C_1 的概率如下:

$$w_1 = \sum_{i=t}^{L-1} p(i) \tag{4-3}$$

$$w_0 + w_1 = 1 \tag{4-4}$$

背景部分 C_0 的平均灰度值如下:

$$\mu_0(t) = \sum_{i=0}^{t-1} i \times \frac{p(i)}{w_0} \tag{4-5}$$

目标部分 C_1 的平均灰度如下：

$$\mu_1(t) = \sum_{i=t}^{L-1} i \times \frac{p(i)}{w_1} \tag{4-6}$$

平均灰度值为

$$\mu = \sum_{i=0}^{L-1} i \times p(i) \tag{4-7}$$

$$\mu = w_0 \times \mu_0(t) + w_1 \times \mu_1(t) \tag{4-8}$$

图像中背景和目标之间的类间方差为

$$\delta^2(k) = w_0(\mu - \mu_0)^2 + w_1(u - u_1)^2 \tag{4-9}$$

式中，k 值在 $0 \sim L\text{--}1$ 变化，在不同的 k 值下计算类间方差 $\delta^2(k)$，当 $\delta^2(k)$ 取到最大值时，对应的 k 值为最优阈值。最大类间方差法通过选择最优阈值 k 对地面图像进行处理，生成二值图像，当像素值大于 k 时，其被标记为白色。当像素值小于 k 时，其被标记为黑色。这样就实现了地基云图中云的提取，在提取结果中，云被标记为白色，而天空被标记为黑色。

2. 仿真与分析

为验证本章所提出算法的有效性，本章从云南地区 2015 年 7 月 22 日至 8 月 16 日地基天空图像中按照无云类型、少云类型、云量适中类型、多云类型和全部为云类型选取仿真图片，每种类型的地基天空图像各选 50 幅进行云空辨识。在本章中每种类型的地基天空图像只选取有代表性的两幅仿真示例。图 4-2(a1) 和 (b1) 是无云类型的地基天空图像，无云是少云类型地基天空的特例。图 4-2(c1) 和 (d1) 是少云类型的地基天空图像，图 4-2(e1) 和 (f1) 是云量适中类型的地基天空图像，图 4-2(g1) 和 (h1) 是多云类型的地基天空图像，图 4-2(i1) 和 (j1) 是全部为云类型的地基天空图像，全部为云是多云类型地基天空图像的特例。

图 4-2(a2)～(j2) 分别为图 4-2(a1)～(j1) 的云空辨识结果图。在图 4-2(a2)～(j2) 中，白色区域为检测出的云，圆内黑色区域为天空。图 4-2(a2) 和 (b2) 准确地检测出图 4-2(a1) 和 (b1) 中的全部天空，图 4-2(i2) 和 (j2) 准确检测出图 4-2(i1) 和 (j1) 中的全部的云，此处理结果表明：Otsu 算法处理无云类型天空图像和全部为

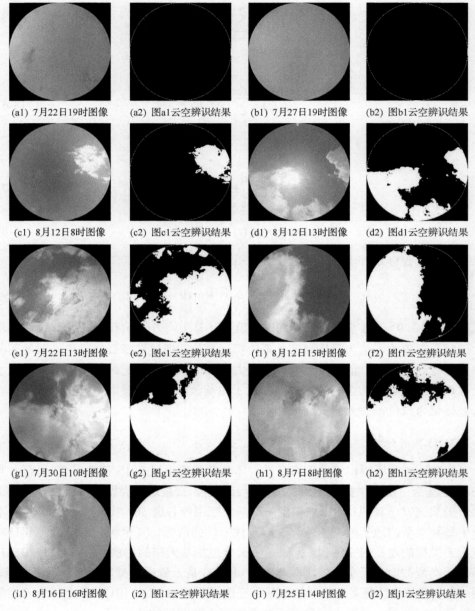

(a1) 7月22日19时图像　(a2) 图a1云空辨识结果　(b1) 7月27日19时图像　(b2) 图b1云空辨识结果

(c1) 8月12日8时图像　(c2) 图c1云空辨识结果　(d1) 8月12日13时图像　(d2) 图d1云空辨识结果

(e1) 7月22日13时图像　(e2) 图e1云空辨识结果　(f1) 8月12日15时图像　(f2) 图f1云空辨识结果

(g1) 7月30日10时图像　(g2) 图g1云空辨识结果　(h1) 8月7日8时图像　(h2) 图h1云空辨识结果

(i1) 8月16日16时图像　(i2) 图i1云空辨识结果　(j1) 7月25日14时图像　(j2) 图j1云空辨识结果

图 4-2　复原图像及云空辨识结果

云类型的天空图像时，附加图像的作用平衡了云空像素数差，使云空辨识结果较理想。对比复原图像图 4-2(c1)～(h1)和云空辨识结果图像图 4-2(c2)～(h2)可以发现：图 4-2(c2)～(h2)均不同程度地出现将天空错误辨识为云和漏检云两种情况的云空辨识误差。图 4-2(c1)～(h1)中由于薄云云量较少，在饱和度矩阵中表现为薄云像素点数量少，且在复原天空图像中薄云饱和度值与蓝天饱和度值比较接近，造成 Otsu 算法计算的分割阈值偏低从而漏检少量薄云。图 4-2(c2)～(h2) 出现将天空错误辨识为云的情况是由于 Otsu 算法计算出的分割阈值较高，而错误辨识为云的天空部分由于受较强阳光照射饱和度值偏低，出现误检的情况。

　　Otsu 算法通过选取最优阈值分割地基天空图像，此阈值能使类间方差最大，但不一定能得到最理想的云空辨识效果。在处理云量极少或接近全部为云团的天空图像时，由于云、空像素的灰度值分布不均衡，不能对全部少云类型天空图像和多云类型天空图像均产生较理想的云空辨识效果。

4.3.2　基于 k-means 聚类的云团辨识方法

1. k-means 算法原理

　　k-means 算法是基于硬划分准则的常用聚类算法，其核心思想是通过不断迭代更新聚类中心，使非线性目标函数聚类误差平方和最小，从而得到最优的聚类效果。非线性目标函数聚类误差平方和 J 的计算公式为

$$J = \sum_{i=1}^{k} \sum_{j=1}^{n_k} (x_i - y_k)^2 \tag{4-10}$$

式中，k 为分类的类数；n_k 为第 k 个聚类中的数据总数；x_i 为第 k 类的数据；y_k 为此类的聚类中心。

　　步骤一：确定需要分类的类数 k。将复原天空图像进行云空辨识，即将天空图像分成云和天空两部分，因此聚类数为 2。

　　步骤二：选取 k 个类的初始聚类中心。k 为 2 即分别选取云像素点的聚类中心和天空像素点的聚类中心。太阳光由波长不同的红、橙、黄、绿、青、蓝、紫七种颜色构成。根据瑞利散射，散射光强度与波长的四次方成反比，当太阳光透过大气时，波长较短的蓝光和紫光碰到大气分子、冰晶、水滴很容易发生散射现象，人眼对紫光不敏感使得晴朗天空呈蓝色。云是由小水滴和空气中的粉尘组成的，它的直径大于任何一种颜色的光的波长，因此云可以反射所有光线，使得云在天空中呈现出白色。采用红蓝通道的比值运算可以突出不同波段间光谱的差异，提高对比度。文献[12]中用红蓝波段比值 0.77 为固定阈值分割地基天空图像，大于 0.77 为云，小于 0.77 为天空。以此方法为依据获得 k-means 算法的初始聚类中心，具体步骤如下。

　　(1)针对 RGB 色彩模式的复原地基天空图像，分别提取红(R)、绿(G)、蓝(B)三个颜色通道的灰度矩阵，形成 R 矩阵、G 矩阵、B 矩阵；将 R 矩阵和 B 矩阵对应位置元素相除得到红蓝波段比值矩阵 I_f。

（2）以 0.77 为阈值分割 n_k 时由于所选阈值的单一性会造成云的误识或漏识，为确保初始聚类中心云像素点和天空像素点具有较高的可信度，选取较大阈值进行云像素点的选取，选取较小的阈值进行天空像素点的选取。当阈值较大时，辨识结果图像中检测出的云的范围将缩小，对云的误识概率大大降低；反之，当选取的阈值较小时，天空像素的误识的概率降低，因此用较小阈值分割 I_f 所得的辨识结果中的天空像素的可信度较高。综上所述，选取较大的红蓝波段比矩阵的分割阈值 T_h 满足 $0.77 < T_h < 1$，选取较小的分割阈值 T_l 满足 $0 < T_l < 0.77$；通过对大量天空图像的处理，将 T_h 依次设置为 0.8、0.85、0.9、0.95 进行云像素点的提取，提取结果中云量随 T_h 的增大而降低。T_h 为 0.8、0.85、0.9 时得到的提取结果中云量虽大，但是存在将天空误辨识为云的像素点，为了提取可靠性较高的云像素点将 T_h 定为 0.95。同理，当天空像素点提取选取的 T_l 小于或等于 0.5 时，阈值过低导致天空图像云空辨识结果中无天空像素点或存在很少的天空像素点，应选择较大的 T_l 值。依次选取 T_l 为 0.55、0.6、0.65、0.7，辨识结果中天空的范围随着阈值的增大而增大，对比辨识结果和原图中的天空范围，采用 0.7 作为提取天空像素点的分割阈值可以保证提取到较大数量的可信度较高的天空像素，从而保证得到的天空部分的聚类中心具有较高的可信度。

（3）根据式（4-11）选取较高可信度的云像素点和天空像素点：

$$
\begin{cases}
i \in \text{云像素点}, & I_f^i > T_h \\
i \in \text{天空像素点}, & I_f^i < T_l
\end{cases}
\tag{4-11}
$$

式中，I_f^i 为 R/B 特征空间中 i 像素点的红蓝分量比值。T_h 设定为 0.95，T_l 设定为 0.7。

（4）提取（3）中选取的云像素点位置信息，通过此位置信息获得复原图像中对应位置像素点的颜色特征，即红、绿、蓝分量值，然后分别求取云像素点红、绿、蓝三分量的均值，求取红蓝均值的归一化差值，并将其组成一个一行四列的行向量作为云像素点的初始聚类中心。同理提取与（3）中获得天空像素点同位置处的复原天空图像中像素点的红、绿、蓝分量值，然后分别求取均值并求取红蓝均值的归一化差值，组成一个一行四列的行向量作为天空像素点的初始聚类中心。综上所述，复原天空图像特征矩阵的聚类中心是两行四列的矩阵，矩阵中第一行为天空像素点的聚类中心，第二行为云像素点的聚类中心。对聚类中心矩阵的规定能使复原天空图像中采用 k-means 算法辨识出的天空像素点的类型标识符为"1"，云像素点的类型标识符为"2"。

步骤三：基于加权欧氏距离的 k-means 算法，根据初始聚类中心对复原天空图像的特征矩阵进行聚类计算，计算特征矩阵中各行向量与当前聚类中心的距

离，找到离它最近的聚类中心，并将该行向量分配到该类；加权欧氏距离的计算公式为

$$d = \left\{ \sum_{i=1}^{4} [a_i(x_i - y_i)]^2 \right\}^{1/2} \tag{4-12}$$

式中，x_i 和 y_i 为像素点特征矩阵中行向量第 i 维数值；y_i 为当前聚类中心第 i 维数值；a_i 为特征行向量第 i 维数值的权重系数。权重系数的设定对于云空辨识结果影响较大。红蓝波段归一化差值在云空辨识中精确度较高，因此需设定较高的权重系数来凸显这一优势。然而，若权值过大则会使加权欧氏距离的计算只依赖于红蓝波段归一化差值，红绿蓝通道的影响大大降低，造成云空辨识采用的天空图像特征量较少使辨识结果存在较大偏差。为了把红绿蓝三个彩色分量作为一个整体进行聚类，并体现红蓝波段归一化差值的优势，通过大量的仿真验证，将红蓝波段归一化差值的权重设定为 2.5，红绿蓝分量的权重设定为 1。

步骤四：分别计算新生成的各类中所有对象的均值，并作为新的聚类中心。聚类中心的计算公式为

$$c_i = \frac{1}{w} \sum_{j=1}^{w} x_{ij} \tag{4-13}$$

式中，w 为第 k 类聚类的特征行向量的个数；x_{ij} 为第 j 个特征行向量的第 i 维数值；c_i 为新的聚类中心的第 i 维数值。

步骤五：计算非线性目标函数聚类误差平方和，若其收敛则停止聚类，否则重复步骤三～步骤五。

2. 仿真与分析

在本节中同样选取 12 幅图像进行仿真示例，前 10 幅图像与图 4-2(a1)～(j1)相同，在此不再重复叙述。图 4-3(k1)拍摄时间为 2015 年 8 月 7 日 18 时 24 分，图 4-3(l1)拍摄于同一天 18 时 27 分，两图中左侧天空区域由于强光照射呈现白色，此区域易误辨识为云。图 4-3(a2)～(l2)分别为图 4-3(a1)～(l1)的云空辨识结果图。图 4-3(a2)～(l2)中白色区域为使用上述云空辨识方法提取出的对应图 4-3(a1)～(l1)的云区域，灰色区域为对应图 4-3(a1)～(l1)的天空区域。

对全部为云和全部为天空的特殊天空图像进行云空辨识，通过上述算法产生一组聚类中心，聚类结果中类别编号仅有一类，因此，图 4-3(a2)和(b2)准确地检测出图 4-3(a1)和(b1)中的全部天空，图 4-3(i2)和(j2)准确地检测出图 4-3(i1)和(j1)中的全部的云。对比云空辨识结果，图 4-3(c2)～(h2)与天空图像图 4-3(c1)～(h1)、图 4-3(k2)～(l2)与复原图像图 4-3(k1)～(l1)、图 4-3(c2)～(h2)与图 4-3(k2)～(l2)均出现较薄云层漏检的情况。这是由于较薄云层各通道像素值低

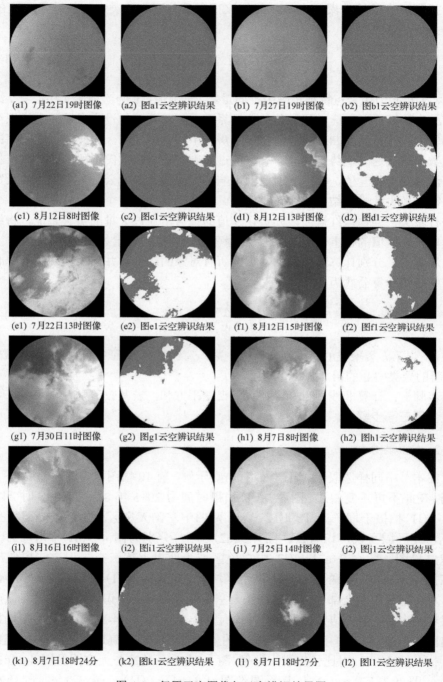

(a1) 7月22日19时图像　　(a2) 图a1云空辨识结果　　(b1) 7月27日19时图像　　(b2) 图b1云空辨识结果

(c1) 8月12日8时图像　　(c2) 图c1云空辨识结果　　(d1) 8月12日13时图像　　(d2) 图d1云空辨识结果

(e1) 7月22日13时图像　　(e2) 图e1云空辨识结果　　(f1) 8月12日15时图像　　(f2) 图f1云空辨识结果

(g1) 7月30日11时图像　　(g2) 图g1云空辨识结果　　(h1) 8月7日8时图像　　(h2) 图h1云空辨识结果

(i1) 8月16日16时图像　　(i2) 图i1云空辨识结果　　(j1) 7月25日14时图像　　(j2) 图j1云空辨识结果

(k1) 8月7日18时24分　　(k2) 图k1云空辨识结果　　(l1) 8月7日18时27分　　(l2) 图l1云空辨识结果

图 4-3　复原天空图像与云空辨识结果图

于普通云层各通道像素值并且高于天空各通道像素值,聚类过程中由于较薄云层像素值距离天空聚类中心的距离较近,聚类结果便将较薄云层的像素点归类为天空像素点,从而出现了对较薄云层的误检。图 4-3(k1) 和 (l1) 左侧天空区域在较强太阳光的影响下呈现白色,此处天空区域极易被误辨识为云,本章采用 k-means 算法通过三个限制条件的设定识别出此区域并将其标记为天空大大降低了此类天空像素点的误辨识率。

4.4　云团运动速度计算

4.4.1　傅里叶相位相关理论

傅里叶变换是一种常用的图像变换方法,利用快速离散傅里叶变换算法,能够实现图像在空间域与频域间的相互转换,获取图像的频域内信息[13]。

设 $f(x, y)$ 为 $M \times N$ 图像的灰度值矩阵,其傅里叶变换为

$$
\begin{cases}
F(u, v) = \dfrac{1}{\sqrt{MN}} \sum_{x=0}^{M-1} \sum_{y=0}^{N-1} f(x, y) \mathrm{e}^{-\mathrm{j}2\pi\left(\frac{ux}{M} + \frac{vy}{N}\right)} \\
\quad = |F(u, v)| \mathrm{e}^{-\mathrm{j}\phi(u, v)} \\
u = 0, 1, \cdots, M-1, \quad v = 0, 1, \cdots, N-1
\end{cases}
\tag{4-14}
$$

式中, x、y 为时域变量; u、v 为频域变量; $|F(u,v)|$ 为图像幅值谱, $|F(u,v)| = \sqrt{R^2(u,v) + I^2(u,v)}$,其中 I 为复数矩阵 $F(u,v)$ 的虚部, R 为复数矩阵 $F(u,v)$ 的实部; $\phi(u,v)$ 为相位谱, $\phi(u,v) = \arctan\left[\dfrac{I(u,v)}{R(u,v)}\right]$ 。

图像的幅值谱表征了在空间域中各个灰度值出现的频率信息,相位谱则表征了原始图像的空间结构与位置分布信息[14]。

设分辨率为 $M \times N$ 的初始图像与位移图像的灰度值矩阵为 $f_1(x,y)$、$f_2(x,y)$,位移图像 $f_2(x,y)$ 是初始图像 $f_1(x,y)$ 经平移 (x_0, y_0) 后得到的,即满足

$$
f_2(x, y) = f_1(x - x_0, y - y_0)
\tag{4-15}
$$

令 $F_1(u,v)$、$F_2(u,v)$ 为两幅图像对应的二维傅里叶变换响应,则根据傅里叶变换的平移性有

$$
F_2(u, v) = F_1(u, v) \mathrm{e}^{-\mathrm{j}2\pi\left(\frac{ux_0}{M} + \frac{vy_0}{N}\right)}
\tag{4-16}
$$

根据式 (4-16) 可写成

$$\left|F_2(u,v)\right|\mathrm{e}^{-\mathrm{j}\phi_2(u,v)}$$

$$=\left|F_1(u,v)\right|\mathrm{e}^{-\mathrm{j}\phi_1(u,v)-\mathrm{j}2\pi\left(\frac{ux_0}{M}+\frac{vy_0}{N}\right)} \tag{4-17}$$

由于两幅图像间仅有位移变化，幅值分布相同，$\left|F_1(u,v)\right|=\left|F_2(u,v)\right|$，图像间相位差为

$$\Delta\phi(u,v)=\phi_1(u,v)-\phi_2(u,v)$$

$$=-2\pi\left(\frac{ux_0}{M}+\frac{vy_0}{N}\right) \tag{4-18}$$

将 $\Delta\phi(u,v)$ 数值对 2π 取余后，得到一个在 u 轴上以 M/x_0 为周期，v 轴上以 N/y_0 为周期的二维周期信号。

计算满足式(4-15)条件的两幅图像的互功率谱：

$$C(u,v)=\frac{F_1(u,v)F_2^*(u,v)}{\left|F_1(u,v)F_2^*(u,v)\right|}=\mathrm{e}^{\mathrm{j}2\pi\left(\frac{ux_0}{M}+\frac{vy_0}{N}\right)} \tag{4-19}$$

式中，上标*为复共轭。

由式(4-17)和式(4-18)可看出，互功率谱的相位对应于两幅图像的相位之差。

对式(4-19)进行傅里叶逆变换得响应函数

$$F^{-1}[C(u,v)]=\delta(x-x_0,y-y_0) \tag{4-20}$$

式中，$\delta(x-x_0,y-y_0)$ 为以坐标 (x_0,y_0) 为中心的单位脉冲函数。因此，根据互功率谱的离散傅里叶逆变换响应矩阵中脉冲信号的坐标，即可确定初始图像 $f_1(x,y)$ 与位移图像 $f_2(x,y)$ 间的相对位移值。

4.4.2　云团运动速度计算流程

已知作为基准的天空图像与间隔一定时间的云团位移后的天空图像，基于傅里叶相位相关理论的基本原理进行云团运动速度计算的流程如下：

(1)读取初始图像与位移图像灰度值矩阵 $f_1(x,y)$、$f_2(x,y)$。

(2)采用快速傅里叶变换算法获得两幅天空图像的频域信息分布矩阵 $F_1(u,v)$、$F_2(u,v)$。

(3)根据式(4-19)计算图像间互功率谱。

(4)计算图像互功率谱的傅里叶逆变换响应矩阵 $F^{-1}[C(u,v)]$。

(5)提取响应矩阵中位于最高点的响应脉冲信号坐标作为云团位移。

(6)根据图像间云团位移及时间间隔计算云团运动速度。

4.4.3　云团运动速度计算结果准确性分析

　　在分钟级时间尺度上，不同时刻的天空图像间的差异主要表现为云团位置的不同以及较小程度的形状变化，在图像频域内体现为相位谱的分布差异。在小空间尺度下，由于云团厚度、大气气溶胶光学厚度以及拍摄图像时的光照环境不同等影响，不同天空图像间往往也会有一定的全局性色调差异，在频域中表现为图像幅值谱的改变，然而由于互功率谱计算中对图像频域幅值的归一化处理，大大弱化了图像色调差异对相位相关计算结果的影响。

　　较理想情况下，进行云团运动速度计算的初始图像与位移图像时间间隔较短，两幅天空图像中云团无明显形变，由式(4-19)可知，其互功率谱的相位基本为二维正弦周期分布，图像互功率谱的傅里叶逆变换响应矩阵图像为单一点的显著尖峰脉冲。

　　图 4-4、图 4-5 为时间间隔 30s 的两幅天空图像，可以看到云团在两幅图像中仅有短距离位移，而形状基本保持一致。在 MATLAB 中采用 85×128 像素的分辨率计算两者互功率谱及其傅里叶逆变换响应矩阵，结果如图 4-6 所示，其最大脉冲点坐标为(−18,6)，表明图 4-5 中云团位置相较于图 4-4 向左移动了 18 个像素，向上移动了 6 个像素。

　　　　图 4-4　初始天空图像　　　　　　　　　　图 4-5　位移天空图像

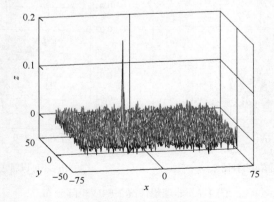

图 4-6　理想情况下响应矩阵分布图

　　然而在实际计算时，很难得到仅有平移变化，完全满足相位相关理论前提条件的两幅天空图像。天空图像中云团形变和观测噪声等的干扰以及图像分辨率与采样间隔的限制，均会使图像互功率谱中加入随机噪声信号，经归一化计算处理后，叠加后的总信号幅值仍为 1。

　　由文献[3]和[15]及相关实验可得：①幅值为 a，相位随机分布的频域信号，其傅里叶逆变换结果为随机复数信号，但所有信号的实部之和恒小于等于 a；②幅值为 b，相位呈周期分布的频域信号，其傅里叶逆变换结果为脉冲信号，脉冲位置与相位周期对应，脉冲值为 b。

　　由傅里叶变换的线性特性有

$$F[af_1(x,y) + bf_2(x,y)] = aF[f_1(x,y)] + bF[f_2(x,y)] \tag{4-21}$$

　　根据文献[16]和[17]所得结论以及式(4-21)可知，图像互功率谱中周期相位信号与随机噪声信号在幅值部分各自所占的比例，会直接影响傅里叶逆变换响应矩阵内元素的分布情况。经傅里叶逆变换后，周期相位信号会在与其周期相对应的坐标点上产生一个响应脉冲信号，信号值大小为周期相位信号在互功率谱中所占比值；而噪声信号的响应在舍去虚数部分后，表现为分布于整个响应矩阵的随机数值点，其值之和不大于互功率谱中噪声信号的幅值。两者的线性叠加结果为互功率谱的傅里叶逆变换响应矩阵。

　　理想情况下，噪声信号在互功率谱中所占比重极小，响应脉冲信号如图 4-6 所示情况十分显著，其顶点远高于噪声区域。随着云团形变增大，干扰信号增多，互功率谱中噪声分量所占比重增加，导致对应于云团位移的周期信号的比重下降，其响应脉冲的位置降低，接近随机噪声区域，但仍具有一定显著性，可被有效地识别，结果如图 4-7(a)所示。而当噪声干扰超过一定限度后，则会出现图 4-7(b)

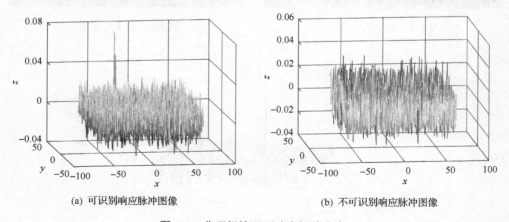

　　(a) 可识别响应脉冲图像　　　　　　　　　(b) 不可识别响应脉冲图像

图 4-7　非理想情况下响应矩阵分布

中无法识别出响应脉冲信号的情况。

可见在响应矩阵分布图像中，作为云团位移响应的脉冲信号越显著，互功率谱中周期相位差信号所占比重越大，采用响应脉冲坐标作为云团位移矢量值的准确性也越高。

根据上面分析，定义云团位移响应脉冲信号的显著值 S 为响应脉冲高度与噪声区域上包络面平均高度之差，计算公式为

$$S = K_1 - \frac{1}{n}\sum_{i=2}^{n+1} K_i \qquad (4-22)$$

式中，K 为响应矩阵内各坐标点的值由大到小顺序排列所得数列，其中 K_1、K_i 分别为数列 K 中第 1 个和第 i 个值；n 为能够反映随机噪声区域上包络位置的点的个数，本章算例分析部分采用的图像样本分辨率为 256×384 像素，针对该样本数据量在试验中设定 $n=200$。显著值 S 越大，云团位移响应脉冲越高于噪声区域，对应的云团运动速度计算结果准确性越高。

4.4.4　仿真与分析

根据某地固定天空区域的云团摄像，每隔 10s 截取一幅天空图像作为初始图像，共截取 48 幅初始图像，针对每一幅初始图像，分别截取与其间隔 10s、20s、…、120s 时的天空图像为位移图像。每一幅初始图像与对应的一定时间间隔后的位移图像可构成一组算例，最后得到图像时间间隔 10s、20s、…、120s 的算例各 48 组，共计 576 组算例。

首先，根据全部 576 组算例所得云团运动速度结果，确定在样本图像所涉及的时间范围内云团运动速度的合理分布范围；然后，统计不同时间间隔下云团运动速度及其响应脉冲显著值，分析并验证本章所定义的结果准确性衡量指标的合理性与有效性；最后，与传统的基于图像分割匹配思路的云团运动速度计算方法进行比较。

1. 云团运动速度合理分布范围

为分析响应脉冲显著值 S 与云团运动速度计算结果准确性之间的关系，需首先确定在本章中样本天空图像所涉及的时间范围内，云团运动速度的合理分布范围。

由前面分析可知，当算例图像满足相位相关理论基本要求时，可得到正确的云团运动速度值。对于不适用于相位相关理论的算例图像，由于无法识别云团位移响应脉冲，则只能以响应矩阵中最大值点的坐标作为云团位移计算结果，此时由于噪声干扰以及信号频率的随机性与多样性，所得仅为一随机坐标值。

　　经仿真计算，全部 576 组算例的云团运动速度计算结果分布情况如图 4-8(a) 所示。图 4-8 中各柱形的 x、y 坐标值为对应坐标轴方向上的云团运动速度值，柱形高度即顶点 z 坐标值表示得到该计算结果的算例个数。可以看到在小范围内集中分布的合理云团运动速度计算结果，以及算例图像不满足理论要求导致的大量出现次数极少的随机结果。

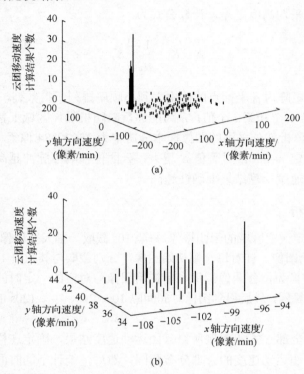

图 4-8　消除随机数值前后的云团运动速度计算结果分布

　　为剔除图 4-8(a) 中由不适用于相位相关理论的算例图像得来的随机结果，将图 4-8(a) 中柱形高度小于等于 2 的结果剔除，剩余结果的分布如图 4-8(b) 所示。

　　根据图 4-8(b) 中数据，剩余云团运动速度计算结果值集中分布在 x 轴–108～–94、y 轴 34～44 的小范围区间内，因此设定当计算结果坐标值位于该区间内时，该结果数值为合理云团运动速度值。在本章随后的分析中，当云团运动速度计算结果位于合理区间时，均认定所得结果为实际的正确云团运动速度，否则认定为错误结果。

2. 衡量指标的计算与验证

　　为了能够根据算例自身原始数据判断基于傅里叶相位相关理论的云团运动速

度计算结果的准确性，在算例图像时间间隔增加使得相位相关理论适用性降低的情况下，本章对响应脉冲显著值的相应变化规律进行讨论。

根据式(4-22)计算全部 576 组算例的云团位移响应脉冲信号显著值 S，其结果如图 4-9 所示。可以看出，针对同一初始图像，随着位移图像时间间隔的增加，云团位移响应脉冲显著值呈明显单调下降趋势。

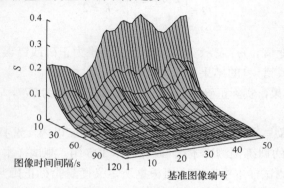

图 4-9　响应脉冲显著值随图像时间间隔变化情况

根据上面设定的合理云团运动速度区间，可确定 576 组算例中得到正确云团运动速度的算例(适用于相位相关理论)数量为 472 组，得到错误云团运动速度的算例(不适用相位相关理论)有 104 组。选择以前 15 幅天空图像为初始图像的 180 组算例，统计得到正确云团运动速度结果时的响应脉冲显著值 S_T 与得到错误结果时的脉冲显著值 S_F。

采用 SVM 分类模型，以上述 180 组算例得到的 S_T 及 S_F 值为训练样本进行参数寻优计算以及模型训练，然后将以第 16～48 幅天空图像为基准图的 396 组算例的响应脉冲显著值作为模型输入(训练样本：分类样本≈3：7)，判断云团运动速度计算结果的正确与否。同时根据合理云团运动速度区间得到计算结果的实际准确性。统计结果如表 4-1 所示。

表 4-1　算例结果统计

算例个数	判断正确	判断错误	总计
实际正确	277	27	304
实际错误	8	84	92

根据表 4-1 可得，当初始图像与位移图像间时间间隔在 120s 以内时，396 组算例中有 361 组根据所定义衡量指标准确判断了云团运动速度结果的正确与否，其总体精度(overall accuracy，OA)为

$$\begin{cases} OA = \dfrac{\displaystyle\sum_{i=1}^{k} m_{ii}}{\displaystyle\sum_{j=1}^{k}\sum_{i=1}^{k} m_{ij}} = 91.16\% \\[6mm] m = \begin{bmatrix} 277 & 27 \\ 8 & 84 \end{bmatrix}, \quad k = 2 \end{cases} \tag{4-23}$$

式中，m 为混淆矩阵，m_{ij} 表示实际为情况 i（结果为正确或错误）而模型判断为情况 j（判断为正确或错误）的结果数量。

针对表 4-1 结果，实际正确也判断为正确的算例个数为 277，占全部算例比率的 69.95%。

若将初始图像与位移图像间时间间隔缩短至 90s 以内，选择相应的 432 组算例，仍采用 3∶7 的训练预测样本比（训练样本 135 组，测试样本 297 组）重复上面计算。则 297 组测试样本中有 284 组根据所定义衡量指标正确判断了云团运动速度结果的正确与否，其总体精度达 95.62%，实际正确且判断正确的算例个数为 272，占全部算例比率高达 91.58%。

3. 结果对比分析

为了比较本章方法与现有基于图像分割匹配的计算方法在实际应用时的性能差异，采用由 Mori 和 Chang 开发的 MATLAB PIV 工具箱[18]对上述全部 576 组算例进行云团运动速度计算。PIV 算法通过将图像分割为多个区域并针对相邻两幅图像的每个区域进行匹配搜索，来实现连续图像间物体位移的计算。

在短时内云团形状保持不变的条件下，已知云团运动速度，可以计算得到两幅天空图像间的理论重叠区域。根据相位相关算法与 PIV 算法所得云团运动速度值，计算各个初始图像与位移图像间的重叠区域，并采用式(4-24)计算重叠区域图像的二维交叉相关系数值 R_c，所得结果越接近于 1，图像相关性越高，相应算法所得云团运动速度值也越准确。

$$R_c = \frac{\displaystyle\sum_{i=1}^{M}\sum_{j=1}^{N}[f_1(x_i, y_j) - \overline{f_1}][f_2(x_i, y_j) - \overline{f_2}]}{\sqrt{\displaystyle\sum_{i=1}^{M}\sum_{j=1}^{N}[f_1(x_i, y_j) - \overline{f_1}]^2}\sqrt{\displaystyle\sum_{i=1}^{M}\sum_{j=1}^{N}[f_2(x_i, y_j) - \overline{f_2}]^2}} \tag{4-24}$$

统计相同时间间隔下初始图像与位移图像重叠区域间的平均二维交叉相关系数值，列于表 4-2 之中。可以看出，根据相位相关算法结果所得的两幅天空图像重叠区域的相似性程度均高于 PIV 算法。说明针对同一组图像，相位相关法所得云团运动速度值更为准确。

表 4-2 相位相关算法与 PIV 算法所得图像重叠区域平均相关系数值 R_c

初始图像与位移 图像时间间隔/s	10	20	30	40	50	60	70	80	90	100	110	120
相位相关算法	0.99	0.98	0.96	0.93	0.91	0.87	0.81	0.77	0.60	0.50	0.48	0.40
PIV 算法	0.99	0.96	0.93	0.87	0.83	0.76	0.66	0.48	0.44	0.45	0.33	0.33

在计算消耗时间方面，相位相关算法仅与图像分辨率有关，故其计算所消耗的时间约为 0.06s。而模板匹配法计算耗时会随着匹配搜索范围的增加而延长，因此两幅图像间隔时间越长，云团可能移动的距离越远，匹配搜索范围也会相应增加，所需计算时间也随之延长。针对本章中算例：当时间间隔为 10s 时，程序平均计算耗时 0.9s；当时间间隔为 30s 时，平均耗时 6.2s；当时间间隔为 60s 时，平均耗时 11.9s；当时间间隔为 120s 时，平均耗时 22.1s，均远远高于相位相关算法的运算耗时。

在算法鲁棒性方面，针对时间间隔为 30s 的两幅天空图像，保持初始图像不变，对位移图像加入不同方差下均值为零的高斯噪声后，对相位相关算法与 PIV 算法的结果进行比较。经多次重复计算后，统计两种算法所得重叠区域图像的交叉相关性平均值，结果见表 4-3。

表 4-3 高斯噪声环境下图像重叠区域平均相关系数值 R_c

算法	原始 图像	加入不同方差下均值为零的高斯噪声后的图像				
		0.001	0.003	0.005	0.010	0.020
相位相关算法	0.92	0.92	0.92	0.92	0.80	0.58
PIV 算法	0.92	0.87	0.85	0.84	0.47	0.07

由表 4-3 可知，当对位移图像加入不同方差下均值为零的高斯噪声后，PIV 算法的准确性均出现了不同程度的下降：未加入噪声时重叠区域图像相关性为 92%，加入噪声后则降至 90% 以下，当高斯噪声方差为 0.01 以上时甚至不足 50%；而基于频域的相位相关算法在噪声方差为 0.005 时仍未有明显的下降，在加入噪声的情况下其准确性均高于 PIV 算法。可见相位相关算法的抗图像噪声干扰能力要强于 PIV 算法，具有更高的鲁棒性。

4.5 基于相移不变性的改进云团位移计算

4.5.1 相移不变性

在根据实际天空图像计算云团位移矢量时，通常会有两种因素导致结果错误，一个因素是天空图像中位置固定的物体,如太阳与天空背景,构成这些物体的像素在图像中的位移通常为 0,会在响应矩阵原点处引入脉冲信号,这类脉冲信号可以利用滤波的手段去除。另一个因素是云团的形变,这会引入多个位于不同坐标处的脉冲信号。一般来说,这类噪声脉冲的幅值会小于对应云团位移的峰值脉冲的幅值。

上述两种因素均会减小对应于云团位移矢量的脉冲信号幅值,并降低计算结果的可信度。对于云团位移矢量计算结果,若对应云团位移的脉冲信号幅值大于所有其他信号,则可得到正确结果,否则会把幅值最高的噪声信号坐标当作计算结果。因此可认为对于每一次云团位移矢量计算,均有 $P\%$ 的概率得到正确的云团位移矢量计算结果,而有 $(1-P)\%$ 的概率将某一随机噪声信号坐标作为计算结果,P 的具体数值取决于样本天空图像中云团的运动特性。

根据上述分析,假设存在某种针对图像灰度矩阵 $f(x,y)$ 的变换 h,令变换后矩阵为 $f'(x,y)$,即

$$f'(x,y) = h\big[f(x,y)\big] \tag{4-25}$$

设图像 $f_1(x,y)$ 与 $f_2(x,y)$ 间仅有位移变化,位移矢量为 (x_0,y_0)。经过 h 变换后其矩阵为 $f_1'(x,y)$ 和 $f_2'(x,y)$。如果图像 $f_1(x,y)$ 与 $f_2(x,y)$ 间相位差在图像变换前后均保持不变,那么就可以使用矩阵 $f_1'(x,y)$ 和 $f_2'(x,y)$ 来计算图像 $f_1(x,y)$ 与 $f_2(x,y)$ 间的位移。此时称这种保持图像间相位差不变的图像变换为相移不变变换。

对图像进行一系列相移不变变换,然后对变换后图像进行基于傅里叶相位相关的云团位移矢量计算,可得到多个云团位移矢量计算结果。算法自身计算误差的存在导致上述计算结果并不完全一样。根据统计理论,每次计算均有 $P\%$ 的概率得到正确的云团位移矢量计算结果,因此可认为在所有计算结果中有 $P\%$ 的结果为正确云团位移矢量,这些矢量在数值大小与方向上均保持一致或十分接近,而剩余 $(1-P)\%$ 的结果则为错误的随机噪声坐标。此时根据所有位移矢量计算结果的分布情况即可进一步计算最终的云团位移。

图像旋转是一种最简单的相移不变变换,对于相邻两幅天空图像 $f_1(x,y)$、$f_2(x,y)$,以及其旋转后图像 $f_1'(x,y)$、$f_2'(x,y)$,如图 4-10 所示,则有

$$f_1'(x,y) = f_1(x\cos\theta + y\sin\theta, -x\sin\theta + y\cos\theta) \tag{4-26}$$

$$f_2'(x,y) = f_2(x\cos\theta + y\sin\theta, -x\sin\theta + y\cos\theta) \tag{4-27}$$

式中,旋转角度 $\theta = 30°$。

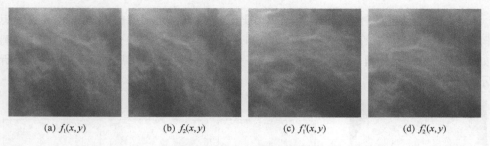

(a) $f_1(x,y)$　　　(b) $f_2(x,y)$　　　(c) $f_1'(x,y)$　　　(d) $f_2'(x,y)$

图 4-10　式(4-26)与式(4-27)样本图像

根据傅里叶旋转特性，对图像矩阵 $f(x,y)$ 旋转特定角度后其傅里叶变换 $F(u,v)$ 也会旋转相同角度，反之亦然。因此使用旋转后图像计算得到的互功率谱，其相位谱也会旋转相同角度，如图 4-11 所示。

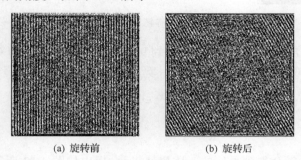

(a) 旋转前　　　　　　(b) 旋转后

图 4-11　旋转前后图像互功率矩阵的相位谱

因此根据旋转后图像计算出来的位移矢量也会旋转相应角度。如果在原始天空图像中云团位移矢量为 (x_0, y_0)，旋转 θ 角度后计算所得位移矢量为 (x_θ, y_θ)，则

$$\begin{cases} x_0 = x_\theta \cos\theta + y_\theta \sin\theta \\ y_0 = -x_\theta \sin\theta + y_\theta \cos\theta \end{cases} \tag{4-28}$$

这意味着对于原始图像与旋转后图像，相邻图像间的相移本质上是一致的，图 4-11 中所表现出来的差异仅仅是由于观测角度的不同。因此图像旋转可以看作满足相移不变条件的一种图像变换方式。让图像从 0°逐步旋转至 90°，可计算出一系列云团位移矢量，这些计算结果理论上应该均相同。

4.5.2　基于相移不变性的天空图像云团位移计算改进算法

基于 4.5.1 节内容，本节提出了一种基于相移不变性的天空图像云团位移计算改进算法用于分钟级光伏发电功率预测。

该算法主要包括两部分：一是基于相移不变性的云团位移矢量多重计算；二是基于质心迭代的位移矢量过滤筛选。

首先，将天空图像以固定角度从 0°连续旋转至 90°，并提取运算区域灰度矩阵。当旋转角度大于等于 90°时，所提取的灰度矩阵将会为某一已有矩阵的转置（例如，旋转 1°图像矩阵与旋转 91°图像矩阵），因而失去了计算意义，如图 4-12 所示（旋转角度设为 30°）。

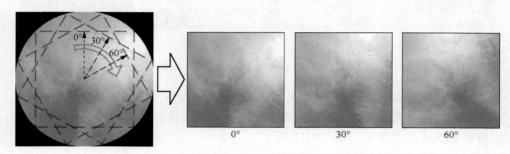

图 4-12　以 30°依次旋转图像并提取运算区域

设图像旋转角度步长为 R，则可得到 $90/R$ 对天空图像并计算得到相同数量的云团位移矢量（90 需能被 R 整除）。令计算所得所有云团位移矢量的集合为

$$\begin{cases} D = [(x_1, y_1), (x_2, y_2), \cdots, (x_n, y_n)] \\ n = \dfrac{90}{R} \end{cases} \tag{4-29}$$

为了根据集合 D 得到最终的云团位移矢量，提出如图 4-13 所示的质心迭代算法来滤除集合中错误随机噪声结果。

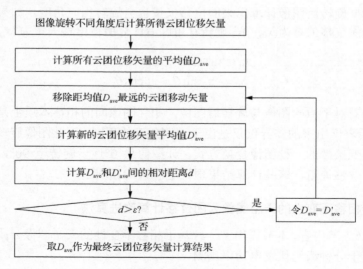

图 4-13　质心迭代过程

（1）计算集合 D 中所有矢量的平均值：

$$D_{\text{ave}} = \left(\frac{1}{n}\sum_{i=1}^{n} x_i, \frac{1}{n}\sum_{i=1}^{n} y_i \right) \tag{4-30}$$

（2）计算 D_{ave} 与各个矢量间的距离，然后从 D 中滤除距离 D_{ave} 最远的矢量。

（3）计算新的矢量平均值 D'_{ave} 以及 D_{ave} 与 D'_{ave} 间的相对距离：

$$d = \frac{\left| D_{\text{ave}} - D'_{\text{ave}} \right|}{\left| D_{\text{ave}} \right|} \tag{4-31}$$

（4）设定一阈值 ε。如果 $d > \varepsilon$，则令 $D_{\text{ave}} = D'_{\text{ave}}$，然后重复步骤（2）并继续步骤（3）、（4）；否则停止迭代。这里阈值 ε 的设定会影响迭代结束后最终剩余矢量的个数与其坐标的集中程度，可根据图像分辨率确定。

（5）取迭代结束后的最终 D_{ave} 值作为云团位移矢量计算结果。

4.5.3　仿真结果与分析

考虑厚云与薄云两种情况，仿真中选择了两组天空图像序列，对应厚云运动的图像序列 A 与对应薄云运动的图像序列 B。如图 4-14 所示，可以看出序列 A 中云团的形变相较于序列 B 更为明显。两组图像序列均包含 50 幅连续天空图像，图 4-14 中展示的为其中第 1、25、50 幅。图像分辨率为 513×513 像素。

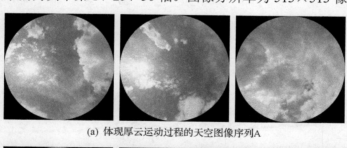

(a) 体现厚云运动过程的天空图像序列A

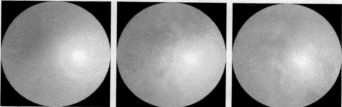

(b) 体现薄云运动过程的天空图像序列B

图 4-14　厚云与薄云情况下天空图像序列

针对两组天空图像序列，分别使用下列四种算法计算其中的云团位移矢量。

　　算法一：原始的基于相位相关原理的天空图像位移矢量计算方法，直接计算相邻两幅图像间互功率谱，并取其傅里叶逆变换响应矩阵中最大值点坐标为云团位移矢量。

　　算法二：基于相移不变性的改进云团位移矢量计算方法。

　　算法三：基于粒子图像测速技术开发的 MPIV MATLB 工具箱[18]。该技术在文献[9]中用来计算云团位移矢量。

　　算法四：光流法，由 Piotr 开发的 MATLAB 工具箱实现。

　　根据上述四种算法依次计算图像序列 A 与图像序列 B 中相邻天空图像间的云团位移矢量，每组图像序列可得到 49 个云团位移矢量计算结果，两组图像序列中云团位移在 X 轴上的分布情况分别如图 4-15 所示。

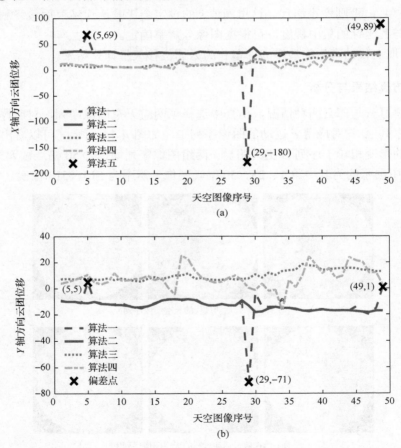

图 4-15　图像序列 A 中的云团位移矢量计算结果

　　从图 4-15 中可以看出，绝大多数算法一与算法二所得到的云团位移矢量计算结果完全相同，因此可以初步断定在图像序列 A 所对应的时间范围内，相邻图像间云团在 X 轴上的位移保持在 35 像素左右，在 Y 轴上保持在–13 像素左右。然而，由算法一得到的第 5、29、49 个云团位移矢量计算结果出现了较大的偏差，例外结果分别为 (69, 5)、(–180, –71)、(89, 1)。以第 5 个计算结果 (69, 5) 为例，其所对应的第 5 幅天空图像与第 6 幅天空图像间互功率谱的傅里叶逆变换响应矩阵如图 4-16 所示，可以看到其中最高脉冲坐标位于 (69, 5) 处，高于位于 (37, –9) 处对应于云团位移矢量的脉冲信号。

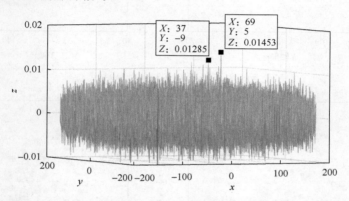

图 4-16　第 5 幅天空图像与第 6 幅天空图像间互功率谱的傅里叶逆变换响应矩阵

　　针对图 4-16 结果，应用算法二，基于相移不变性的改进云团位移矢量计算方法来对其进行修正。理论上，使用算法二时图像的旋转角度应尽可能小，从而保证提供足够多的位移矢量用于迭代计算，但在实际仿真中发现过多的位移矢量并不完全有利于算法精度的提高。因此考虑到算法的运算复杂度，将旋转角度步长设定为 1°。式 (4-31) 中的 d 阈值会影响质心迭代后最终剩余云团位移矢量的个数与分布集中度，根据历史数据试验设定 $\varepsilon = 0.01$。最终计算结果云团位移矢量为 (36.43, –9)，如图 4-17 所示。

　　对第 29、49 个云团位移矢量的计算结果如图 4-18 所示，最终所得云团位移矢量分别为 (33.89, –12.78) 和 (31, –16)。可以看到，算法一得出的三个偏差结果在经算法二再次计算后均得到了修正。

　　算法三所得云团位移矢量在 X 轴上的方向与算法一、算法二相同，但位移聚类更短。但在 Y 轴上，根据算法三结果，云团在天空图像中位移方向为向上，而算法一、算法二结果为向下。这种方向上的不一致在处理序列 A 中最后几幅天空图像时尤为明显。由于在该仿真中天空图像是能够获取云团位移信息的唯一数据来源，为判明云团位移的实际方向，选取了图像序列 A 中最后四幅图像进行分析。如图 4-19 所示，可以看出四幅图像底部的无云天空区域在逐渐变小，上部厚云区

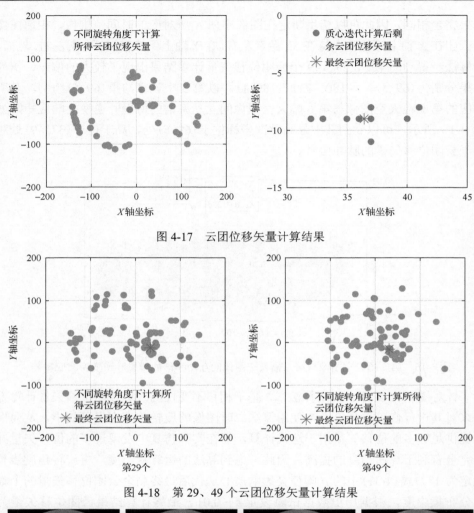

图 4-17　云团位移矢量计算结果

图 4-18　第 29、49 个云团位移矢量计算结果

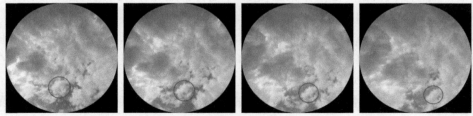

图 4-19　图像序列 A 中最后四幅天空图像

域在不断扩大，表明云团从图像上方向下方运动。同样可以注意到被圆圈标记的
一小片云团在明显地向右下方移动。因此，根据上述观察可以判明云团位移矢量
在 Y 轴上的分量应小于 0，即算法一、算法二所得结果更为合理准确。算法四所

得结果与算法三所得结果相近，但由于天空图像中云团像素的灰度值明暗情况会随太阳是否被遮挡而改变，导致基于 OF 理论的算法四结果不够稳定。

图 4-20 中，算法一、算法二、算法三所得云团位移矢量在方向上均保持一致，即图像序列 B 中云团向右上方移动。算法一、算法二所得结果完全相同，并且数值非常稳定，而算法三结果则有一定的波动性。在天空图像中，薄云像素的灰度值大小受太阳照射情况的影响更为明显，图像中云团的明暗亮度可能出现剧烈波动，因此 OF 理论中像素灰度值在移动过程中保持不变的前提条件无法满足，导致算法四无法得到可信结果。由于天空图像中云团的形变及其明暗变化，目前还未有一种通用可靠的评价方法来判断云团位移矢量计算结果的准确性。然而云团运动是大气物理过程的一种反映，在较短时间尺度内其运动速度大小与方向应基本保持一致。基于上述考虑，可以看出本节所提出基于相移不变性的天空图像云团位移矢量改进计算方法在结果准确性与稳定性上均强于原始的基于相位相关原理的天空图像位移矢量计算方法、PIV 算法及 OF 算法。

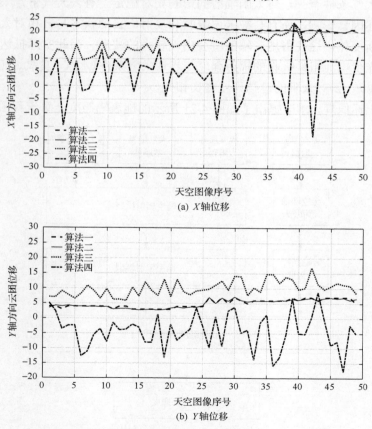

(a) X 轴位移

(b) Y 轴位移

图 4-20　图像序列 B 中的云团位移矢量计算结果

从算法原理上看，PIV 算法和 OF 算法关注于图像特定局部区域的像素分布细节信息，技术路线为从图像局部到整体，因此也更容易受到图像局部形变与噪声信号的干扰。而对基于相位相关原理的云团位移矢量计算方法来说，其更关注图像中云团的整体位移情况，受局部形变与噪声干扰的程度相对较少。而基于相移不变性的天空图像云团位移矢量改进算法则通过质心迭代过程进一步削弱了云团形变与图像噪声的影响，提高了原始算法的鲁棒性。

4.6　地表辐照度计算

4.6.1　地表辐照度计算流程

根据大气辐射传输基本原理，晴空无云天气下，太阳辐射在大气中传输不仅会被水汽、臭氧吸收，而且会受到空气分子、气溶胶及水汽的散射。这些影响因素与当地大气条件有关，对太阳辐射的影响相对稳定。有云天气下，太阳辐射不仅受到上述因素影响，而且会被云层吸收和反射。云的状态与云相对太阳的位置随时间不断变化，这使得地表辐照度会出现较大的波动。因此实际抵达地表，能够被电站光伏电池组件吸收的辐射强度与当地大气条件(水汽、臭氧、气溶胶及空气分子含量)、云对太阳的遮挡程度密切相关。

基于上述原理，本节提出了如图 4-21 所示的地表辐照度计算流程图。首先使

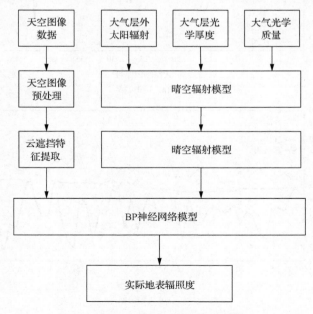

图 4-21　地表辐照度计算流程图

用该地的大气环境数据及相应的天文参数计算晴空条件下地表辐照度，再通过某一时刻的天空图像数据完成对云遮挡特征的提取，最后建立以云遮挡特征及晴空地表辐照度为输入因子，实际地表辐照度为输出因子的 BP 神经网络模型。

4.6.2　晴空地表辐照度

1. 天文参数

到达地球水平面的太阳辐射不仅受大气层内各种成分的影响，而且随时间的变化而变化。地球的公转和自转使到达大气上界的太阳辐射量发生变化，并且太阳光线到达地面的夹角也会有所不同，故太阳辐射的一部分变化量可由理论来确定。其中随时间变化的天文参数有赤纬角、日地距离、时角和高度角，它们的计算分别如式 (4-32) ~ 式 (4-35) 所示[19]：

$$\delta = 23.45 \times \sin\left(360 \times \frac{n+284}{365}\right) \tag{4-32}$$

$$r = 1 + 0.034 \times \cos\left(\frac{2\pi n}{365}\right) \tag{4-33}$$

$$\omega = (t-12) \times 15 \tag{4-34}$$

$$h = \arcsin(\sin\phi\sin\delta + \cos\phi \times \cos\delta \times \cos\omega) \tag{4-35}$$

式中，δ 为太阳赤纬角；n 为积日；ω 为太阳时角；t 为真太阳时；h 为太阳高度角；ϕ 为当地纬度。

2. 晴空模型

晴空条件下，太阳辐射穿过大气层时，一部分被反射回外太空，另一部分被水汽、大气分子和气溶胶吸收与散射，最终到达地面的直接辐射 E_b 和散射辐射 E_d 可由文献[19]中的晴空模型计算，分别如式 (4-36)、式 (4-37) 所示：

$$E_b = E_{SC} \times r \times e^{-\tau_b m^b} \tag{4-36}$$

$$E_d = E_{SC} \times e^{-\tau_d m^d} \tag{4-37}$$

式中，E_{SC} 为太阳常数，取 1366.1W/m^2；r 为日地距离修正值；τ_b、τ_d 为直接辐射和散射辐射的光学厚度，它们与当地大气环境有关，文献[19]给出了全球各地每月 21 号的取值；b 与 d 分别为直接辐射和散射辐射的大气光学质量修正指数，

可由 τ_b 和 τ_d 计算得到[19]；m 为大气光学质量，可由 h 计算得到。基于上述计算，晴空地表辐照度为

$$E_h = E_b + \sin h + E_d \tag{4-38}$$

相对于水汽、大气分子和气溶胶这些影响因素，云对地表辐射的影响较大且随机性较高，地基天空图像中的云团信息可以协助我们计算实际地表辐照度。下面介绍地基天空图像的处理。

4.6.3　天空图像云遮挡特征提取

1. 天空图像预处理

TSI-880 全天空成像仪是一款自动、全彩色天空成像系统，能够拍摄并实时处理白天的天空图像。TSI（total sky imager）由一个旋转的半球反射镜和一个固定在反射镜上的 CCD（charge coupled device）摄像机构成。在反射镜上有一条遮光带随太阳运动而转动，用于避免阳光直射入镜头，起到保护 TSI 的作用。图 4-22 为 TSI-880 的外观及其拍摄的原始天空图像。

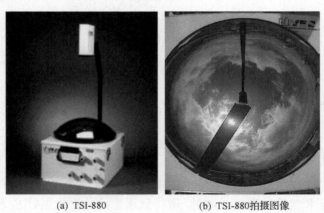

　　　　(a) TSI-880　　　　　　　　　　(b) TSI-880拍摄图像

图 4-22　TSI-880 的外观及其拍摄的原始天空图像

为了更好地进行云辨识，图像中的噪声如支撑臂影像、遮光带影像以及图像周围与天空环境无关的像素应被去除。由于支撑臂影像和图像周围与天空环境无关的像素在图像中的位置固定不变，分别使用位置、大小不变的矩形和圆形对这些噪声去除。遮光带影像随太阳位置的变化而转动，其在图像中的位置可由太阳方位角来确定，然后用大小不变的矩形对其去除，最后得到预处理后的图像如图 4-23 所示，图像的分辨率为 272×263 像素。

图 4-23　预处理图像

2. 太阳区域云团分类辨识

云是影响地表辐射最为关键的因素，准确地辨识云和天空是计算地表辐照度的前提。不同类型的云对地表辐照度的衰减程度不同，一般来说云高越低、云层越厚削弱太阳辐射的能力越强，云高越高、云层越薄削弱太阳辐射的能力越弱，故本节按照云层对太阳辐射能力削弱的程度将太阳区域的云分为强遮光云和弱遮光云。全天空图像中的太阳区域是以太阳为中心，半径为 50 像素的圆形区域，太阳的位置由太阳到图像中心的距离和太阳方位角确定。天空成像仪安装固定完成后，太阳到图像中心的距离与太阳高度角具有固定的函数关系，这个关系可由历史数据统计拟合得到[9]。如图 4-24(a)所示，在太阳区域中，弱遮光云由于太阳的照射呈现亮白色，该类像素的红、绿、蓝通道的值 R、G、B 接近饱和，而强遮光云和天空较暗，因此亮度 L 能够辨识弱遮光云，L 的计算公式如下：

$$L = (R + G + B) / 3 \tag{4-39}$$

图 4-24(a)中红色圆圈内的区域为太阳区域，图 4-24(b)为太阳区域云团辨识结果，其中蓝色代表晴空，白色代表弱遮光云，红色代表强遮光云。

(a) 太阳区域　　　　　　　　　　　　　(b) 太阳区域辨识结果

图 4-24　太阳区域及其辨识结果(彩图请扫二维码)

为了辨识强遮光云，本章使用传统图像像素红蓝比值的固定阈值判别法，归一化的红蓝比值 NBR 为

$$\text{NBR} = \frac{B-R}{B+R} \tag{4-40}$$

假设亮度阈值为 T_1，红蓝比值阈值为 T_2，那么全天空图像的像素判别由式(4-41)确定：

$$C = \begin{cases} \text{弱遮光云,} & L > T_1 \\ \text{强遮光云,} & L < T_1, \quad \text{NBR} \leqslant T_2 \\ \text{晴空,} & L < T_1, \quad \text{NBR} > T_2 \end{cases} \tag{4-41}$$

假设弱遮光云、强遮光云和晴空的像素点数分别为 N_c、N_{vc} 和 N_s，那么弱遮光云量 M_c 和强遮光云量 M_{vc} 可由式(4-42)和式(4-43)计算。

$$M_c = N_c / (N_c + N_{vc} + N_s) \tag{4-42}$$

$$M_{vc} = N_{vc} / (N_c + N_{vc} + N_s) \tag{4-43}$$

4.6.4　BP 模型输入变量及网络拓扑结构选取

输入变量和神经网络拓扑结构决定着模型的性能。为得到最好的地表辐射计算结果，输入变量的选择应能较为全面地包含影响太阳辐射的信息。根据大气辐射传输原理，到达大气上界的太阳辐射被大气中的水汽、气溶胶、臭氧和云吸收和散射，最终到达地面。在此过程中，水汽、气溶胶和臭氧对太阳辐射的影响相对较小，并且在一天中影响的程度没有明显的变化，云层的影响则相对较大且影响程度的变化较为明显。故本章选取 t 时刻晴空地表辐照度 $E_h(t)$、弱遮光云量 $M_c(t)$ 和强遮光云量 $M_{vc}(t)$ 作为模型的输入因子，实际地表辐照度 $I(t)$ 作为输出因子。

神经网络拓扑结构则是根据输入层的节点数、输出层的节点数、样本数量以及问题具体要求来确定。本章选择的是两层 BP 神经网络。网络输入层的节点数与输入因子的个数相对应，考虑上面所选的输入因子晴空地表辐照度 $E_h(t)$、弱遮光云量 $M_c(t)$ 和强遮光云量 $M_{vc}(t)$，本面的输入节点数为 3 个。隐层的节点数对网络性能的影响较大，但由于选择隐层节点数这一问题极为复杂，并没有很好的解析式作为参考。本章根据经验公式(4-44)[20]，并通过大量实验测试，选取隐层的节点数为 7 个。

$$n = \sqrt{n_i + n_o} + a \tag{4-44}$$

式中，n 为隐层节点数；n_i 为输入节点数；n_o 为输出节点数；a 为 1～10 的常数。BP 神经网络的激励函数通常采用 S 型函数，其输出被限制在一个较小的范围内（0～1）或（−1～1）。本章隐含层与输出层的激励函数均是双曲正切 S 型传输函数。

4.6.5　仿真与分析

实验使用计算辐照度与实际辐照度之间的平均绝对误差和均方根误差对计算模型进行评价。平均绝对误差（MAE）和均方根误差（RMSE）可分别由式（4-45）、式（4-46）计算。

$$\text{MAE} = \frac{1}{n}\sum_{i}^{n}\left|\hat{Y}_i - Y_i\right| \tag{4-45}$$

$$\text{RMSE} = \sqrt{\frac{1}{n}\sum_{i}^{n}(\hat{Y}_i - Y_i)^2} \tag{4-46}$$

式中，$\hat{Y}_i$ 为计算值；Y_i 为实际值；n 为样本总数。表 4-4 为 5 月 26 日～5 月 30 日的计算误差，其中 5 天的总平均绝对误差为 67.64W/m²，总均方根误差为 108.93W/m²。误差结果表明该计算模型在多云条件下对地表辐照度的计算具有较高的精确度。

表 4-4　计算误差

日期	平均绝对误差/（W/m²）	均方根误差/（W/m²）
5 月 26 日	79.52	117.52
5 月 27 日	58.38	40.44
5 月 28 日	23.83	27.96
5 月 29 日	110.62	164.67
5 月 30 日	83.77	119.21
日平均	67.64	108.93

图 4-25 为 5 月 26 日～5 月 30 日计算辐照度与实际辐照度的对比结果。每天的有效时间为 550min，共 55 个数据点，图 4-25 中的时间轴 0～2750min 依次代表 5 月 26 日～5 月 30 日，实线代表实际辐照度，虚线代表计算辐照度。结果表明，图 4-25 中计算辐照度曲线在多数情况下能够与实际辐照度曲线相接近，模型的计算效果较好。

图 4-26 为 5 月 28 日模型计算结果，天气类型为晴天少云。图 4-26 中实际辐照度与计算辐照度曲线基本重合，且表 4-4 中该日的均方根误差仅为 27.96W/m²，晴空条件下模型的计算值非常接近实际值。

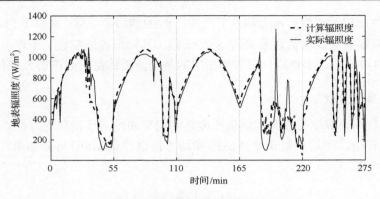

图 4-25　辐照度模型计算结果

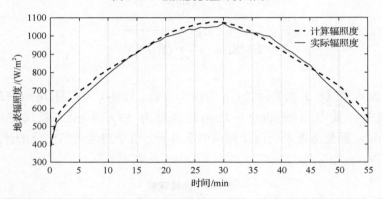

图 4-26　晴天计算结果

图 4-27 为 5 月 30 日模型计算结果，天气类型为多云。该日，云层在不同时间段多次遮挡了太阳，使辐照度曲线跌宕变化，模型的计算值能够很好地跟随实际值，该天的均方根误差为 119.21W/m²，相对晴空条件下精度有所降低。这是由于云层对太阳辐射影响较为复杂，模型难以计算真实地表辐射值。

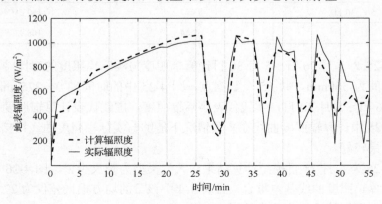

图 4-27　多云天计算结果

　　图 4-28 为 5 月 29 日模型计算结果，天气类型为多云。从图 4-28 中可以看出，模型计算值仅能在趋势上同实际值相近。5 月 29 日的误差较大，平均绝对误差为 110.62W/m^2，均方根误差为 164.67W/m^2。图 4-28 中 t 时刻计算辐照度绝对误差达到最大。为分析原因，本章找出该时刻的天空图像与云辨识结果，如图 4-29 所示。此时刻天空环境较为复杂且图像较暗，使得云辨识结果不够理想，并且在该种天空环境下，部分云团会出现加强太阳辐射的作用。同时，该种天空环境的训练样本较少，导致该点的绝对误差较大。

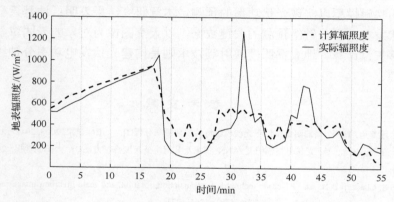

图 4-28　特殊云天计算结果

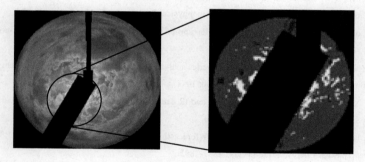

图 4-29　天空图像与云辨识结果

4.7　本 章 小 结

　　地基天空图像是实现光伏发电功率分钟级预测的关键数据，以天空图像为对象的云团像素识别、云团位移矢量计算、地表辐照度映射等技术则是构建光伏发电功率分钟级预测算法的核心。

　　本章首先分析概述了云团运动对光伏发电功率的影响机理，在此之上给出了基于天空图像的光伏发电功率分钟级预测基本技术路线。本章分别针对灰度天空图像与 RGB 彩色天空图像提出了基于最大类间方差与基于 k-means 聚类的天空图像云团辨识方法。本章从图像频域信息着手，提出了基于傅里叶相位相关理论的天空图像云团位移矢量计算方法，并根据图像间的相移不变性对该云团位移矢量计算方法进行了改进，进一步提高了云团位移矢量计算的准确性与鲁棒性。最后本章建立了基于天空图像的地表辐照度映射模型，实现了从天空图像数据到辐照度数据的映射计算。基于上述研究成果即可建立基于地基天空图像的光伏电站辐照度预测模型，随后可基于光伏电站历史气象与电气监测数据，建立辐照度到光伏出力的映射模型以实现光伏功率的预测。本章研究结果表明：地基天空图像是实现光伏发电功率分钟级预测的关键数据，以天空图像为对象的云团像素识别、云团位移矢量计算、地表辐照度映射等技术则是构建光伏发电功率分钟级预测算法的核心。

参 考 文 献

[1] 刘邦银, 段善旭, 康勇. 局部阴影条件下光伏模组特性的建模与分析[J]. 太阳能学报, 2008, 29(2): 188-192.

[2] 米增强, 王飞, 杨光, 等. 光伏电站辐照度 ANN 预测及其两维变尺度修正方法[J]. 太阳能学报, 2013, 34(2): 251-259.

[3] Reddy B S, Chatterji B N. An FFT-based technique for translation, rotation, and scale-invariant image registration[J]. IEEE Transactions on Image Processing, 1996, 5(8): 1266-1271.

[4] Tomar G, Singh S C, Montagner J P. Sub-sample time shift and horizontal displacement measurements using phase-correlation method in time-lapse seismic[J]. Geophysical Prospecting, 2017, 65(2): 407-425.

[5] Arking A, Lo R C, Rosenfeld A, et al. A Fourier approach to cloud motion estimation[J]. Journal of Applied Meteorology, 1978, 17(6): 735-744.

[6] Wang Z H, Zhou J. A preliminary study of fourier series analysis on cloud tracking with goes high temporal resolution images[J]. Journal of Meteorological Research, 2000, 14(1): 82-94.

[7] Li J, Zhou F X. Cloud motion estimation from VIS and IR data of geosynchronous satellite using Fourier technique[J]. Advances in Space Research, 1992, 12(7): 123-126.

[8] Chow C W, Urquhart B, Lave M, et al. Intra-hour forecasting with a total sky imager at the UC San Diego solar energy testbed[J]. Solar Energy, 2011, 85(11): 2881-2893.

[9] Marquez R, Coimbra C F M. Intra-hour DNI forecasting based on cloud tracking image analysis[J]. Solar Energy, 2013, 91: 327-336.

[10] Quesada-Ruiz S, Chu Y, Tovar-Pescador J, et al. Cloud-tracking methodology for intra-hour DNI forecasting[J]. Solar Energy, 2014, 102: 267-275.

[11] Otsu N. A threshold selection method from gray-level histograms[J]. IEEE Transactions on Systems, Man, and Cybernetics, 1979, 9(1): 62-66.

[12] Heinle A, Macke A, Srivastav A. Automatic cloud classification of whole sky images[J]. Atmospheric Measurement Techniques Discussions, 2010, 3(3): 269-299.

[13] Ghonima M S, Urquhart B, Chow C W, et al. A method for cloud detection and opacity classification based on ground based sky imagery[J]. Atmospheric Measurement Techniques Discussions, 2012, 5(4): 4535-4569.

[14] 王彩玲. 基于相位信息的图像匹配技术及应用研究[D]. 南京: 南京理工大学, 2012.

[15] Maitfnez-Chico M, Batlles F J, Bosch J L. Cloud classification in a mediterranean location using radiation data and sky images[J]. Energy, 2011, 36(7): 4055-4062.

[16] Oppenheim A V, Lim J S. The importance of phase in signals[J]. Proceedings of the IEEE, 1981, 69(5): 529-541.

[17] Ni X S, Huo X. Statistical interpretation of the importance of phase information in signal and image reconstruction[J]. Statistics and Probability Letters, 2007, 77(4): 447-454.

[18] Dollár P. Piotr's computer vision matlab toolbox (PMT) [EB/OL]. [2014-08-03]. https://github.com/pdollar/toolbox.

[19] Goswami D Y. Principles of Solar Engineering[M]. 3rd ed. Boca Raton: CRC Press, 2015.

[20] 周开利. 神经网络模型及其 MATLAB 仿真程序设计[M]. 北京: 清华大学出版社, 2005.

第5章 光伏发电功率超短期预测

5.1 概　　述

光伏发电功率超短期预测需要能够提供未来 4h 以内光伏发电功率数据。与短期预测相比,由于被预测时段更短更接近预测时刻,并且会作为电网实时调度的依据,因而对其预测精度,尤其是非晴朗天气状态下功率快速波动的追踪预测能力要求更高。

目前在光伏发电功率超短期预测中常用的模型算法包括:以人工神经网络、SVM 为代表的机器学习理论,以及以自回归积分滑动平均模型为代表的时间序列预测算法,并结合小波分解、频域分析理论以充分挖掘光伏数据的波动特性。然而受天气状态变化影响,辐照度与功率数据的超短期波动特性多种多样,各预测算法也均具有自身的局限性,很难找到一种在任何天气状态下都全面突出的算法理论。因此本章内容并未把重心放在某种特定的预测算法模型上,而是针对集合预测。首先通过多种预测算法模型进行并行预测,然后根据并行预测结果数据综合得到最终预测结果的预测技术方案来展开研究。

5.2 集合预测方法

考虑到不同天气条件下太阳辐照度以及对应光伏功率变化的多样性,仅使用单一模型进行光伏发电功率的超短期预测是不明智的。为解决这一问题,一种有效手段是采用不同方法与理论,通过多种子模型对目标进行多重并行预测来构建集合预测模型。光伏发电功率超短期集合预测算法框架如图 5-1 所示。

由图 5-1 可知集合预测模型包括两大阶段:

第一阶段根据不同预测理论建立多种预测模型,利用光伏电站历史数据训练这些模型后可对光伏发电功率进行多重并行预测,这样在每个预测时间断面可得到多个预测结果。

第二阶段,需要建立一种融合模型来将多个并行预测结果映射至最终唯一的预测结果。

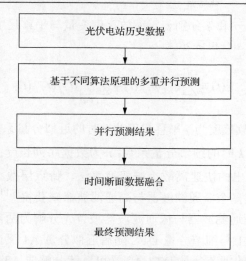

图 5-1　光伏发电功率超短期集合预测算法框架

5.3　基于小波分解的多重并行预测

小波理论在进行多尺度信息处理时具有显著优点，其发展为复杂数据序列的分析提供了有效工具[1,2]。通过离散小波变换（discrete wavelet transform，DWT），可将原始数据序列分解成近似分量与细节分量两部分。其中，近似分量可看作原始数据序列中的低频部分子序列，而细节分量则看作原始数据序列中的高频部分子序列，这一过程称为小波分解。而经小波分解得到的两个分量子序列也可通过小波分解进一步提取低频与高频分量子序列。

根据上述原理，对于非固定天气状况下的光伏功率预测，一种提高预测精度的有效方法是通过小波分解对原始模型输入数据序列进行预处理，从而得到一个稳定的子序列与若干具有高波动性的子序列。相较于原始数据序列，这些分解后得到的子序列能够更好地从不同维度表征原始数据的特性，通过针对性的预测建模可得到更为准确的预测结果[3-8]。

对于给定的母小波函数 $\psi(t)$ 与对应的尺度函数 $\varphi(t)$，可得到如下小波序列 $\psi_{j,k}(t)$ 与进制尺度函数 $\varphi_{j,k}(t)$：

$$\psi_{j,k}(t) = 2^{\frac{j}{2}}\psi(2^j t - k) \tag{5-1}$$

$$\varphi_{j,k}(t) = 2^{\frac{j}{2}}\varphi(2^j t - k) \tag{5-2}$$

式中，t 为时间索引；j 和 k 分别表示缩放尺度变量与平移尺度变量。

则原始数据序列 $s(t)$ 可表示为

$$s(t) = \sum_{k=1}^{n} c_{j,k} \varphi_{j,k}(t) + \sum_{j=1}^{J} \sum_{k=1}^{n} d_{j,k} \psi_{j,k}(t) \tag{5-3}$$

式中，$c_{j,k}$ 代表在缩放尺度为 j 平移尺度为 k 时的近似分量系数；$d_{j,k}$ 代表在缩放尺度为 j 平移尺度为 k 时的细节分量系数；n 为数据序列长度；J 为小波分解层数。

根据 Mallat[9]提出的快速离散小波变换算法，特点层数小波分解下的近似分量与细节分量可通过多个低通滤波器与高通滤波器来获得[8,10,11]。如图 5-2 所示，原始数据序列 S 经高通滤波器与低通滤波器被首先分解为两部分：对应于 1 层小波分解的近似分量 A1 与细节分量 D1。随后近似分量 A1 又进一步分解成第二阶近似分量 A2 与相应的细节分量 D2，A2 又可继续分解成 A3 与 D3，如此继续。

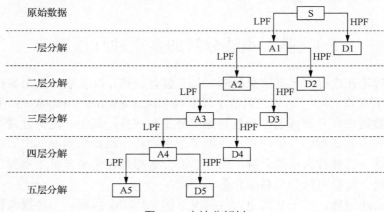

图 5-2 小波分解树

因此，对于特定的小波分解层数 k，最终经小波分解过程得到的原始序列 S 的子序列有第 k 阶近似分量 Ak，细节分量 D1～Dk。一旦小波分解层数 k 确定，子序列 Ak 与 D1～Dk 便可通过对原始序列的一系列离散小波变换计算得到。在预测问题中，所有这些子序列均可使用时间序列模型如自回归(autoregressive，AR)模型或者机器学习模型如人工神经网络(artificial neural network，ANN)模型或者支持向量回归(support vector regression，SVR)模型来进行预测。随后对所有预测结果序列进行离散小波逆变换得到对应原始序列的预测结果。这种基于 k 层小波分解的数据预测基本技术路线如图 5-3 所示。

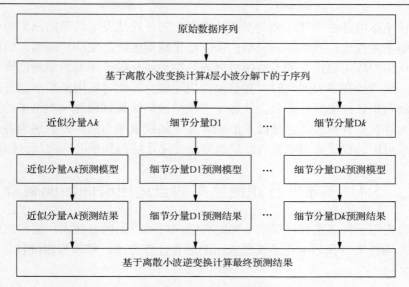

图 5-3　基于 k 层小波分解的数据预测方法

　　根据本节所提基于 k 层小波分解的数据预测方法,可利用对原始数据序列的多层小波分解来实现一种集合预测,对原始数据序列分别进行 1~k 层小波分解并构建相应的预测模型,即可得到多重并行预测结果。以 $k=5$ 为例,可针对原始数据序列、1 层小波分解子序列、2 层小波分解子序列、3 层小波分解子序列、4 层小波分解子序列以及 5 层小波分解子序列构建预测模型,预测算法可选择时间序列模型、ANN 模型、SVM 模型等常用预测方法。一旦上述 6 个子预测模型的结构和参数确定后,在仿真过程中可得到下列数据:

　　(1)基于原始数据序列得到的预测结果 IRR_{p0}。

　　(2)基于不同层小波分解子序列得到的预测结果 IRR_{p1}、IRR_{p2}、IRR_{p3}、IRR_{p4} 和 IRR_{p5}。

　　(3)原始数据 IRR_0。

　　将上述三类数据置于同一矩阵中有

$$\left\{ \begin{matrix} IRR_{p0}(t_1) & IRR_{p1}(t_1) & IRR_{p2}(t_1) & IRR_{p3}(t_1) & IRR_{p4}(t_1) & IRR_{p5}(t_1) & IRR_0(t_1) \\ IRR_{p0}(t_2) & IRR_{p1}(t_2) & IRR_{p2}(t_2) & IRR_{p3}(t_2) & IRR_{p4}(t_2) & IRR_{p5}(t_2) & IRR_0(t_2) \\ \vdots & \vdots & \vdots & \vdots & \vdots & \vdots & \vdots \\ IRR_{p0}(t_L) & IRR_{p0}(t_L) & IRR_{p0}(t_L) & IRR_{p0}(t_L) & IRR_{p0}(t_L) & IRR_{p0}(t_L) & IRR_{p0}(t_L) \end{matrix} \right\}$$

　　之后对于每个时间段 t,均需要找到一个合适的融合模型来实现从 $IRR_{p0}(t)$、$IRR_{p1}(t)$、$IRR_{p2}(t)$、$IRR_{p3}(t)$、$IRR_{p4}(t)$ 和 $IRR_{p5}(t)$ 到 $IRR_o(t)$ 的映射。然而,

由于光伏电站地区的天气环境是不断动态变化的，光伏发电功率的出力特性也会随时间而不断改变，导致不同模型的预测结果精度也随之变动。例如，晴朗天气下，光伏出力较为稳定，基于原始数据或低层小波分解子序列的预测结果精度相对较高；而当处在多云天气时，光伏出力快速波动，此时使用高层小波分解子序列的预测效果往往更好。因此，从各个子模型预测结果到最终预测结果的融合映射过程也存在多种模式。以最简单的融合方法加权求和为例，则表现为各子模型预测结果对应的权重需要随天气环境改变而变化才能得到最准确的预测结果。

5.4　多重并行预测结果的自适应时间断面融合

本节提出一种多重并行预测结果的自适应时间断面融合技术，根据已知数据不断动态调整集合预测中各子模型输出的融合计算方法，整体预测流程如图 5-4 所示。

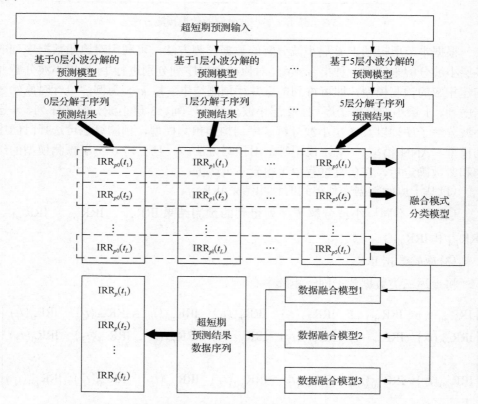

图 5-4　基于自适应时间断面融合的集合预测流程

　　在各个子模型的并行预测结果确定的情况下，集合预测第二阶段中的融合模式分类与各类对应的融合模型共同决定了最终预测结果的准确性。融合模型的构建依赖于融合模式分类结果，因此两种模型的性能好坏也存在内在相互关联，即合理的模式划分能够得到相对高准确率的融合模型。

　　基于此本章提出一种基于循环迭代的融合模式分类模型与数据融合模型的联合优化框架。该框架的基本思想为以融合模式分类结果引导数据融合模型的训练，随后反过来根据数据融合模型的融合精度升级融合模式分类模型。如图 5-5 所示，该联合优化框架通过一个计算循环实现，在循环中模式分类模型与数据融合模型会不断互相修正参数并持续升级。

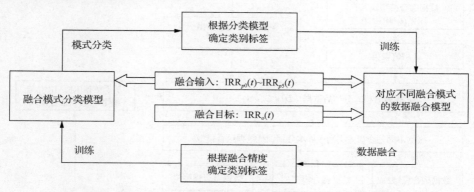

图 5-5　融合模式分类模型与数据融合模型的联合优化框架

　　当两种模型间完全匹配，即根据融合模式分类结果得到的时间断面标签与根据融合模型精度得到的时间断面标签完全一致时，上述循环可达到收敛状态，此时的融合模式分类模型与数据融合模型为最优状态。

　　算法流程如下。

　　根据上面分析讨论，融合模式分类模型与数据融合模型的联合优化具体流程设计如下。

　　(1)设定计数单位 $k = 1$。将各个子模型得到的并行预测结果以所在时间断面 t 为索引，通过聚类算法将不同时间断面下并行预测结果向量初步划分到不同融合模式类别中。

　　(2)针对每个融合模式类别 $C_i (i = 1, 2, \cdots, n)$ 中的数据，建立对应的数据融合模型，数据融合模型以并行预测结果向量为输入，以实际数据为输出进行训练。

　　(3)将并行预测结果向量输入训练后的数据融合模型，根据融合模型输出结果与实际数据间的误差对全部并行预测结果向量进行再分类。即如果在时间断面 t 下数据融合模型 F_i^k 的输出更接近真实值，则将时间断面 t 下的并行预测结果向量划分到融合模式类别 C_i 中。

　　(4)根据得到的融合模式类别划分结果与并行预测结果向量,采用 SVM 理论构建并训练融合模式分类模 F_c^k 。

　　(5)检查循环计算的终止条件是否满足。若是,则停止计算,保存当前融合模式分类模型与数据融合模型;若否,使用融合模式分类模型 F_c^k 再次对并行预测结果向量进行分类,随后返回至步骤(2)。

　　如图 5-6 所示,在联合优化过程中,每一次循环计算融合模式分类模型与数

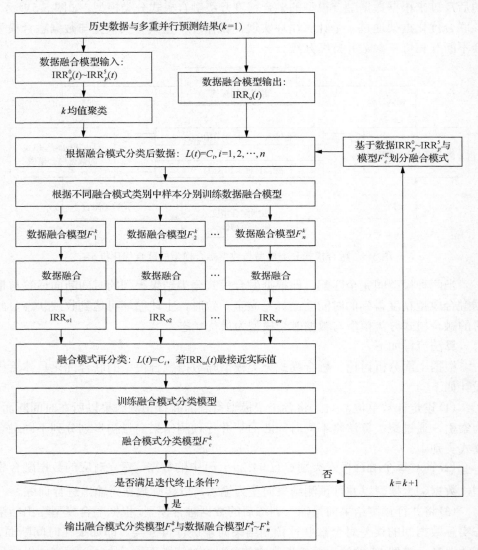

图 5-6　融合模式分类模型与数据融合模型的联合优化具体流程

据融合模型之间都会进行相互修正，而根据当前循环得到的融合模式分类模型与数据融合模型进行仿真预测的精度也会被记录下来，用来检验经新的循环调整后整体集合预测模型的性能是否得到了提升。循环计算的终止条件可设定为经过特定次循环计算后仍未出现更高的仿真预测精度，或循环计算次数达到了指定上限。循环计算终止条件的具体参数需要根据实际仿真情况确定。

5.5　算法仿真与讨论

5.5.1　仿真过程设计

仿真所使用的数据来自于美国国家海洋和大气管理局网站，包括 Desert Rock 观测站与 Sioux Falls 观测站两个站地所采集的 2016 年全年数据记录。由于光伏发电中辐照度数据与功率数据的高度正相关性，这里使用辐照度数据记录进行仿真来测试算法性能。

根据基于小波分解的多重并行预测算法，将原始数据序列进行 1~5 层小波分解后，对原始序列与分解后子序列利用 ANN 模型进行并行预测。2014~2015 年的光伏功率数据为训练集，2016 年的光伏功率数据为测试集。

对于融合模式分类模型与数据融合模型，将初始融合模式种类个数设定为 5，从测试集中依次选择连续的 1000 条功率数据记录，前 800 条数据记录用于模型训练与优化，后 200 条数据记录用于测试模型性能。这里模式分类模型与数据融合模型也均基于人工神经网络实现，以避免不同机器学习模型间的性能差异对本节所提出算法框架自身性能评估的影响。另外人工神经网络是目前比较成熟通用的一种机器学习理论，因而可适用于各种不同应用场合。

5.5.2　仿真结果比较

仿真中，Desert Rock 观测站 2016 年的最后 200 天被选为测试样本日，分别使用 8 种模型并行进行光伏发电功率的超短期预测，分别是 ANN 模型，基于 1~5 层小波分解的 ANN 模型，针对上述 6 个模型输出进行统一融合的集合预测模型，以及基于自适应时间断面融合的集合预测模型。图 5-7 展示了 2016 年 12 月每天从早 6 点至晚 6 点各预测模型输出与实际功率值间的偏差，预测精度统计情况则如表 5-1 与图 5-8 所示。由于前 6 个预测模型在算法上均基于 ANN 实现，故可整体看作基于 0~5 层小波分解的 6 个并行预测模型。

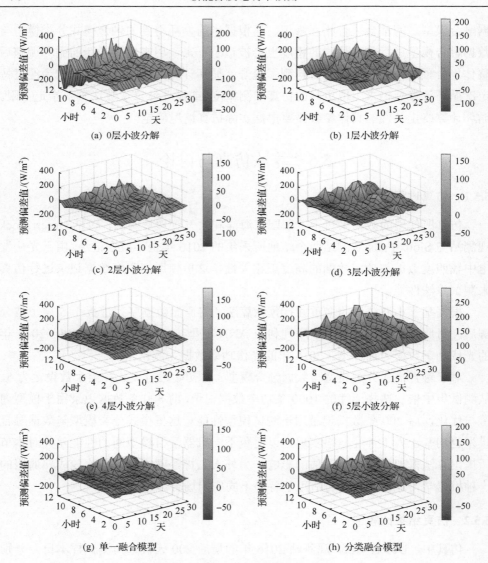

图 5-7　不同模型的预测偏差值

表 5-1　**Desert Rock 观测站预测精度**

模型类别	基于小波分解的预测模型						集合预测模型	
	原始信号	1 层小波分解	2 层小波分解	3 层小波分解	4 层小波分解	5 层小波分解	单一融合模型	分类融合模型
RMSE	89.86	52.59	40.57	36.22	39.01	101.22	35.09	31.09
MAE	47.24	34.56	24.32	22.14	23.96	89.12	20.54	19.19
COR	0.9641	0.9849	0.9911	0.9928	0.9924	0.9903	0.9934	0.9947

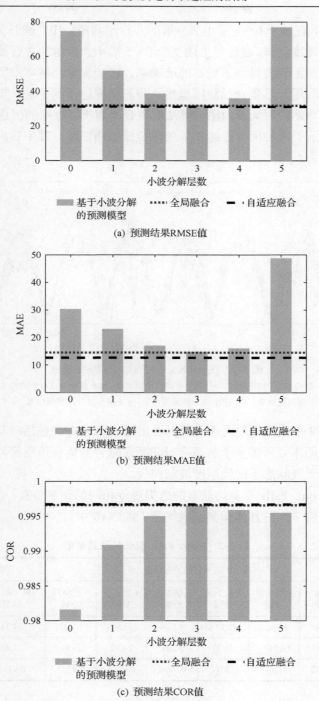

(a) 预测结果RMSE值

(b) 预测结果MAE值

(c) 预测结果COR值

图 5-8　不同模型在 Desert Rock 观测站的预测精度

可以看出，在基于 0~5 层小波分解的并行预测模型中，基于 3 层小波分解的预测模型预测精度最高。通过对上述基于 0~5 层小波分解的并行预测结果进行数据融合，集合预测模型得到了更高的准确率。进一步地，将本章所提自适应时间断面融合算法应用于该集合预测模型后，预测精度也得到了进一步的提升，证明了本章所提的自适应时间断面融合算法对集合预测模型性能的促进作用。

图 5-9 展示了 8 种模型连续 7 天的辐照度预测曲线，其中日出前与日落后的时间段已被截去。

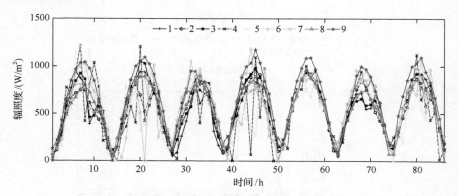

图 5-9 Desert Rock 观测站预测结果曲线

1-实际数据；2-单一融合模型预测结果；3-分类融合模型预测结果；4-0 层小波分解预测结果；5-1 层小波分解预测结果；6-2 层小波分解预测结果；7-3 层小波分解预测结果；8-4 层小波分解预测结果；9-5 层小波分解预测结果

根据图 5-9 中实际辐照度曲线可以看出这 7 天中存在包括晴与多云在内的多种天气状态，而本章所提基于自适应时间断面融合的集合预测模型输出能够很好地追踪在不同天气状态下的辐照度波动曲线。

使用于 Sioux Falls 观测站获取的数据进行相同的预测仿真，其结果如表 5-2 所示，同样连续 7 天的具体预测结果展示于图 5-10 中。

表 5-2 Sioux Falls 观测站预测精度

模型类别	基于小波分解的预测模型						集合预测模型	
	原始信号	1 层小波分解	2 层小波分解	3 层小波分解	4 层小波分解	5 层小波分解	单一融合模型	分类融合模型
RMSE	102.45	106.22	103.14	82.26	38.61	37.98	37.34	31.62
MAE	68.56	69.63	63.73	52.41	24.72	23.80	22.46	20.44
COR	0.8322	0.8113	0.8500	0.9075	0.9777	0.9782	0.9786	0.9847

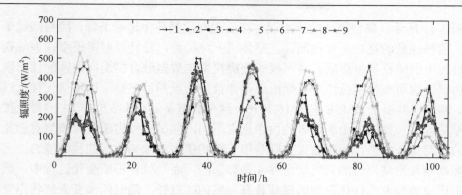

图 5-10　Sioux Falls 观测站预测结果曲线

1-实际数据；2-单一融合模型预测结果；3-分类融合模型预测结果；4-0 层小波分解预测结果；5-1 层小波分解预测结果；6-2 层小波分解预测结果；7-3 层小波分解预测结果；8-4 层小波分解预测结果；9-5 层小波分解预测结果

　　可以看出，Sioux Falls 观测站的天气状态相对于 Desert Rock 观测站更不稳定，其每日的辐照度曲线呈现出更大的差异性。然而即使在这种不稳定天气状态环境下，本章所提基于自适应时间断面融合的集合预测模型仍然表现出了高于其他 7 种预测模型的精度。

　　为了进一步测试本章所提模型在不同天气状态下的性能，将 Sioux Falls 观测站的数据根据预测日是否为晴天划分成两部分，晴天与非晴天下各模型预测精度如表 5-3 所示。能够看出在非晴天情况下，自适应时间断面融合技术能够更为显著地提升集合预测模型的性能。

表 5-3　不同天气状态下的模型性能

预测模型		RMSE	
		晴天	非晴天
基于小波分解的预测模型	原始信号	79.57	112.40
	1 层小波分解	101.76	109.44
	2 层小波分解	55.34	120.43
	3 层小波分解	23.16	100.19
	4 层小波分解	23.06	46.02
	5 层小波分解	17.32	46.23
集合预测模型	单一融合模型	19.55	43.78
	分类融合模型	16.76	36.83

5.5.3　联合优化过程讨论

　　在针对 Desert Rock 观测站数据进行仿真过程中，自适应时间断面融合算法过程中的循环计算次数达到了 249，每次循环后集合模型的预测误差均被记录下来，如图 5-11 所示。集合模型的预测误差在前 100 次循环中迅速下降，随后则趋于平缓。值得注意的是，尽管预测误差整体呈下降趋势，受神经网络模型在训练初始化过程中的随机初值影响，使得模式分类模型与数据融合模型间的匹配性出现了不协调，因而在个别循环中可能出现误差数值的反弹。在整个循环迭代优化过程中，测试误差最低 RMSE 值为 16.1016，这个数值是远小于 5.5.2 节中的最优预测误差的。这一方面是由于两者的内在意义不同，测试误差用于评价模型对已知数据的学习拟合能力，而预测误差则是用于平均模型对未知数据的预测能力；另一方面则是观测站周边的天气状态并非是静态的，而是处在不断变化过程中，因此基于历史数据训练优化得到的模型具有一定的时效性，随时间演变天气状态变化后模型的适应性也会出现不同程度的下降。

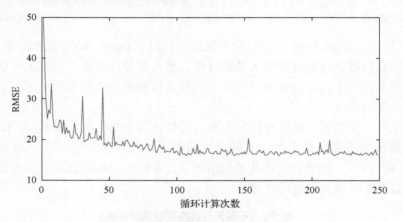

图 5-11　测试精度随循环次数增加的变化趋势

5.6　本 章 小 结

集合预测的技术路线在光伏发电功率超短期预测中得到了较多应用，其中影响最终预测结果精度的因素主要包括两大方面：一是用于进行多重并行计算的各子预测模型的性能；二是根据各子预测模型的并行输出结果计算最终光伏功率预测值的方法。

目前常用的机器学习模型或时间序列预测算法其系统精度或拟合性能大多已接近瓶颈，若想要取得突破性进展必须要在数学原理方面得到突破创新。因此本章将研究重心放于影响集合预测精度的第二大因素，即在根据各子预测模型的并行输出结果计算最终光伏功率预测值的方法上，提出了一种自适应时间断面融合技术来处理计算多个子预测模型的输出数据。

　　仿真结果首先验证了集合预测方法相较于单一模型预测方法具有更高的准确性。然后通过应用本章所提自适应时间断面融合技术的集合预测算法，与使用标准 BPNN 模型进行并行预测结果融合的集合预测算法间的对比，证明了本章研究内容可有效地提高光伏发电功率超短期集合预测方法在多种天气状态下的性能、精度及对光伏功率波动的追踪预测能力。

参 考 文 献

[1] Chui C K. Wavelets: A Tutorial in Theory and Applications[M]. San Diego: Academic Press, 1992.

[2] Azimi R, Ghofrani M, Ghayekhloo M. A hybrid wind power forecasting model based on data mining and wavelets analysis[J]. Energy Conversion and Management, 2016, 127: 208-225.

[3] He X, Guan H, Qin J, et al. Artificial neural networks forecasting of PM2.5 pollution using air mass trajectory based geographic model and wavelet transformation[J]. IEEE Transactions on Power Systems, 2016, 25(3): 161-172.

[4] Zhu T, Wei H, Zhao X, et al. Clear-sky model for wavelet forecast of direct normal irradiance[J]. Renewable Energy, 2017, 104: 1-8.

[5] Panapakidis I P, Dagoumas A S. Day-ahead natural gas demand forecasting based on the combination of wavelet transform and ANFIS/genetic algorithm/neural network model[J]. Energy, 2017, 118: 231-245.

[6] Yang Z, Ce L, Lian L. Electricity price forecasting by a hybrid model, combining wavelet transform, ARMA and kernel-based extreme learning machine methods[J]. Applied Energy, 2017, 190: 291-305.

[7] Tascikaraoglu A, Sanandaji B M, Poolla K, et al. Exploiting sparsity of interconnections in spatio-temporal wind speed forecasting using wavelet transform[J]. Applied Energy, 2016, 165: 735-747.

[8] Cui F, Deng X, Shao H. Short-term wind speed forecasting using the wavelet decomposition and AdaBoost technique in wind farm of East China[J]. IET Generation, Transmission and Distribution, 2016, 10(11): 2585-2592.

[9] Mallat S G. A theory for multiresolution signal decomposition: The wavelet representation[J]. IEEE Transactions on Pattern Analysis and Machine Intelligence, 1989, 11(7): 674-693.

[10] Meng A, Ge J, Yin H, et al. Wind speed forecasting based on wavelet packet decomposition and artificial neural networks trained by crisscross optimization algorithm[J]. Energy Conversion and Management, 2016, 114: 75-88.

[11] Lave M, Kleissl J. Cloud speed impact on solar variability scaling: Application to the wavelet variability model[J]. Solar Energy, 2013, 91: 11-21.

第6章　光伏发电功率短期预测

6.1　概　　述

根据相关标准，光伏发电功率短期预测需要提供未来 1～3 天的光伏电站日出力数据。由于需要以天为单位进行数据的处理、分析与预测，而每天的光伏功率曲线因光伏电站周边天气状态影响会呈现出不同的波动模式，因此若能够提前预知预测日当天的天气状态，即可进一步识别预测日光伏电站功率曲线的波动状态，从而提高预测精度。

6.2　基于天气状态模式识别的光伏电站发电功率分类预测方法

6.2.1　历史数据分组与缺失标签恢复

不同天气状态下辐照度、光伏发电功率的变化规律有很大区别，不论采用哪种方式（直接预测或是分步预测），通过单个统一模型实现各种天气状态下准确的光伏发电功率预测是很难做到的[1]。这是因为不同天气状态下预测模型输入输出之间映射关系的差异非常大，从数学角度来说利用单个模型在高维空间中拟合这样分散的映射关系非常困难。此外，由于不同天气状态下光伏电站对应历史数据的分布是不均衡的，利用不均衡数据训练得到的单一预测模型对多变天气状态的适应性无法保证，预测精度也就难以满足要求。按照不同天气类型分别建立预测模型是提高预测精度的有效途径[2]。但是专业气象天气类型的划分比较多，会给建模增加许多工作量，更为重要的是 33 种天气类型中有大部分类型出现的概率很低，光伏电站历史数据中对应的记录很少甚至空白，这给分类建模带来了巨大困难。考虑到上述四种典型天气类型的代表性，以及其他天气类型与这些典型天气类型的相似性，可根据相似程度将 33 种天气类型进行归纳合并，得到 A、B、C、D 四个子集，每个子集均包含不止一种天气类型，每个子集分别以这四种典型类型为代表，称这些子集为广义天气类型集合，简称广义天气类型。广义天气类型与专业天气类型之间的对应关系如表 6-1 所示。

分类建模是将现有的历史数据按照所属广义天气类型的不同进行类型分组，以便用于各自对应预测模型的训练。历史运行数据的类型分组与分类预测建模的过程如图 6-1 所示。

表 6-1　广义天气类型与专业天气类型之间的对应关系

广义天气类型	专业气象天气类型
A 类	晴、晴间多云、多云间晴
B 类	多云、阴、阴间多云、多云间阴、雾
C 类	阵雨、雷阵雨、雷阵雨伴有冰雹、雨夹雪、小雨、阵雪、小雪、冻雨、小到中雨、小到小雪
D 类	中雨、大雨、暴雨、大暴雨、特大暴雨、中雪、大雪、暴雪、中到大雨、大到暴雨、暴雨到大暴雨、大暴雨到特大暴雨、中到大雪、大到暴雪、沙尘暴

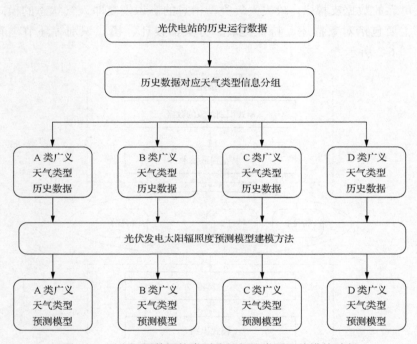

图 6-1　历史运行数据的类型分组与分类预测建模的过程

　　历史运行数据依据专业天气类型和广义天气类型之间的对应关系进行类型分组。在分类预测中需要用到的天气类型信息有两类，分别是历史数据对应的实际天气类型信息和未来数据（预测日）对应的天气类型预报信息。一般来说，历史数据每天的实际天气类型应包含在其对应的历史数据记录当中，此天气类型信息用来决定历史数据的类型分组。未来数据对应的天气类型指的是对第二天（或更多天）天气类型的预报信息，此天气类型信息用来确定选用哪类模型进行短期预测，一般来说，此天气类型预报信息通常由气象专业服务机构提供。

采用统计方法建模，本章所使用训练样本的数量是非常重要的。在分类建模时，只有具有完整天气类型信息的历史运行数据才能够被用于进行模型的学习训练。对于大部分历史数据来说，其记录中已经包含了该日对应的天气类型信息，但在实际中往往会由于某种原因造成历史数据对应天气类型信息的缺失，如通信故障、服务中断、存储错误等。缺失天气类型信息的历史数据无法用于分类建模的学习训练，这破坏了训练数据的完整性，有可能导致预测模型性能的降低甚至建模困难。如果能够利用历史数据记录中的其他有效信息，对缺失的天气类型信息进行辨识，实现天气类型标签的恢复，则能够较好地解决这个问题，为分类预测提供可靠的数据支撑[3]。缺失天气类型信息的辨识恢复即天气状态的模式识别问题，主要包括对象描述、特征提取、分类器设计、模式识别等环节，其基本流程如图 6-2 所示。

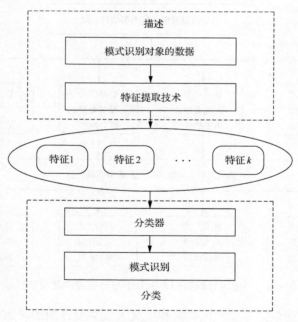

图 6-2　模式识别流程

基于统计学习理论的 SVM 方法是较为适合的模式识别分类方法，SVM 分类识别模型的输入量是经过降维的特征向量，用来反映输入数据的内在特性，可采用特征提取和特征选择技术来优化选取特征参数。利用基于辐照度特征参数和 SVM 的天气状态模式识别模型能够很好地实现对缺失天气类型信息历史数据的标签识别与恢复，如图 6-3 所示。

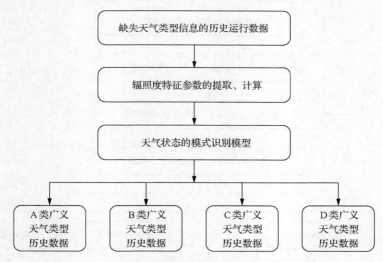

图 6-3　缺失天气类型信息历史数据的标签识别与恢复

6.2.2　光伏电站发电功率分类预测方法

具有天气类型信息的光伏电站历史运行数据记录经过类型分组划分为四个历史数据子集，分别对应广义天气类型标签 A、B、C、D。缺失天气类型信息的光伏电站历史运行数据记录经过天气状态模式识别模型辨识分类后，恢复了广义天气类型标签，则此部分历史数据记录可分别并入具有对应广义天气类型标签的四个分类历史数据子集中。

对于时间尺度为 24～72h 的短期预测来说，利用具有分类标签的历史运行数据分别建立各天气类型对应的预测模型，可以实现对预测模型输入输出之间映射关系更为细致和准确的描述。例如，可以通过分类建模有效地进行光伏发电功率的直接预测。本章通过基于天气状态模式识别模型，利用历史数据记录中提取的辐照度特征参数，实现了缺失天气类型标签的辨识恢复，保证了现有历史数据的可用性和完整性，从而为无论是辐照度还是发电功率的分类预测建模奠定了坚实基础。

综上所述，本章提出基于天气状态模式识别的光伏电站发电功率分类预测方法，其技术路线如图 6-4 所示。

为了进一步说明基于天气状态模式识别的光伏电站发电功率分类预测方法，并为相应的光伏电站发电功率预测系统的开发提供指导，图 6-5 给出了实现光伏电站发电功率分类预测方法的总体框图，该图说明了开发工作的基本步骤以及各个相关技术环节之间的逻辑关系，它与技术路线图一起明确了分类分步预测方法的基本思路、主要环节及其相互关系。

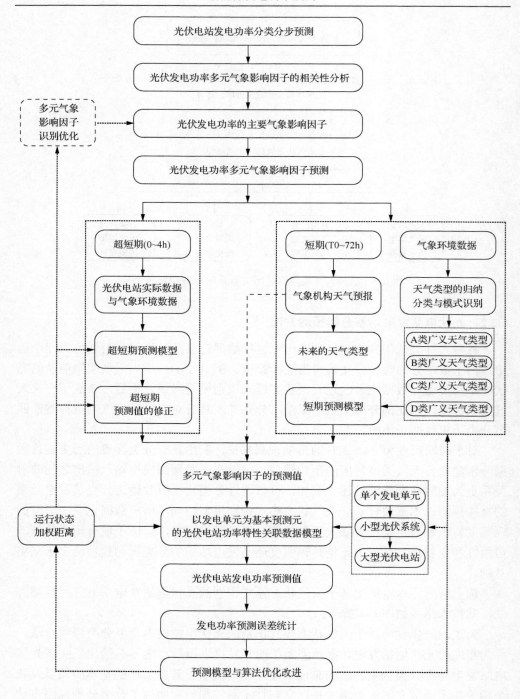

图 6-4　光伏电站发电功率分类预测方法的技术路线图

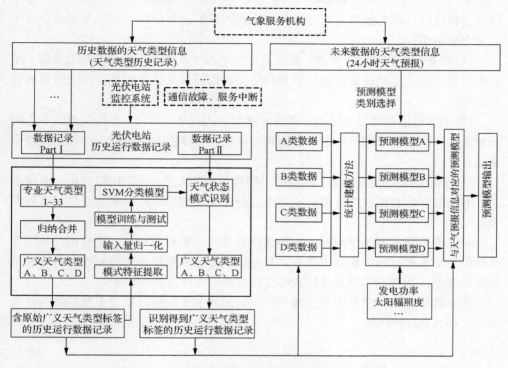

图 6-5　光伏电站发电功率分类预测方法的总体框图

6.3　重要气象影响因子预测

6.3.1　辐照度神经网络预测模型仿真

辐照度预测是在理论分析的基础上，根据现有的运行数据和相关信息，利用智能理论和方法建立能够拟合历史数据与未来辐照度之间关系的模型，从而实现辐照度的预测。ANN 预测模型性能的优劣主要取决于输入变量的选取和处理、模型算法的设计和优化、实际数据的训练和测试三个方面。在以上三个方面中，输入变量的选取和处理是前提基础，模型算法的设计和优化是核心关键，实际数据的训练和测试是重要支撑，这三者之间既相互独立又有一定关联。为了提高辐照度预测的准确性，就需要在这三个方面不断地进行改进。

辐照度预测模型输入向量的各个分量称为预测因子，预测因子组成的输入空间维数不能过高，否则一方面会增加模型的复杂程度，不利于学习训练；另一方面过高的输入空间维数需要数量庞大的样本数据进行训练，实际当中很难做到，若样本数据较少，其在高维输入空间中的分布就会非常稀疏，从而给预测建模带来巨大困难。预测因子也不能过少，否则可能会遗漏重要的相关信息，导致模型预测的精度降低甚至预测失败。因此，预测因子的选取非常关键，需要综合以下三个方面考虑。

(1)要充分地利用已有数据。需要通过预测因子从现有的数据中提取全面、足够的信息以满足建模需要，包括被预测历史数据蕴含的信息和其他相关因素的有关信息。

(2)要尽量地避免信息冗余。有些预测因子之间是无关的，有些预测因子之间是相关的，如果预测因子选取不当则有可能引入过多的冗余信息，给预测建模带来困难。

(3)要控制输入变量维数。预测因子的数目不能太多，否则模型结构会非常复杂，有限的样本数据在高维输入空间中的分布会非常稀疏，模型无法进行有效的训练。

辐照度预测模型的预测因子在辐照度自身的历史数据和与辐照度相关的气象参数的历史数据这两类数据中选取。预测因子的选取包括两方面问题：①选择采用哪些数据；②通过哪种具体形式将这些数据引入作为预测因子。

现有辐照度预测模型大多直接将一段时间内多维的辐照度历史数据序列作为输入，如式(6-1)所示：

$$I_G = [G_{t-1}, G_{t-2}, \cdots, G_{t-m}] \tag{6-1}$$

式中，I_G 为预测模型输入向量；G_{t-i} 为辐照度历史数据，$i = 1, \cdots, m$；m 为嵌入维数，m 和采样间隔决定了历史数据对应的时间范围。

由于太阳辐射是一个非平稳的随机过程，辐照度在日落至日出期间为零，在日出至日落期间不断变化，将未作处理的多维辐照度历史数据序列直接作为预测因子不仅会引入过多的重复信息，还会导致模型输入向量的维数过高，增加模型的复杂程度，给建模造成很大困难。因此，可用一段时间内辐照度历史数据的统计指标替代历史数据序列作为预测因子，这样既可充分提取、利用历史数据中的有效信息，同时也能降低输入向量的维数。此外，由于地表辐照度与地外辐照度的差异反映了不同的天气状态，所以可将地外与地表辐照度之差以某种合适的形式引入作为预测因子，使模型获取准确的天气状态信息，从而提高预测精度。

由于地表辐照度为离散采样数据、地外辐照度为对应时刻的计算值，所以辐照度差是离散的多维数据序列。考虑到输入向量维数的控制，可选取辐照度差数据序列的某些数学参数作为预测因子。进一步研究表明，地表辐照度历史数据的平均值、归一化标准差和地表辐照度与地外辐照度之差的三阶差分最大值是描述辐照度变化规律较为适合的度量指标。对于与辐照度相关的气象参数，如云量、云状、气溶胶、风速、风向、环境温度、相对湿度等，一方面受到实际条件限制可能无法获取全部气象参数的历史数据，另外一方面需要考虑到有些气象参数之

间的相关性。为此，选取与辐照度相关性较强的环境温度和相对湿度的平均值作
为预测因子。对于提前 24～72 小时的短期预测，其输出对应时间范围是 24h，考
虑到辐照度变化的年周期性及其与一年中不同日期的相关性，选取一年中不同日
期的序号即积日作为预测因子。

　　综上所述，辐照度神经网络短期预测模型的输入向量由 5 个预测因子组成，
如式(6-2)所示：

$$I_{ANN} = [G_{avg}, TOD_{max}, LS2, T_{avg}, n] \tag{6-2}$$

式中，I_{ANN} 为预测模型输入向量；G_{avg} 为辐照度平均值；TOD_{max} 为地表辐照度
与地外辐照度之差的三阶差分最大值；$LS2$ 为辐照度归一化标准差；T_{avg} 为环境
温度平均值；n 为积日。

　　经适当训练的 ANN 能以任意精度逼近任何非线性映射，对不是训练集中的
输入也能得到合适的输出，具有较好的泛化能力，其分布式信息存储与处理结构
具有一定的容错性，构造出来的模型具有较好的鲁棒性，在复杂非线性系统建模
方面有很强优势，适合于辐照度的预测。辐照度 ANN 短期预测模型包括输入层、
隐含层和输出层，如图 6-6 所示。模型输入由式(6-2)决定，输出为第 $n+1$ 天小时
的辐照度数值，时间分辨率为 1 小时。

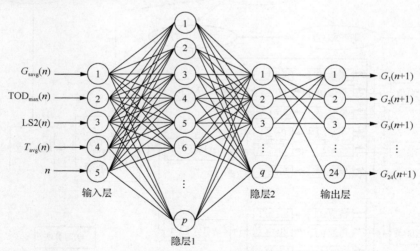

图 6-6　辐照度神经网络短期预测模型

　　隐层数量、隐层神经元个数、神经元激励函数、训练误差目标等神经网络模
型结构、参数的选取目前尚无科学的方法指导，多采用尝试和对比来确定。另外，
神经网络建模是有限样本、有监督的学习问题，模型性能与训练、测试时样本数
据的分组方式有很大关系，相同结构模型在经过随机方式下不同分组数据训练后

的性能可能会有较大差异。因此，在对不同结构、参数模型的性能进行对比时，要尽量避免样本数据分组随机性的影响。

　　为了得到可靠、稳定的模型，本章在神经网络预测模型结构设计和参数优化的过程中采用了 k 折交叉验证的方法，如图 6-7 所示。综合考虑 CV 效果、数据量大小、计算速度和运行时间等因素，本章取 $k=10$。隐层神经元的非线性激励函数为 S 函数，其输出取值范围为[0,1]或[−1,1]，期望输出的原始数据远超出此范围。另外，输入对应原始数据的取值范围变化很大，直接利用原始数据进行训练可能会引起神经元的饱和。因此，在对神经网络进行训练之前，首先需要对原始数据进行归一化处理，如式(6-3)所示。

$$y = y_{\min} + \frac{x - x_{\min}}{x_{\max} - x_{\min}}(y_{\max} - y_{\min}) \qquad (6-3)$$

式中，y 为归一化输入特征量；x 为输入特征量初始值；$x_{\max}$ 为输入特征量的最大值；$x_{\min}$ 为输入特征量的最小值。

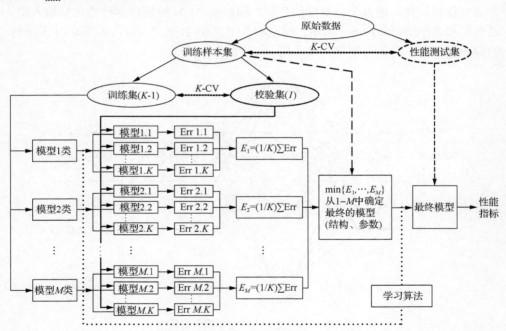

图 6-7　k 折交叉验证的优化过程

　　考虑到现有数据可能存在的局限性，本章取 $y_{\min} = 0.05$，$y_{\max} = 0.95$。

　　为了验证改进后辐照度 ANN 预测模型的有效性，采用云南昆明云电科技园并网光伏电站 2011 年 3～12 月的实际运行数据进行仿真。将实际运行数据分为训练集和测试集，比例分别为 80%和 20%。利用训练集分别对多类模型进行 10-CV 后确定辐照度神经网络预测模型为 2 个隐层，神经元数量分别为 11 和 15，隐层、输出层神经元激励函数分别为 logsig 和 purelin 利用测试集对晴天和多云等不同天气条件下的预测精度进行测试。为了进行对比，同时给出了改进前以历史数据序列(嵌入维数 $m=24$)为输入的辐照度神经网络预测模型的仿真结果。辐照度预测值与实测值采用平均绝对百分比误差(mean absolute percentage error，MAPE)、均方根误差(root mean square error，RMSE)和平均绝对偏差误差(mean absolute bias error，MABE)衡量，如式(6-4)～式(6-6)所示。

$$\mathrm{MAPE} = \frac{1}{N}\sum_{i=1}^{N}\left(\left|\frac{G_{f,i}-G_{m,i}}{G_{m,i}}\right|\right)\times 100 \tag{6-4}$$

$$\mathrm{RMSE} = \sqrt{\frac{1}{N}\sum_{i=1}^{N}\left(G_{f,i}-G_{m,i}\right)^2} \tag{6-5}$$

$$\mathrm{MABE} = \frac{1}{N}\sum_{i=1}^{N}\left(\left|G_{f,i}-G_{m,i}\right|\right) \tag{6-6}$$

式中，$G_{f,i}$ 为辐照度预测值；$G_{m,i}$ 为辐照度实际值，$i=1,\cdots,N$；N 为一天 24h 内的采样点个数。

　　晴天条件下的辐照度预测值与实测值如图 6-8 所示，多云与阴雨条件下的辐照度预测值与实测值如图 6-9 所示，辐照度预测结果的误差指标如表 6-2 所示。

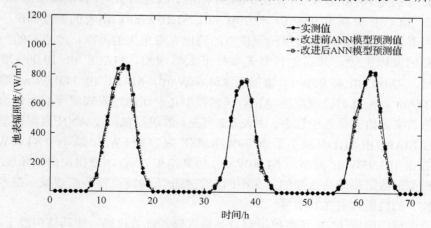

图 6-8　晴天条件下的辐照度预测值与实测值

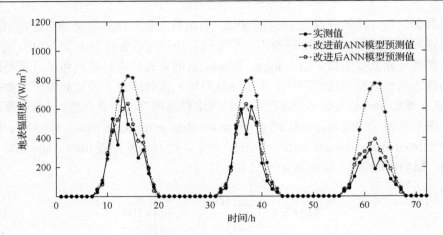

图 6-9　多云与阴雨条件下的辐照度预测值与实测值

表 6-2　辐照度预测结果的误差指标

ANN 预测模型	改进前		改进后	
误差指标	晴天	多云阴雨	晴天	多云阴雨
MAPE/%	10.06	81.11	9.09	26.70
RMSE/(W/m^2)	43.07	254.66	42.29	84.65
MABE/(W/m^2)	34.07	193.93	31.10	64.60

　　由图 6-8 可以看出,在晴天条件下两个辐照度 ANN 预测模型的输出基本相同,预测值与实测值也非常接近,表 6-2 中改进前 ANN 预测模型的 MAPE、RMSE、MABE 分别为 10.06%,43.07W/m^2,34.07W/m^2,改进后 ANN 预测模型的 MAPE、RMSE、MABE 分别为 9.09%,42.29W/m^2,31.10W/m^2,两者的误差都很小。在多云阴雨条件下,两个辐照度预测模型的输出有着很大的差别,改进前的预测模型在此时基本失效,其误差较晴天条件下大幅增加,MAPE 由 10.06%增加至 81.11%,RMSE 由 43.07W/m^2 增加至 254.66W/m^2,MABE 由 34.07W/m^2 增加至 193.93W/m^2;但此时改进后的 ANN 预测模型还能跟随地表辐照度的变化趋势,预测值与实际值的误差也较小。由表 6-2 可见,改进后辐照度 ANN 预测模型的误差指标 MAPE 由 81.11%减小至 26.70%,RMSE 由 254.66W/m^2 减小至 84.65W/m^2,MABE 由 193.93W/m^2 减小至 64.60W/m^2。仿真结果表明,本章提出的辐照度 ANN 预测模型的改进措施是合理的,在不同天气类型下均能改善预测效果,在多云阴雨条件下的性能改进尤其明显。

　　改进前辐照度 ANN 预测模型缺点是输入空间维数过高,使其结构过于复杂,给学习训练带来很大困难。另外,与辐照度有关的气象因子和其他信息的缺失也会影响其预测精度。尽管如此,晴天条件下辐照度变化的规律性和周期性使得传统 ANN 模型也能取得较好的预测效果，但是在多变的天气状态下，辐照度受多种因素影响表现出复杂的随机快速变化，这时传统的 ANN 预测模型就很难取得令人满意的预测效果。通过对辐照度 ANN 预测模型的输入空间进行重构，采用统计参数和自定义参数代替历史数据序列降低了输入向量的维数，大大减小了输入之间的信息冗余和关联耦合，同时引入了与辐照度密切相关的环境温度和年积日等信息，提高了辐照度预测模型的泛化能力和预测精度。

6.3.2　基于时间周期性和临近相似性的辐照度预测值修正方法

地球的公转和自转使得到达地球大气层上界的太阳辐照呈现出与年份、日期、时刻有关的周期性变化规律。地外辐照度的变化只与年份、日期和时刻有关，不受大气层影响，表现出明显的时间周期性和邻近相似性。

与地外辐照度周期性的规律变化不同，地表辐照度受大气层影响，在不同的大气物理状态下表现出不同的变化特点。如果大气的物理状态比较稳定，则太阳辐射传输过程中的衰减也就相对固定，那么地表与地外辐照度的变化规律会比较接近，两者之间的相关性比较强。例如，在晴天条件下，天空遮蔽物很少，散射、反射和吸收作用较弱，地表与地外辐照度表现出几乎完全相同的变化规律，两者的相关性很强，这种天气条件下地表辐照度同样具有较为明显的时间周期性与邻近相似性。图 6-10 给出了云电科技园并网光伏电站 2009-05-18、2010-05-17、2011-05-18(均为晴天)共 3 天的地表辐照度实测值曲线。

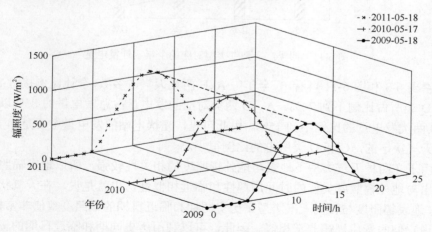

图 6-10　晴天条件下地表辐照度实测值曲线

由图 6-10 可以看出，这 3 个不同日期地表辐照度曲线的形状趋势、数值大小几乎完全相同，与上述分析一致。其他大量实测数据也说明了这一点。相反地，如果大气的物理状态不太稳定，则太阳辐射从地外到地表传输过程中的衰减就会不断变化,那么地表与地外辐照度的变化规律必然会存在较大的差别,两者之间的相关性就比较弱。如果大气物理状态的变化非常剧烈,则地表与地外辐照度之间的差异会非常大,两者之间的相关性就会非常小。

按照表 6-1 规则将云电科技园并网光伏电站 2010 年天气类型数据进行处理,得到 4 种广义天气类型在全年的分布,见表 6-3。图 6-11 给出了 4 种类型天气对应的全年累计发电量及其占总发电量的比例。

表 6-3　广义天气类型分布

广义天气类型	天数	占全年百分比/%
A 类	153	41.92
B 类	130	35.62
C 类	29	15.52
D 类	29	7.94

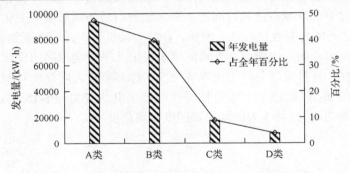

图 6-11　四类广义天气类型对应的全年累计发电量

由表 6-3 和图 6-11 可看出,全年中 A、B 两类天气占多数,合计比例接近 80%,C 和 D 类所占比例不到 24%、A、B 两类对应的发电量占总发电量的 85% 以上,C、D 两类发电量的比例不到 15%。由此可见,光伏电站的发电量主要是由 A、B 两类天气决定的,C 和 D 类所占的比例很小。

由于在两种天气类型下地表与地外辐照度的相关性较强,所以地表辐照度也表现出与地外辐照度类似的时间周期性和临近相似性,也就是说,在天气状况较好时,地表辐照度与相同天气类型下历史同期和临近日期的辐照度数值非常接近,或者说它们的变化规律非常相似。因此,可以利用历史同期和临近日期的辐照度数据对预测值进行修正,使预测值更加接近未来的实际值;同时需要注意的是必须要考虑到不同天气类型的影响。

基于时间周期性和临近相似性的辐照度预测值修正方法的基本思想是将辐照度预测值和历史数据生成的参考值进行联合加权,对预测值进行修正后得到最终的修正预测值，如式（6-7）所示。

$$E_{\text{mod}} = K_{f\_N} \cdot E_{\text{forecast}} + K_{r\_N} \cdot E_{\text{ref}} \tag{6-7}$$

式中，E_{mod} 为修正预测值；E_{forecast} 为预测值；E_{ref} 为参考值；K_{f_N} 为归一化预测值权重系数；K_{r_N} 为归一化参考值权重系数。

式（6-7）中的参考值由辐照度两个维度的历史数据生成，一是时间周期性对应的年度维度，另一个是临近相似性对应的日期维度。为确定时间周期性修正所需的数据，定义周期性尺度系数 T，即预测时间点向前选择历史数据的年限；为确定邻近相似性修正所需的数据，定义相似性尺度系数 L，即预测时间点向前/向后选择历史数据的天数；T 和 L 均为正整数。由周期性尺度系数相似性尺度系数 L 和确定的预测时刻即可得到辐照度历史数据形成的初始参考值矩阵 R_0，以 $T=3$，$L=2$ 为例，R_0 如式（6-8）所示。

$$R_0 = \left(R_{0ij} \right)_{3 \times 5} = \begin{bmatrix} E_{1,-2} & E_{1,-1} & E_{1,0} & E_{1,1} & E_{1,2} \\ E_{2,-2} & E_{2,-1} & E_{2,0} & E_{2,1} & E_{2,2} \\ E_{3,-2} & E_{3,-1} & E_{3,0} & E_{3,1} & E_{3,2} \end{bmatrix} \tag{6-8}$$

式中，R_{0ij} 为辐照度历史数据；i 为预测时刻之前第 i 年（$i=1，2，3$）；j 为预测时刻之前（为负）与之后（为正）的第 j 天（$j=-2，-1，0，1，2$）。

初始参考值矩阵 R_0 中的元素为与当前辐照度预测值相关性较强的相同时刻历史辐照度数据，既体现了时间周期性又体现了临近相似性，且程度可由 2 个尺度参数进行调整。按照初始参考值矩阵 R_0 中元素的排列方向，周期性尺度系数 T 又称为纵向尺度系数，相似性尺度系数 L 又称为横向尺度系数，T 和 L 的取值可根据历史数据的多少和实际情况分别在 1~5 和 1~10 调整。

考虑到不同天气类型下地表辐照度变化规律的差异较大，因此只能使用相同天气类型的历史数据进行加权修正，所以必须将 R_0 中与预测日天气类型不同的数据清除，方可得到真正的参考值矩阵 R，如式（6-9）所示。

$$R = \left(R_{ij} \right)_{T \times (2L+1)} = \left(\lambda_{ij} \cdot R_{0ij} \right)_{T \times (2L+1)} \tag{6-9}$$

式中

$$\lambda_{ij} = \begin{cases} 0, & \text{该天和预测日天气类型相同} \\ 1, & \text{该天和预测日天气类型不同} \end{cases}$$

$$i = 1,2,\cdots,T, \quad j = -L,\cdots,-1,0,1,\cdots,L$$

R 确定后即可求得参考值 E_{ref}，如式 (6-10) 所示。

$$E_{\text{ref}} = K_{\text{type}} \frac{\sum\limits_{i=1}^{T}\sum\limits_{j=1}^{L} R_{ij}}{\sum\limits_{i=1}^{T}\sum\limits_{j=1}^{L} \lambda_{ij}} \tag{6-10}$$

式中，K_{type} 为天气类型修正系数。

由地外辐照度的规律性、地表和地外辐照度相关性与天气类型的对应关系可知，地表辐照度与往年同期及相邻日期历史数据的相似性与天气类型密切相关，由 A 到 D 依次降低。因此，A 到 D 类天气利用历史数据修正的权重应该依次减小，C 类天气历史数据的修正作用已经不大，D 类天气历史数据已不具有修正意义。为此，引入天气类型修正系数 K_{type} 对参考值 K_{ref} 进行订正，一般地，A、B、C、D 类天气的 K_{type} 可分别取 1、0.6、0.2 和 0。

得到参考值 K_{ref} 后的关键问题就是给出其相应的权重系数，此权重应既能反映历史数据与预测日辐照度的接近程度，又必须和预测值对应的权重系数有相同的物理意义。

为此，考虑晴朗指数为地表与地外曝辐量之比，如式 (6-11) 所示。

$$K_t = \frac{\int_{t_s}^{t_e} E_g(t)\,\mathrm{d}t}{\int_{t_s}^{t_e} E(t)\,\mathrm{d}t} \tag{6-11}$$

式中，K_t 为晴朗指数；$E_g(t)$ 为地表辐照度；$E(t)$ 为地外辐照度；t_s、t_e 为起始、终止时间，$t_s \sim t_e$ 是日出至日落之间任意的连续时段。

晴朗指数反映了大气中气溶胶、气体分子和云对太阳辐射散射与吸收的综合影响，晴朗指数不像天空云量和能见度那样依赖于观测者的主观判断，是一个相对客观的衡量指标。

从物理意义角度来说，光伏电站的发电量与曝辐量相关，从数学意义角度来说，晴朗指数 K_t 是指定时段内曝辐量平均衰减程度的描述，其数值为 0~1，K_t 越大表明衰减越小、天气状况越好。天气类型对辐照度接近程度的描述是比较粗糙的，相同天气类型下不同日期、时段的晴朗指数必然会存在一定差别。因此，对于辐照度描述来说，晴朗指数是比天气类型更为精确的度量。

显然，不同日期、时段地表辐照度之间的相似程度与对应晴朗指数的接近程度正相关，据此定义参考值的权重系数尺，如式 (6-12)~式 (6-14) 所示。

$$K_r = 1 - \frac{\left| K_{t\_f} - K_{t\_r} \right|}{\max\left\{ K_{t\_f}, K_{t\_r} \right\}} \tag{6-12}$$

式中

$$K_{t\_f} = \frac{\int_{t_{s\_rise\_f}}^{t_{forecast}} E_g(t)\,\mathrm{d}t}{\int_{t_{t\_rise\_f}}^{t_{forecast}} E(t)\,\mathrm{d}t} \tag{6-13}$$

$$K_{t\_r} = \frac{\int_{t_{s\_rise\_f}}^{t_{forecast}} E_{ref0}(t)\,\mathrm{d}t}{\int_{t_{t\_rise\_f}}^{t_{forecast}} \left(\frac{1}{n}\sum_{i=1}^{n} E_i(t) \right)\mathrm{d}t} \tag{6-14}$$

式中，K_r 为参考值权重系数；K_{t_f} 为预测值晴朗指数；K_{t_r} 为参考值晴朗指数；$t_{forecast}$ 为预测时刻；$t_{s\_rise\_f}$ 为预测日实际日出时间；$t_{t\_rise\_f}$ 为预测日理论日出时间；$E_g(t)$ 为预测日地表辐照度实测值；$E_i(t)$ 为参考值矩阵 R 中非零元素对应时间点的地外辐照度理论值；$n = \sum_{i=1}^{T}\sum_{j=1}^{L}\lambda_{ij}$ 为参考值矩阵 R 中非零元素的个数；E_{ref0} 为 K_{type} 为 1 时的参考值。

式(6-12)定义的数值 K_r 大于零，预测时段与对应时段参考值的辐射衰减程度越接近则 K_r 的数值就越接近 1。K_r 定义的关键是给出预测时段和历史数据之间辐照度衰减相似性的度量，且要与相似性正相关、取值为 0～1，即 K_r 越大表明预测时段与对应时段参考值的辐射衰减程度越接近、相似程度越高，则参考值的修正作用就应该越强。

预测值权重系数 K_f 可调整预测值在加权修正中的作用，考虑到 K_r 的取值，K_f 可取值约为 1。为使修正后的数值合理，需要对 2 个权重系数进行归一化，如式(6-15)、式(6-16)所示。

$$K_{f\_N} = \frac{K_f}{K_f + K_r} \tag{6-15}$$

$$K_{r\_N} = \frac{K_r}{K_f + K_r} \tag{6-16}$$

综上所述，针对地表辐照度预测值，本章提出基于时间周期性与邻近相似性的两维变尺度修正方法，如图 6-12 所示。

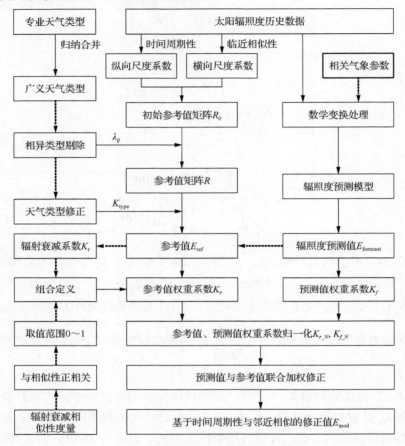

图 6-12　辐照度预测值修正方法流程图

　　为了验证本章提出的光伏发电功率分类预测方法和辐照度预测值修正方法，采用云电科技园并网型光伏电站 2009～2011 年实际运行数据进行仿真。首先针对 A～D 四种广义天气类型分别建立对应的 ANN 辐照度预测模型，包括现有 ANN 模型和改进 ANN 模型；然后针对 ANN 模型输出的预测值，设定两维变尺度修正系数，利用基于时间周期性和临近相似性的两维变尺度预测值修正方法，根据天气类型系数确定不同天气类型下历史数据的修正作用，并通过由辐照度衰减程度相似性度量定义的权重系数对修正参考值再次进行调整，进而通过加权方式对预测值进行修正。本章 2 个可变修正尺度系数取值分别为 $T=1$ 和 $L=3$，误差评估指标为均方根误差（RMSE）和平均绝对百分比误差（MAPE）。现有 ANN 模型、改进 ANN 模型的预测值以及修正后预测值与实际值的误差指标如表 6-4 所示，预测值与实际值的绝对误差如图 6-13 所示。

表 6-4　ANN 分类预测模型的误差指标

广义天气类型	预测模型	RMSE/(W/m²)	MAPE/%
A 类	现有模型	24.2	3.53
	改进模型	22.7	2.34
	预测修正	13.7	1.52
B 类	现有模型	51.1	8.77
	改进模型	44.9	6.59
	预测修正	34.4	4.61
C 类	现有模型	104.5	28.69
	改进模型	87.2	23.77
	预测修正	84.9	20.09
D 类	现有模型	154.6	44.60
	改进模型	135.9	39.14
	预测修正	135.9	39.14

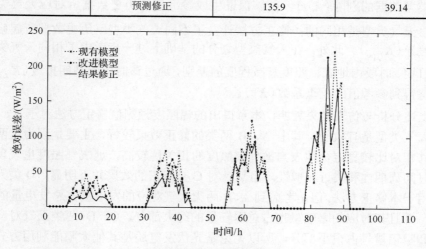

图 6-13　辐照度预测绝对误差

对比未分类 ANN 预测模型的误差(表 6-2)和分类 ANN 预测模型的误差(表 6-4)可看出,对于现有 ANN 模型,A 类天气状态下预测模型分类前后的 MAPE 由 10.06%降至 3.53%,RMSE 由 43.07W/m² 降至 24.2W/m²;B 类天气状态下分类预测模型的 MAPE 为 8.77%,小于未分类预测模型在 A 类天气(晴天)下的 10.06%;B、C 类天气(多云阴雨)下分类预测模型的 MAPE 由未分类时的 81.11%降至 8.77%和 28.69%,RMSE 由 254.66W/m² 降至 51.1W/m² 和 104.5W/m²。对于改进的 ANN 预测模型,A 类天气状态下预测模型分类前后的 MAPE 由 9.09%降至 2.34%,RMSE 由 42.29W/m² 降至 22.7W/m²;B 类天气状态下分类预测模型的 MAPE 为 6.59%,

小于未分类改进 ANN 预测模型在 A 类天气下的误差 9.09%；B、C 类天气下分类预测模型的 MAPE 由 26.70%降至 6.59%和 23.77%。由上述分析可知，分类预测模型的准确性大大高于未分类模型，这说明分类建模方法是非常有效也是非常必要的，同时也验证了广义天气类型的划分是合理的，分类建模方法能够显著地提高辐照度预测的精度。

由表 6-4 和图 6-13 可以看出，对于 A、B 类天气，辐照度预测值经过修正后误差有所下降，A、B 两类的 RMSE 分别由 22.7W/m² 和 44.9W/m² 下降至 13.7W/m² 和 34.4W/m²，MAPE 分别由 2.34%和 6.59%下降至 1.52%和 4.61%，修正后预测值与实际值的绝对误差也较修正前有所下降；由于 K_{type} 较小，C 类天气条件下的修正效果不明显；而 D 类（K_{type} 为零）并未修正，故误差指标不变。

预测值的可变尺度修正方法引入了 2 个维度（年度周期的纵向维度和临近日期的横向维度）的修正，不同维度修正的尺度系数（T，L）可根据历史数据的多少和天气类型的不同进行调整；修正所需参考值由历史数据计算得到，考虑了相异天气类型数据的剔除（$\lambda_{i,j}$），能够保证生成参考值的历史数据所对应天气类型和预测日天气类型是相同的；修正方法计及了不同天气类型下历史数据所起修正作用的差异（K_{type}）。此外，在天气类型划分的基础上进一步考虑了相同天气类型下不同日期、时段内地表辐照度衰减程度的差别，通过该时段的晴朗指数（K_t）进一步调整得到参考值的权重系数（K_r）。

上述分析与仿真结果表明，本章提出的辐照度预测值修正方法对于 A、B、C 这类天气类型是有效的，其中 A、B 两类的修正效果较好，主要是因为这两类天气条件相对比较稳定，地表与地外辐照度的相关性较高，地表辐照度也表现出一定的时间周期性和临近相似性。虽然针对 C 类修正的效果并不明显，D 类天气并不适用于本修正方法，但是考虑到 A、B 两类天气对应的发电量占总发电量的 85%以上，并且其对应的曝辐量也占总曝辐量的绝大部分，C、D 两类天气对应的发电量和曝辐量只占很小部分，所以无论是光伏发电还是其他太阳能利用方式，本章提出的辐照度预测值修正方法总体上来说都是有效的。

6.3.3 光伏电池组件温度与气象因素相关分析及光伏电池组件温度预测

利用互信息衡量随机变量间的相关性，首先对随机变量分段，在相同的数据段内即认为是相同的信息。根据公式

$$H(X) = -\sum_{i=1}^{n} p_i \log p_i \tag{6-17}$$

可知，分段数的大小决定了研究的复杂程度。若分段数较大，则意味着数据划分更加细致，每个数据段中的数据范围较小，研究更为复杂，数据样本更加离散，

在这种情况下，信息的不确定度更大，所以信息熵更大。而反之，若分段数较少，则数据平面被划分的区域少，落入每个区域的样本点数量多，分析较为简单，但会造成分析不够细致，无法准确地表示随机变量之间的关系。因此，合理地选择分段数是准确反映光伏电池组件温度与其气象影响因子间非线性相关程度和耦合程度的前提。

为确定科学合理的分段数(以 k 值代表)，则需要兼顾以下两个方面：准确度和复杂性。在实际应用中，分段数一般根据经验确定，存在较大的主观性。本章根据实际数据，确定每种天气类型下具体的分段数值。首先确定分段数的一个合理的范围，然后计算每个分段数下各变量的信息熵，最后根据信息熵的趋势变化，确定最后的分段数大小。

以天气类型 A 为例，首先取分段数为 13~32，计算每个分段数下光伏电池组件温度与其气象影响因子间的信息熵，如图 6-14 所示。为了进一步查看信息熵的变化情况，计算图 6-14 中 4 个变量的信息熵的斜率，如图 6-15 所示。从图 6-15 中可知，当分段数取值为 20 时，信息熵的斜率值趋向于稳定，则天气类型 A 下的分段数确定为 20。

从图 6-14 和图 6-15 也可以看出，在天气类型 A 下，各个变量的信息熵随分段数的变化趋势是相似的，并且同种天气类型下有且仅有一个分段数。基于此，我们在研究其余三个天气类型时，仅研究太阳辐照度的信息熵随分段数的变化趋势，即可确定对应天气类型下分段数的取值。并且值得注意的是，由于各天气类型的样本数据量不同，分段数的取值范围也将不同。分段数在 B、C、D 三个天气类型下的取值范围[$k1$,$k19$]分别是[33,52]、[37,56]和[11,30]。图 6-16 为 4 种天气类型下太阳辐照度的信息熵随分段数变化的曲线，图 6-17 为 4 种天气类型下太阳辐照度的信息熵的斜率随分段数变化的曲线。根据图 6-17 可知，天气类型 B、C 和 D 的分段数取值分别为 40、44 和 18。

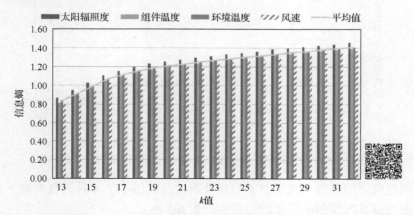

图 6-14 在天气类型 A 不同分段数取值下 4 个变量的信息熵(彩图请扫二维码)

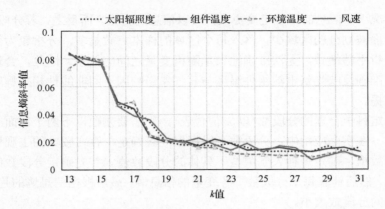

图 6-15　在天气类型 A 不同分段数取值下 4 个变量的信息熵的斜率

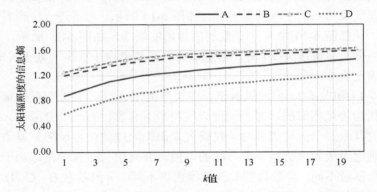

图 6-16　4 种天气类型不同分段数取值下太阳辐照度的信息熵

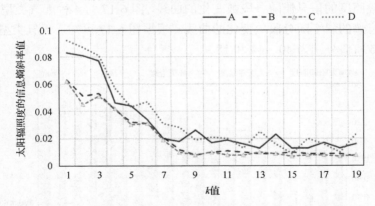

图 6-17　4 种天气类型不同分段数取值下太阳辐照度信息熵的斜率

　　根据已确定的每种天气类型下的分段数以及式(6-17)，4 种天气类型下光伏电池组件温度及其气象影响因子的信息熵如表 6-5 所示。

表 6-5　4 种天气类型下光伏电池组件温度及其气象影响因子的信息熵

广义天气类型	信息熵			
	$H(G_T)$	$H(T_a)$	$H(V_{WS})$	$H(T_m)$
A 类	1.252	1.211	1.175	1.195
B 类	1.481	1.461	1.400	1.497
C 类	1.533	1.543	1.281	1.562
D 类	0.995	1.155	1.123	1.185

将表 6-5 的数据用图形的方式表示出来，如图 6-18 所示。从图 6-18 中可以看出，光伏电池组件温度及其三个气象影响因子的信息熵在天气类型 D 时的数值是最低的，而在天气类型 B 和天气类型 C 下的数值最高。这是由于采用的实际运行数据在天气类型 D 下样本量最少，分段数最小，数据较为集中，因此此时的信息熵是最小的。而天气类型 B 和天气类型 C 的样本量较多，分段数大，数据离散程度大，对应的信息熵的数值较大。

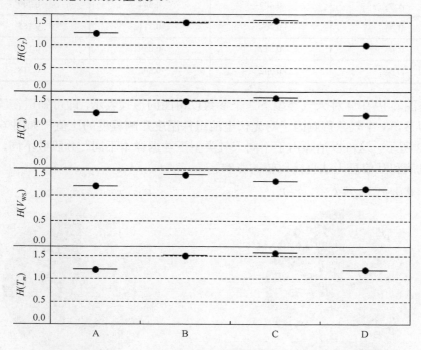

图 6-18　4 种天气类型下光伏电池组件温度及其气象影响因子的信息熵

进一步计算出光伏电池组件温度及其气象影响因子间的二维联合熵，4 种天气类型下的二维联合熵如表 6-6 所示。

表 6-6　4 种天气类型下光伏电池组件温度及其影响因子间的二维联合熵

广义天气类型	二维联合熵		
	$H(G_T, T_m)$	$H(T_a, T_m)$	$H(V_{WS}, T_m)$
A 类	2.041	1.862	2.121
B 类	2.614	2.447	2.742
C 类	2.778	2.466	2.719
D 类	1.838	1.538	1.862

进一步，可以计算得出 4 种天气类型下光伏电池组件温度及其气象影响因子间的互信息，如表 6-7 所示。

表 6-7　4 种天气类型下光伏电池组件温度与其气象影响因子间的互信息

广义天气类型	互信息		
	$I(G_T, T_m)$	$I(T_a, T_m)$	$I(V_{WS}, T_m)$
A 类	0.407	0.544	0.249
B 类	0.364	0.511	0.155
C 类	0.317	0.639	0.124
D 类	0.342	0.802	0.318

将图 6-19 中 4 种天气类型下 3 个参数以饼图的形式表示，即可知道在同种天气类型下，3 个气象影响因子对光伏电池组件温度影响程度的比值，如图 6-19～图 6-22 所示。这可以消除由于不同天气类型下数据样本不同、分段数不同，造成的信息熵和互信息无法直接比较的影响。

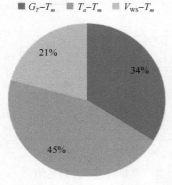

图 6-19　天气类型 A 下光伏电池组件温度
与 3 个气象影响因子相关性比例图

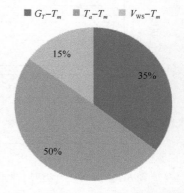

图 6-20　天气类型 B 下光伏电池组件温度
与 3 个气象影响因子相关性比例图

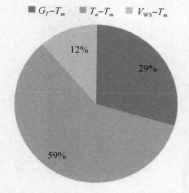

图 6-21　天气类型 C 下光伏电池组件温度
与 3 个气象影响因子相关性比例图

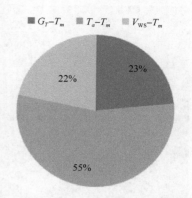

图 6-22　天气类型 D 下光伏电池组件温度
与 3 个气象影响因子相关性比例图

　　从图 6-19～图 6-22 可以看出，4 种天气类型下通过互信息测量光伏电池组件温度与环境温度、太阳辐照度和风速的相关性的比例分别为 45∶34∶21、50∶35∶15、59∶29∶12 和 53∶23∶22，这也是四种天气类型下 3 个气象影响因子对光伏电池组件温度的影响程度的比例。可以看出，不管在何种天气类型下，环境温度对光伏电池组件温度的影响都是最大的，太阳辐照度的影响次之，风速对光伏电池组件温度的影响最小，这也印证了之前在物理层面定性分析的结果。

　　本章仍旧依托内蒙古自治区 500kW 某并网光伏电站。该厂所采用的光伏电池板厂家为晶科能源控股有限公司(JinKo Solar)，组件型号为 JKMS300P，为多晶硅太阳能组件，电池大小为 156mm×156mm，每个组件包括 72(6×12) 片电池片，组件尺寸为 1952mm×990mm×40mm，组件重量为 26.0kg，前盖玻璃为高透光率、低铁的钢化玻璃，厚度为 4.0mm，总组件数量为 1600 个。在太阳电池标称工作温度(NOCT，即太阳辐照度为 800W/m^2，组件温度为 20℃，大气质量为 1.5，风速为 1m/s)下测量的各所需参数值如表 6-8 所示。光伏电站和光伏电池照片如图 6-23 和图 6-24 所示。

　　表 6-8 中 P_{max} 为组件最大功率，W；V_{mp} 为组件最佳工作电压，V；I_{mp} 为组件最佳工作电流，A；V_{OC} 为组件的开路电压，V；I_{SC} 为组件的短路电流，A。

　　光伏电站采集的数据有太阳辐照度、组件温度、大气温度和风速，共 4 个变量，分别采用四种传感器，各个传感器的特性参数如表 6-9 所示，传感器组合装置照片如图 6-25 所示。

表 6-8　光伏组件参数

参数	P_{max}	V_{mp}	I_{mp}	V_{OC}	I_{SC}	τ	η_r	β
数值	220	33.9	6.49	41.6	7.24	0.9	15.52%	−0.43%/℃

图 6-23　光伏电站照片

图 6-24　光伏电池照片

表 6-9　传感器特性参数

传感器	测量范围	分辨率	准确度	类型	型号
辐照度	$0\sim2000W/m^2$	$1W/m^2$	$\pm5\%\ W/m^2$	光电	JZ-TBQ
组件温度	$-50\sim80℃$	$0.1℃$	$\pm0.2℃$	热电偶	JZ-HB9
大气温度	$-50\sim80℃$	$0.1℃$	$\pm0.2℃$	热电偶	JZ-HB
风速	$0\sim70m/s$	$0.1m/s$	$\pm(0.3+0.03V)m/s$	三风杯	JZWS

图 6-25　传感器组合装置照片

　　数据统计了 2012 年 1 月 1 日至 2012 年 12 月 30 日,数据采样间隔为 30min,共 366 天数据,其中有效记录为 310 天。由于本书的最后目的是提高光伏发电功率分步预测模型的准确度,故针对出力为零的晚间时段的研究没有意义。因此采用早 7:00 至晚 5:00 的数据进行研究。全年光伏电站组件温度实测曲线如图 6-26 所示。

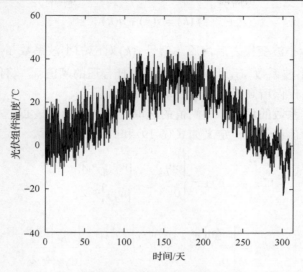

图 6-26　全年光伏电站组件温度实测曲线

由于不同天气条件下，光伏发电功率呈现不同的规律特性，光伏电池组件温度作为发电功率的重要因素之一[4,5]，也会受到天气类型的影响。根据太阳辐照度和环境温度，将天气划分为 4 种类型：晴天、多云、阵雨、大雨，分别标记为 A，B，C，D。除去无效数据，四种天气类型下的数据天数分别为 24、119、148、19。将每种天气类型下的实际运行数据分为模型训练样本集和性能测试集，比例分别为 80% 和 20%。4 种天气类型下的样本数量如表 6-10 所示。

表 6-10　4 种天气类型下的样本数量

样本数量	天气类型			
	A	B	C	D
模型训练	380	1900	2360	300
性能测试	100	480	600	80
总数量	480	2380	2960	380

小波去噪研究发现，每日第一个有效数据点与前一日最后一个有效数据点对接处过于畸变，会在研究中引入冗余数据，使计算结果误差增大。因此，首先采用小波降噪方法对有效数据进行降噪处理。

小波变换是一种多尺度信号的时间频率分析方法，在时域和频域内均有表征信号局部特征的能力，是分析非平稳信号的有力工具。小波阈值降噪是在小波变换后得到小波系数的基础上，利用阈值的选取，将噪声去掉或是削减，平滑观测信号的方法。假设原始离散信号为 $s(k)$，$n(k)$ 为噪声，$f(k)$ 为观测信号，其关系式如式 (6-18) 所示。

$$f(k) = s(k) + n(k) \tag{6-18}$$

对 $f(k)$ 进行小波变换之后，原始信号 $s(k)$ 对应的小波系数 $w_{j,k}$ 一般较噪声信号 $n(k)$ 对应的小波系数 $w_{j,k}$ 大。因此，要选择合适的阈值 λ，将低于该阈值下的小波系数去掉，仅保留高于 λ 的小波系数。

其中，小波系数的估计，即阈值的选取是小波降噪的核心，一般可分为硬阈值估计法和软阈值估计法，定义如式(6-19)和式(6-20)所示。

$$w_{j,k} = \begin{cases} w_{j,k}, & |w_{j,k}| \geqslant \lambda \\ 0, & |w_{j,k}| \geqslant \lambda \end{cases} \tag{6-19}$$

$$w_{j,k} = \begin{cases} \text{sign}(w_{j,k}) \cdot \left(|w_{j,k}| - \lambda \right), & |w_{j,k}| \geqslant \lambda \\ 0, & |w_{j,k}| \geqslant \lambda \end{cases} \tag{6-20}$$

根据式(6-19)可以看出，硬阈值估计法中，小波系数 $w_{j,k}$ 在 λ 处是不连续的，在重构信号时会带来振荡。因此，本章选用软阈值估计法估计阈值，对数据进行小波降噪处理。

图 6-27 为光伏电池组件温度测量数据和降噪后原始数据的对比图，从图 6-27 中可以看出，经过小波阈值降噪后的数据明显趋于平滑，符合数据连续变化的特性。

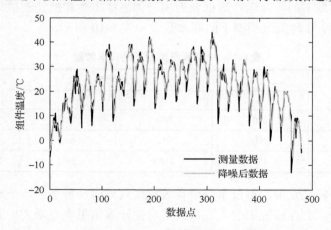

图 6-27　光伏电池组件温度原始测量数据与降噪后数据对比

由于模型输入变量的取值范围的数量级差异较大，在建立模型之前，需要首先对降噪后的数据进行归一化处理。本章采用最大最小值进行数据的归一化处理，将原始数据每一特征分量规范到[0,1]内，归一化和反归一化的公式如式(6-21)和式(6-22)所示。

$$x \rightarrow f(x) = (x - x_{\min})/(x_{\max} - x_{\min}) \tag{6-21}$$

$$f(y) \rightarrow y = f(y) \cdot (y_{\max} - y_{\min}) + y_{\min} \tag{6-22}$$

式中，x、y 为输入变量和输出变量序列；$x_{\min}$、$y_{\min}$ 为输入变量和输出变量序列最小值；$x_{\max}$、$y_{\max}$ 为输入变量和输出变量序列最大值；$f(y)$ 为输出变量反归一化前原始序列。

由于光伏电池组件温度的气象影响因子之间存在耦合性，输入变量的信息存在冗余部分，这加大了光伏电池组件温度预测模型的复杂程度，增加了训练和预测的时间成本，降低了预测模型的工作效率，降低了模型的鲁棒性。因此建立光伏电池组件温度预测模型前，首先需要综合考虑输入变量所涵盖的信息量和输入的复杂程度，对输入变量进行主成分分析，在尽量保留输入变量信息量的前提下，去掉输入变量间的冗余信息，降低输入变量的维度。

通过正交变换将一组可能存在相关性的变量转换为一组线性不相关的变量，即去掉变量间的相关性，转换后的这组变量称为主成分，是降低数据维度的一个重要的方法。由此可见，主成分分析方法可以用在光伏电池组件温度预测模型的输入变量的降维和解耦中。假设有 p 个输入变量，每个变量的样本点数为 n，则输入变量为 X 的形式如式(6-23)所示：

$$X = \begin{bmatrix} x_{11} & \cdots & x_{1p} \\ \vdots & & \vdots \\ x_{n1} & \cdots & x_{np} \end{bmatrix} \tag{6-23}$$

一般来说，主成分分析法的主要步骤有以下 6 个步骤。

(1)指标数据的标准化，计算公式为

$$x'_{ij} = \frac{x_{ij} - \dfrac{1}{n}\sum_{i=1}^{n} x_{ij}}{\dfrac{1}{n-1}\sum_{i=1}^{n}\left(x_{ij} - \dfrac{1}{n}\sum_{i=1}^{n} x_{ij}\right)} \tag{6-24}$$

得到标准化矩阵：$Y = (y_{ij})_{n \times p}$。

(2)指标间相关性判断，公式为

$$R = (r_{ij})_{p \times p} = \frac{Y^{\mathrm{T}}Y}{n-1} \tag{6-25}$$

(3)相关矩阵特征根求解，公式为

$$\left| R - \lambda I_p \right| = 0 \tag{6-26}$$

式中，I_p 为 n 阶单位矩阵。

求得 p 个特征根：$\lambda_1 \geqslant \lambda_2 \geqslant \cdots \geqslant \lambda_p \geqslant 0$，再根据式（6-27）和式（6-28）可得归一化后的特征向量。

$$Rb_j = \lambda_j b_j \tag{6-27}$$

$$b_j^0 = \frac{b_j}{\|b_j\|} \tag{6-28}$$

式中，b_j 为对应特征值 λ_j 的特征向量；b_j^0 为归一化后对应特征值 λ_j 的特征向量。

（4）确定主成分个数，判断条件如下：

$$\sum_{j=1}^{m} \lambda_j \bigg/ \sum_{j=1}^{p} \lambda_j \geqslant 80\% \tag{6-29}$$

式中，m 为主成分个数。

（5）求解第 j 个主成分 F_j 的表达式。根据式（4-13）计算标准化矩阵 $Y_i = (Y_{i1}, Y_{i2}, \cdots, Y_{ip})$ 对应的样本主成分向量 F_j：

$$F_j^{\mathrm{T}} = b_j^{0\mathrm{T}} Y \tag{6-30}$$

（6）根据 F_j 的方差 λ_j 占总方差的比例，计算出选出的主成分向量的线性加权值，如式（6-31）所示。

$$\omega_j = \frac{\lambda_j}{\sum_{j=1}^{p} \lambda_j}, \quad j = 1, 2, \cdots, m \tag{6-31}$$

根据上述步骤，在建立光伏电池组件温度预测模型之前，可以先采用主成分分析法对模型的输入进行降维处理，解除气象影响因子之间的耦合性，将模型的输入变成独立的因素，降低模型映射的复杂程度，缩短模型的训练和预测的时间成本，在一定程度上提高模型的准确度。

本章利用 SPSS 软件对光伏电池组件温度三个气象影响因子以及光伏电池组件温度自身历史数据进行主成分分析，最终提取了两个主成分作为光伏电池组件温度预测模型的输入。四种天气类型下主成分分析的旋转成分矩阵如表6-11所示。

表 6-11　旋转成分矩阵

原始成分	A		B	
	主成分 I	主成分 II	主成分 I	主成分 II
G_T	0.680	0.353	0.861	0.251
T_a	0.884	−0.068	0.915	0.101
V_{WS}	0.029	0.964	0.145	0.987
T_m	0.989	0.020	0.981	0.087
原始成分	C		D	
	主成分 I	主成分 II	主成分 I	主成分 II
G_T	0.775	0.217	0.650	−0.028
T_a	0.921	0.015	0.924	0.193
V_{WS}	0.087	0.989	0.101	0.988
T_m	0.986	0.032	0.959	0.166

T_m 为同种天气类型下前一天早 7:00 至晚 5:00 的光伏电池组件温度数值。

表 6-11 中，天气类型 A，主成分 I：$f_{1A} = 0.680G_T + 0.884T_a + 0.029V_{WS} + 0.989T_m$。
主成分 II：$f_{2A} = 0.353G_T - 0.068T_a + 0.964V_{WS} + 0.020T_m$。
天气类型 B，主成分 I：$f_{1B} = 0.861G_T + 0.915T_a + 0.145V_{WS} + 0.981T_m$。
主成分 II：$f_{2B} = 0.251G_T + 0.101T_a + 0.987V_{WS} + 0.087T_m$。
天气类型 C，主成分 I：$f_{1C} = 0.775G_T + 0.921T_a + 0.087V_{WS} + 0.986T_m$。
主成分 II：$f_{2C} = 0.217G_T + 0.015T_a + 0.989V_{WS} + 0.032T_m$。
天气类型 D，主成分 I：$f_{1D} = 0.650G_T + 0.924T_a + 0.101V_{WS} + 0.959T_m$。
主成分 II：$f_{2D} = -0.028G_T + 0.193T_a + 0.988V_{WS} + 0.166T_m$。

主成分 f_1 中，太阳辐照度、环境温度和光伏组件自身历史数据的系数较大，f_1 可看作这三者的综合指标。

主成分 f_2 中风速的系数比较大，f_2 可看作反映风速对光伏电池组件温度影响的指标。

预测模型的输入变量选取为利用上述主成分分析法提取的独立且最大限度包含原有信息的主成分因子 f_1 和 f_2。模型的输入时间序列为同种天气类型下前一天早 7:00 至晚 5:00 的数据，最小时间间隔为 30min。模型的输出变量为预测日当天早 7:00 至晚 5:00 的光伏电池组件温度数值，最小时间间隔也为 30min。

光伏电池组件温度的短期统计预测方法可分为直接预测法和分步预测法。直接预测法是直接利用历史数据作为模型的输入，仅通过这一个预测模型对光伏电池组件温度进行预测。分步预测法则是首先对预测当日的气象影响因子进行预测，再根据气象影响因子和光伏电池组件温度自身历史数据与预测当日的光伏组件温度之间的统计映射模型得到光伏电池组件温度的预测值。

图 6-28 和图 6-29 分别为基于 ANN 的光伏电池组件温度直接预测模型和分步预测模型。

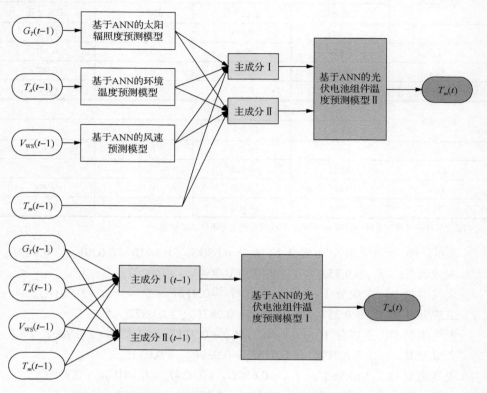

图 6-28 基于 ANN 的光伏电池组件温度直接预测模型结构图

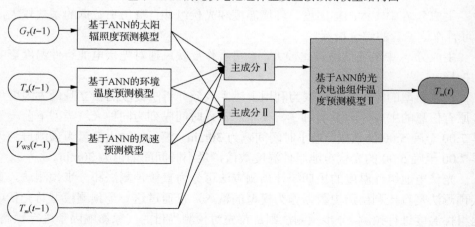

图 6-29 基于 ANN 的光伏电池组件温度分步预测模型结构图

　　图 6-30 和图 6-31 分别为基于 SVM 的光伏电池组件温度直接预测模型和分步预测模型。

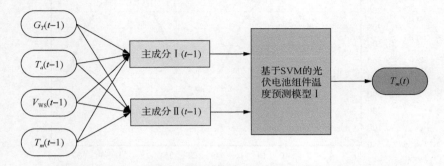

图 6-30　基于 SVM 的光伏电池组件温度直接预测模型结构图

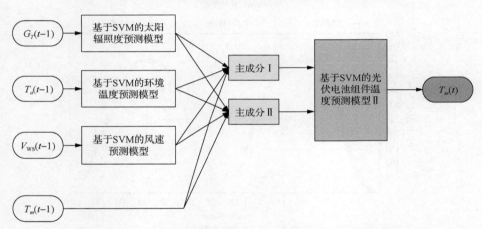

图 6-31　基于 SVM 的光伏电池组件温度分步预测模型结构图

　　利用预处理后的数据，在每种天气类型下分别建立 4 种光伏电池组件温度预测模型：基于 ANN 的直接预测模型、基于 ANN 的分步预测模型、基于 SVM 的直接预测模型和基于 SVM 的分步预测模型，对光伏电池组件温度进行预测。

　　基于 ANN 和 SVM 的分步预测模型首先需要对预测日的 3 个气象因子进行预测，选取太阳辐照度的预测进行说明。预测太阳辐照度的预测模型的输入为相同天气类型下前一天太阳辐照度的历史数据，输出为预测日当日太阳辐照度的预测值。图 6-32 为 4 种天气类型下基于两种智能算法的太阳辐照度的预测曲线。

　　进一步，建立光伏电池组件温度的 4 种预测模型，每种天气类型下随机选取两天，绘制光伏电池组件温度的预测结果与实际值对比图，如图 6-33 所示。

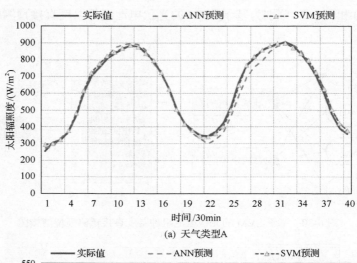

(a) 天气类型A

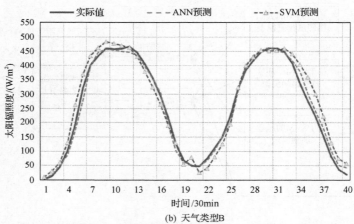

(b) 天气类型B

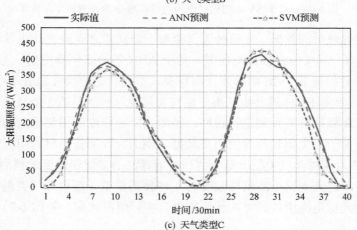

(c) 天气类型C

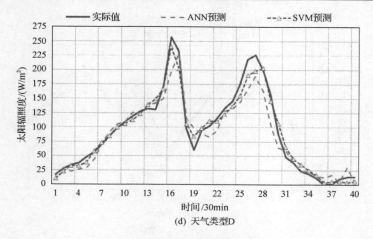

(d) 天气类型D

图 6-32　太阳辐照度预测结果对比

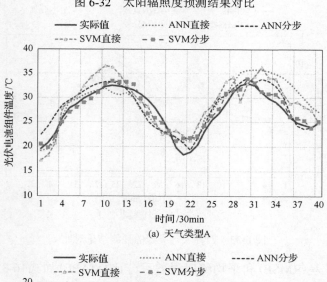

(a) 天气类型A

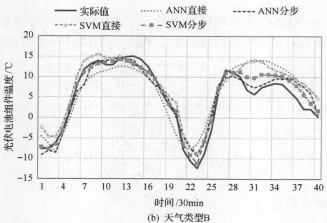

(b) 天气类型B

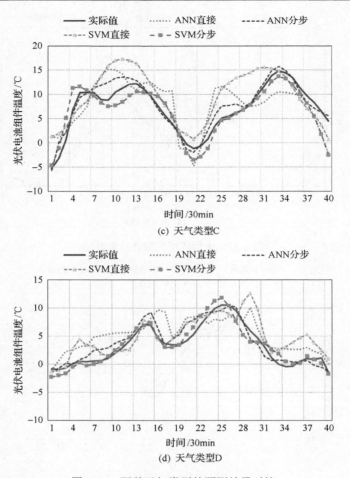

图 6-33　四种天气类型的预测结果对比

均方根误差(RMSE)和平均绝对误差百分比(MAPE)如式(6-32)和式(6-33)所示，利用这两者对预测模型的误差进行评估，结果如表 6-12 和表 6-13 所示。

$$\mathrm{RMSE} = \sqrt{\dfrac{\displaystyle\sum_{t=1}^{N}(X_{pi} - X_{mi})^2}{N}} \tag{6-32}$$

$$\mathrm{MAPE} = \dfrac{1}{N}\sum_{t=1}^{N}\dfrac{\left|X_{pi} - X_{mi}\right|}{X_{mi}} \times 100\% \tag{6-33}$$

式中，N 为样本个数。

表 6-12　四种天气类型下预测模型的 RMSE 对比

RMSE/℃	天气类型			
	A	B	C	D
ANN-直接	0.172	1.342	1.513	2.434
ANN-分步	0.084	0.615	0.925	1.293
SVM-直接	0.119	1.696	1.892	2.253
SVM-分步	0.054	0.692	0.930	1.085

表 6-13　四种天气类型下预测模型的 MAPE 对比

MAPE/%	天气类型			
	A	B	C	D
ANN-直接	8.90	5.98	7.36	15.43
ANN-分步	6.40	4.38	5.23	9.15
SVM-直接	7.39	6.97	8.32	10.77
SVM-分步	5.08	4.59	5.91	7.56

　　进一步，为更加明显地对比各光伏电池组件温度预测模型的精度，分别绘制四种预测模型在不同天气条件下的预测误差曲线，如图 6-34 和图 6-35 所示。

　　从图 6-34 和图 6-35 中可以看出，不同的天气类型、不同的预测方法、不同的智能算法，均对光伏电池组件温度的预测精度有一定影响。从以下三个方面对图 6-34 和图 6-35 进行分析。

　　(1)天气类型。从四种天气类型的角度，可以大致看出，D 天气类型下四个预测模型的精度均较其余三个天气类型下的精度差。这是由于 A 和 D 类天气类型的数据样本较少，模型训练不够充分，而 A 类天气类型为晴天天气，数据规律性好，D 类天气类型为阵雨天气，数据规律性差。

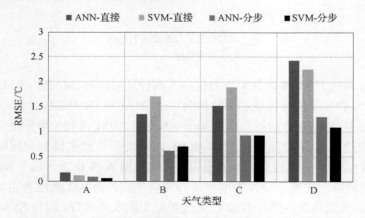

图 6-34　四种预测模型不同天气条件下 RMSE 对比图

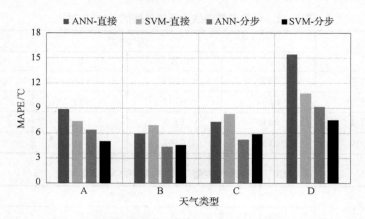

图 6-35　四种预测模型不同天气条件下 MAPE 对比图

　　(2)预测方法。四种天气类型下,基于同一智能算法的直接预测模型的精度均较分步预测模型的精度差。说明在光伏电池组件温度预测方面,分步预测模型确实可以提高预测精度。其中,在 D 类天气类型下的基于同一智能算法的直接预测模型和分步预测模型的精度差距较大,而在 A、B 和 C 天气类型下,基于同一智能算法的直接预测模型和分步预测模型的精度差距较小。

　　(3)智能算法。在 A 和 D 天气类型下,基于 ANN 的直接和分步预测模型的预测精度比基于 SVM 的预测模型差,而在 B 和 C 天气类型下的预测精度较好。说明 ANN 算法在较小样本模型的预测精度比 SVM 算法差,而在当训练样本的数据量较大、模型训练充分时,ANN 算法比 SVM 算法精度高。

　　基于 ANN 的分步预测模型和基于 SVM 的分步预测模型是对光伏电池组件温度预测最为精确的两种模型。为进一步对比两类模型的预测精度,将模型误差的差值进行对比定义预测误差差值百分比($E_\%$)如式(6-34)所示,两模型对比结果如图 6-36 所示。

$$E_\% = \frac{E_{SVM} - E_{ANN}}{E_{SVM}} \times 100\% \tag{6-34}$$

式中,E_{SVM} 为基于 SVM 的分步预测模型的两种预测误差(MAPE、RMSE);E_{ANN} 为基于 ANN 的分步预测模型的两种预测误差(MAPE、RMSE)。

　　图 6-36 中,$E_\%$ 取值的正负代表基于 ANN 和 SVM 两类分步模型预测精度的大小,$E_\%$ 取值的大小代表基于 ANN 和 SVM 两类分步预测模型预测精度的相差程度。从图 6-36 中可以更直观地看出,在天气类型 A 和 D 下,基于 SVM 的分步预测模型预测精度比基于 ANN 的分步预测模型高,而且优势较为明显。而基于 ANN 的分步预测模型虽然在 B 和 C 天气类型下的表现较好,但与 SVM 模型的预

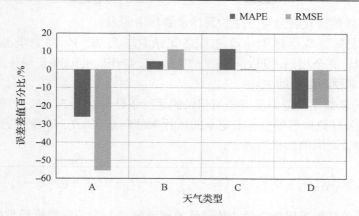

图 6-36　ANN 和 SVM 分步预测模型误差差值对比图

测精度相差不多。综上所述，在光伏电池组件温度预测方面，SVM 的性能较 ANN 的性能好，为得到最精确的光伏电池组件温度的预测结果，应选用基于 SVM 的分步预测模型。

　　本节建立光伏电池组件温度的预测模型。首先利用小波去噪方法、归一化处理方法以及主成分分析法对原始数据进行数据处理，去除数据间的耦合与冗余。然后在四种天气类型下，分别建立基于 ANN 和 SVM 的光伏电池组件温度短期直接和分步预测模型。最后以内蒙古自治区实际光伏电站为例，采用光伏电站的实际运行数据进行仿真，利用 MAPE 和 RMSE 两种预测评价指标对预测模型进行评估。

　　最终的结果显示，4 种天气类型下，基于两种智能算法的直接和分步模型都达到了较好的预测效果，预测误差在 16%以下，而分步预测模型的预测误差更低，误差值在 10%以下，这其中基于 SVM 的分步预测模型的误差值最低，误差值在 8%以下。综合来看，在光伏电池组件温度预测方面，SVM 的性能比 ANN 的性能好，且分步预测模型比直接预测模型好。基于 SVM 的光伏组件温度短期分步预测模型可以实现光伏电池组件温度的较为精确的预测。

6.4　光伏电站发电功率关联数据映射预测

　　根据光伏电站输入量(主要气象影响因子)的预测信息获得并网型光伏电站发电功率测值的方法是：首先利用神经网络预测模型得到辐照度预测值，通过天气预报和其他预测方法得到环境温度、相对湿度和风速的预测值，这四者组合成为气象影响因子预测值向量；然后根据此向量，以式(6-35)定义的运行状态加权距离最小为目标，通过关联数据模型映射得到发电功率的预测值。

　　设光伏电站输入量的预测值为 (G_y, T_y, H_y, V_y)，其中，G_y 为辐照度的预测值、T_y 为环境温度的预测值、H_y 为相对湿度的预测值、V_y 为风速的预测值，光伏电站发电功率关联数据映射预测方法的具体步骤如下所示。

(1) 如果关联数据模型中存在一条记录 (G, T, H, V, P)，其运行条件与 (G_y, T_y, H_y, V_y) 完全相同，即 $G=G_y$，$T=T_y$，$H=H_y$，$V=V_y$，则该条记录中的发电功率 P 为发电功率预测值，即 $P_y=P$。

(2) 若关联数据模型中没有任何记录的运行条件与 (G_y, T_y, H_y, V_y) 完全相同，则分别计算关联数据模型中各条记录的运行条件向量 (G_i, T_i, H_i, V_i) 与预测值向量 (G_y, T_y, H_y, V_y) 之间的加权距离 L_i：

$$L_i = \sqrt{q_1\left(G_y - G_i\right)^2 + q_2\left(T_y - T_i\right)^2 + q_3\left(H_y - H_i\right)^2 + q_4\left(V_y - V_i\right)^2} \quad (6\text{-}35)$$

式中，G_i 为关联数据模型中第 i 条记录的辐照度；T_i 为关联数据模型中第 i 条记录的环境温度；H_i 为关联数据模型中第 i 条记录的相对湿度；V_i 为关联数据模型中第 i 条记录的风速；q_1、q_2、q_3、q_4 分别为辐照度、环境温度、相对湿度、风速的权重系数。

权重系数 q_i 可以根据式 (6-35) 中的相关系数 r_{iy} 经式 (6-36) 归一化后得到。

$$q_i = \frac{r_{iy}}{\sum\limits_{i=1}^{4} r_{iy}} \quad (6\text{-}36)$$

式中，r_{iy} 为自变量 x_i 对因变量 y 的相关系数。

(3) 选取关联数据模型记录中与运行条件预测值向量 (G_y, T_y, H_y, V_y) 之间加权距离最小的前 K 个数据记录，如式 (6-37) 所示。

$$(G_1,T_1,H_1,V_1,P_{D1}),(G_2,T_2,H_2,V_2,P_{D2}),\cdots,(G_K,T_K,H_K,V_K,P_{DK}) \quad (6\text{-}37)$$

式中，K 为加权距离尺度系数 (取正整数)；P_{Dj} 为关联数据模型中与运行条件预测值向量 (G_Y, T_Y, H_Y, V_Y) 之间加权距离最小的前 K 个数据记录中对应的发电功率值，$j=1,\cdots,K$。

发电预测功率值 P_Y 由式 (6-38) 计算得到

$$P_Y = \frac{\sum\limits_{j=1}^{K} b_j P_{Dj}}{K} \quad (6\text{-}38)$$

式中，b_j 为第 j 条记录的权重系数。

上述基于关联数据模型的光伏发电功率关联数据映射预测方法如图 6-37 所示。

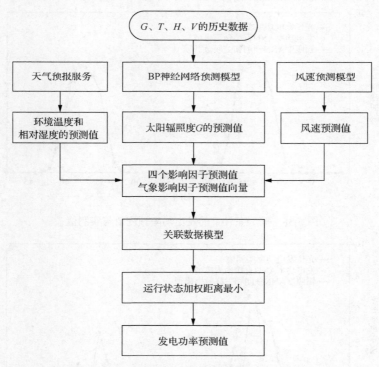

图 6-37　光伏发电功率关联数据映射预测方法

　　为了验证本章提出的关联数据模型和发电功率映射预测方法的有效性，采用华北电力大学新能源电力系统国家重点实验室光伏电站(115.48°E，38.87°N，10kW)2011 年 6～11 月的实际运行数据，编写 MATLAB 程序进行仿真。按照本章方法建立了关联数据模型，输入预测向量中的辐照度，按照方法进行预测，实际运行数据分为训练样本集和性能测试集，比例分别为 90% 和 10%。利用样本训练集分别对多类模型进行 10-CV 后确定辐照度神经网络预测模型为 2 个隐层，神经元数量分别为 12 和 18，隐层、输出层神经元激励函数分别为 logsig 和 purelin。为了进行对比，同时建立了光伏发电功率的直接预测模型、利用性能测试集对晴天和多云天气条件下的预测精度进行测试。采用文献方法获取风速的预测值，通过天气预报得到环境温度和相对湿度的预测值。晴天条件下的发电功率预测值与实测值如图 6-38 所示，多云条件下的发电功率预测值与实测值如图 6-39 所示。

　　预测结果的误差指标采用平均绝对百分比误差(MAPE)、均方根误差(RMSE)和平均绝对偏差误差(MABE)，具体如表 6-14 所示。

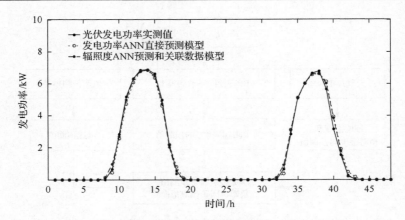

图 6-38　晴天条件下的发电功率预测值与实测值

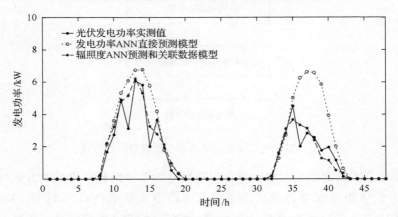

图 6-39　多云条件下的发电功率预测值与实测值

表 6-14　预测结果的误差指标

误差指标	神经网络直接预测模型		ANN 与关联数据模型分步预测	
	晴天	多云	晴天	多云
MAPE/%	15.51	86.44	11.08	33.97
RMSE/kW	0.30	2.19	0.24	0.76
MABE/kW	0.24	1.57	0.18	0.58

　　由图 6-38 可以看出，两种方法的预测值非常接近，与实测值的误差均较小。由表 6-14 可知，晴天条件下直接预测模型与关联数据模型分步预测的 MAPE 分别为 15.51% 和 11.08%，两者的 RMSE 分别为 0.30kW 和 0.24kW，MABE 分别为 0.24kW 和 0.18kW，ANN 与关联数据模型分步预测的误差略小于神经网络直接预测模型。

　　由图 6-39 可知，当多云或阴雨时，气象影响因子随天气条件的变化较剧烈，发电功率的起伏波动很大，直接预测模型预测值与实测值的偏差较大，例如，第一天的 12:00～16:00，第二天的 12:00～15:00。此时本章提出的关联数据模型分步预测方法的预测值与实测值的偏差虽然较晴天也有一定的增加，但依然能较好地跟随发电功率的变化，两者大部分的极值点基本吻合。由表 6-14 可知，无论是描述预测值和实际值偏离程度的 RMSE 和 MABE，还是描述整体精度的 MAPE，本章方法均优于发电功率直接预测模型，特别是在多变的天气条件下，本章方法的优势更为明显。

　　晴天条件下太阳辐射的变化具有明显的规律性，使得相邻日期之间的辐照度表现出很强的相似性。由于辐照度是影响光伏发电功率的主要气象因子，其对发电功率的作用最大，这就使得相邻日期的发电功率之间也表现出很强的相似性，所以此时基于历史数据的发电功率神经网络直接预测模型能够取得较为理想的预测效果。

　　多变天气条件下太阳辐射变化的规律性不复存在，辐照度受气象因素影响表现出无规律的随机变化，使相邻日期间发电功率的相似性大大降低，导致发电功率神经网络直接预测模型的预测值严重偏离实测值，直接预测模型不再适用。本章采用分步预测的方式将发电功率预测分解为气象影响因子预测和出力特性建模两个相对独立的问题，本章所建立的描述光伏电站发电功率出力特性的关联数据模型与天气条件无关，并且能随着运行数据的增加不断进行充实和更新，提高了多变天气条件下的发电功率预测精度。

参 考 文 献

[1] 王飞. 并网型光伏电站发电功率预测方法与系统[D]. 北京: 华北电力大学, 2013.

[2] Wang F, Zhen Z, Wang B, et al. Comparative study on KNN and SVM based weather classification models for day ahead short term solar PV power forecasting[J]. Applied Sciences, 2017, 8(1): 28.

[3] Wang F, Zhen Z, Mi Q, et al. Solar irradiance feature extraction and support vector machines based weather status pattern recognition model for short-term photovoltaic power forecasting[J]. Energy and Buildings, 2015, 86: 427-438.

[4] Sun J, Wang F, Wang B, et al. Correlation feature selection and mutual information theory based quantitative research on meteorological impact factors of module temperature for solar photovoltaic systems[J]. Energies, 2017, 10(1): 7.

[5] 孙玉晶. 基于 ANN 和 SVM 的光伏电池组件温度短期预测模型对比研究[D]. 北京: 华北电力大学, 2017.

第7章 深度学习理论在光伏发电功率预测中的应用

7.1 深度学习模型

7.1.1 基于深度学习理论的生成模型

生成模型指一系列通过无监督学习方式学习任何类型数据分布的有效方式，并且在最近几年取得了巨大的发展。所有类型的生成模型的目标均为捕获给定训练数据集的真实分布，并且随机生成不同于原始数据的新的数据。现实中许多数据的分布相对复杂很难用隐式或明确的公式描述。为此，我们可以通过神经网络强大的非线性拟合能力来学习将模型分布逼近真实分布的函数。

变分自编码(variational auto-encoder，VAE)和生成对抗网络(generative adversarial networks，GAN)为深度学习中常用的两大类生成模型。变分自编码的训练目标为最大化数据对数似然的下界，而生成对抗的目标在于生成器与鉴别器的平衡。下面我们将详细地介绍生成对抗网络及其变种模型，并在生成数据质量对比阶段与变分自编码生成样本进行对比。

1. GAN

Goodfellow 等于 2014 年提出最原始的生成对抗模型框架[1]。如图 7-1 所示生成对抗网络的核心思想源自博弈论中的二人零和博弈。其原理为利用神经网络强大的回归和分类能力建立两个神经网络模型，即生成器和鉴别器。生成器的目标为捕获真实数据的潜在分布[2]，并生成新的数据样本；判别器的目标为尽可能正确地判别输入数据源自真实数据还是由生成器生成的数据样本。整个博弈的过程，需要生成器和判别器通过不断的学习和优化，寻找两者之间的纳什均衡来分别提高自己的生成能力和判别能力。

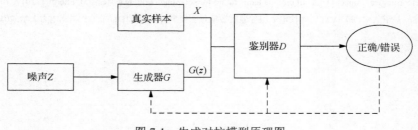

图 7-1　生成对抗模型原理图

生成对抗网络训练的相关细节和数学表达式如下，以 $p_g(x)$ 表示观测数据的真实分布，其中 $x = \{x_i\}$ 为真实样本集。给定一组由已知分布（可以选取任意一个容易采样的分布，本书采用幅值$-1 \sim 1$ 的均匀分布）采样得到的噪声数据 $z \sim p_g(z)$，生成对抗网络的目标为通过模型的训练使该采样数据 z 尽可能地逼近真实分布 $P_g(x)$。该训练过程由两个深度神经网络完成：生成器 $G(z; \theta^{(G)})$ 和判别器网络 $D(x; \theta^{(D)})$。其中，$\theta^{(G)}$ 和 $\theta^{(D)}$ 分别为这两个网络的权重系数。

对于判别器网络，其输入是真实数据或者生成器生成的数据，同样定义其映射空间为 $D(x; \theta^{(D)})$，其中 D 可微，其输出是一个标量 p_{real}，表示输入数据服从真实分布 $p_g(x)$ 的概率。判别器网络的目标是尽可能正确地判别输入数据的来源。

定义了生成器和判别器的训练目标之后，需要分别构造生成器和判别器的损失函数 L_G 和 L_D 来进行训练。对生成器来说，越小的 L_G 表示生成的数据服从 $P_g(x)$ 的概率越高。对判别器来说，越小的 L_D 意味着判别器区分数据来源的能力越强。根据文献[3]，L_G 的两种表达式和 L_D 的表达式分别如式 (7-1) ～式 (7-3) 所示：

$$L_{G(1)} = E_{z \sim p_z}\left(\lg\{1 - D[G(z)]\}\right) \tag{7-1}$$

$$L_{G(2)} = E_{z \sim p_z}\left\{-\lg D[G(z)]\right\} \tag{7-2}$$

$$L_D = -E_{x \sim p_{data}}\left[\lg D(x)\right] - E_{z \sim p_z}\left(\lg\{1 - D[G(z)]\}\right) \tag{7-3}$$

式中，E 为计算期望，期望值等于历史观测值和生成输出值的经验平均值。需要注意的是，函数 D 和 G 由两个网络的权值进行参数化。

为了建立生成器 G 和判别器 D 之间的博弈以使它们能同时训练，需要再构造一个博弈价值函数 $V(G, D)$。结合 G 和 D 的训练过程可以建立价值函数 $V(G, D)$ 的极小极大化博弈模型，其数学表达式如 (7-4) 所示：

$$\min_G \max_D V(D, G) = E_{x \sim p_{data}}\left[\lg D(x)\right] + E_{z \sim p_z}\left(\lg\{1 - D[G(z)]\}\right) \tag{7-4}$$

在训练的初始阶段，生成器网络生成的数据样本与真实数据样本存在较大的差异，因此判别器网络可以以较高的准确率区分两者。这种情况下 L_D 较小，而 L_G 和 $V(G, D)$ 都较大；随着迭代的进行，生成器网络通过调整网络的权重使得生成的样本与真实样本的相似性越来越高，同时判别器网络也通过学习提升判别能力。就这样通过反复迭代，直到最终判别器网络无法准确地区分输入数据样本的来源，此时的生成器网络就能用来模拟生成理想样本。但是原始生成对抗模型却存在某些缺陷，文献[4]指出不论对于 $L_{G(1)}$ 还是 $L_{G(2)}$ 损失函数均会导致模型的训练过程出现问题，下面将详细分析两种损失函数所引起的缺陷。

针对第一种损失函数 $L_{G(1)}$，对于一个可能来自真实样本集或生成样本集的给定的样本 x 来说，鉴别器产生的梯度为

$$-p_{\text{data}}(x)\big[\lg D(x)\big] - p_{\text{g}}(x)\big(\lg\{1 - D[G(x)]\}\big)$$

若想求最优鉴别器的理想状态，则需满足 $\dfrac{\mathrm{d}\big[D(x)\big]}{\mathrm{d}(x)} = 0$，进而求得 $D^*(x) = \dfrac{p_{\text{data}}(x)}{p_{\text{data}}(x) + p_{\text{g}}(x)}$，此式可以理解为一个样本来自真实数据集和生成样本集的概率。若 $p_{\text{data}}(x) \neq 0$ 同时 $p_{\text{g}}(x) = 0$，则鉴别器输出的概率为 1；若 $p_{\text{data}}(x) = 0$ 同时 $p_{\text{g}}(x) \neq 0$，则鉴别器输出的概率为 0；若 $p_{\text{data}}(x) = p_{\text{g}}(x)$，则表明这个样本 x 属于真实样本和生成器的概率相同，此时鉴别器输出的概率为 0.5。如果给生成器的第一种损失函数添加一个与生成器无关的项，使损失函数变为 $E_{x \sim p_{\text{data}}}[\lg D(x)] + E_{x \sim p_{\text{g}}}\{\lg[1 - D(x)]\}$，此时将最优鉴别器代入得

$$E_{x \sim p_{\text{data}}}\left\{\lg \frac{p_{\text{data}}(x)}{\dfrac{1}{2}[p_{\text{data}}(x) + p_{\text{g}}(x)]}\right\} + E_{x \sim p_{\text{g}}}\left\{\lg \frac{p_{\text{g}}(x)}{\dfrac{1}{2}[p_{\text{data}}(x) + p_{\text{g}}(x)]}\right\} - 2\lg 2$$

此时引入 KL 距离（Kullback-Leibler divergence）和 JS 距离（Jensen-Shannon divergence）来衡量相似度，KL 距离和 JS 距离的数学表达式如式(7-5)和式(7-6)所示。

$$\text{KL}(P_1 \parallel P_2) = E_{x \sim P_1} \lg \frac{P_1}{P_2} \tag{7-5}$$

$$\text{JS}(P_1 \parallel P_2) = \frac{1}{2}\text{KL}\left(P_1 \parallel \frac{P_1 + P_2}{2}\right) + \frac{1}{2}\text{KL}\left(P_2 \parallel \frac{P_1 + P_2}{2}\right) \tag{7-6}$$

故最优鉴别器下对应的损失函数变为 $2\text{JS}(P_r \parallel P_{\text{g}}) - 2\lg 2$，在无重叠或重叠部分可忽略的情况下，文献[5]经过严格的公式推导得出 P_{g} 和 P_{data} 两个分布的 JS 距离为恒定值 $2\lg 2$，而 P_{data} 和 P_{g} 两个分布几乎不可能有不可忽略的重叠，故相对应的对于最优鉴别器下生成器所得到的梯度为 0。所以综上对于生成器第一种损失函数来说鉴别器训练得越好，梯度消失现象就越容易发生。

对于生成器第二种损失函数 $L_{G(2)}$ 来说，$L_{G(2)} = E_{x \sim p_{\text{g}}}\big[-\lg D(x)\big]$，对于最优鉴别器上面已导出：

$$E_{x \sim p_{\text{data}}} \left[\lg D^*(x) \right] + E_{x \sim P_g} \left\{ \lg \left[1 - D^*(x) \right] \right\} = 2\text{JS}(P_r \| P_g) - 2\lg 2$$

同时 KL 距离可以用下式表示：

$$\text{KL}(P_g \| P_{\text{data}}) = E_{x \sim P_g} \lg \left[1 - D^*(x) \right] - E_{x \sim P_{\text{data}}} \lg D^*(x)$$

故

$$E_{x \sim P_g} \left[-\lg D^*(x) \right] = \text{KL}(P_g \| P_{\text{data}}) - E_{x \sim P_g} \left[1 - \lg D^*(x) \right]$$

$$= \text{KL}(P_g \| P_{\text{data}}) - 2\text{JS}(P_{\text{data}} \| P_g) + 2\lg 2 + E_{x \sim p_{\text{data}}} \left[\lg D^*(x) \right]$$

由于 $2\lg 2 + E_{x \sim P_{\text{data}}} \left[\lg D^*(x) \right]$ 与生成器无关，故生成器第二类损失函数可等效为最小化 $\text{KL}(P_g \| P_{\text{data}}) - 2\text{JS}(P_{\text{data}} \| P_g)$，这 KL 距离和 JS 距离均描述两个分布之间的相似性，而对生成器第二类损失函数来说，一方面想缩短两个分布的 KL 距离而又要同时扩大两个分布的 JS 距离，这样就会导致生成器的梯度不稳定。同时由于 $\text{KL}(P_g \| P_{\text{data}}) \neq \text{KL}(P_{\text{data}} \| P_g)$，在 $P_g(x)$ 趋近于 0 同时 $P_{\text{data}}(x)$ 趋近于 1 时，$\text{KL}(P_g \| P_{\text{data}}) = P_g(x) \lg \dfrac{P_g(x)}{P_{\text{data}}(x)}$ 趋近于 0，即对应于当生成器未能生成真实分布的样本时惩罚为 0，在 $P_g(x)$ 趋近于 1 同时 $P_{\text{data}}(x)$ 趋近于 0 时，$\text{KL}(P_g \| P_{\text{data}}) = P_g(x) \lg \dfrac{P_g(x)}{P_{\text{data}}(x)}$ 趋近于 $+\infty$，即对应于当生成器生成了不真实的样本时惩罚趋于无穷大，这就导致生成器生成一些重复的模式相同的样本而不会生成多样性丰富的样本，即模式崩溃。

综上所述，对于原始生成对抗网络来说，生成器的两种损失函数 $L_{G(1)}$ 和 $L_{G(2)}$ 会引起如下问题：

（1）生成器第一种损失函数 $L_{G(1)}$ 容易引起梯度消失问题。

（2）生成器第二种损失函数 $L_{G(2)}$ 优化目标混乱，容易引起梯度不稳定，对多样性和准确性惩罚不合理进而引起模式崩溃。

2. Wasserstein GAN

首先介绍一个定义 Wasserstein 距离，其数学表达式为 $W(P_r, P_g) = \inf\limits_{\gamma \sim \Pi(P_r, P_g)}$ $E_{(x,y) \sim \gamma}[\| x - y \|]$，其中 $\Pi(P_r, P_g)$ 表示 P_r 与 P_g 的联合分布，其联合分布使用 γ 来表示，$(x, y) \sim \gamma$ 表示从联合分布 γ 中采样得到真实样本 x 和生成样本 y，

$\inf\limits_{\gamma\sim\Pi(P_{\mathrm{r}},P_{\mathrm{g}})}E_{(x,y)\sim\gamma}[\|x-y\|]$ 表示符合 γ 分布的所有 x 和 y 的 $\|x-y\|$ 值的期望值的下界，即称为 Wasserstein 距离。

Wasserstein 距离相较于 KL 距离和 JS 距离的不同点在于如果两个分布之间没有重叠，KL 距离和 JS 距离不能反映两个分布的距离而 Wasserstein 距离可以很好地反映两个分布的距离。Wasserstein 距离实例图如图 7-2 所示。

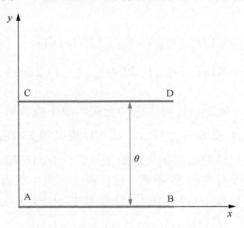

图 7-2　Wasserstein 距离实例图

通过一个例子来更好地展现 Wasserstein 距离的优点，P_1 满足 AB 线段上的均匀分布，P_2 满足 CD 上的均匀分布，使用参数 θ 来调控 P_1 分布和 P_2 分布之间的距离，如图 7-2 所示。使用 KL 距离、JS 距离、Wasserstein 距离来计算分布，结果如式(7-7)～式(7-9)所示：

$$\mathrm{KL}(P_1\|P_2)=\begin{cases}+\infty, & \theta\neq0\\0, & \theta=0\end{cases} \tag{7-7}$$

$$\mathrm{JS}(P_1\|P_2)=\begin{cases}\lg 2, & \theta\neq0\\0, & \theta=0\end{cases} \tag{7-8}$$

$$W(P_1,P_2)=|\theta| \tag{7-9}$$

从式(7-7)和式(7-8)可以看出 KL 距离和 JS 距离是不平滑的，其在 $\theta=0$ 处会产生突变，而根据式(7-9)，使用 Wasserstein 距离表示是平滑的。综上所述当两个分布不重叠或重叠部分可忽略时 KL 距离和 JS 距离无法正确地反映分布的远近，故无法提供可靠梯度，而 Wasserstein 距离可以有效地反映两个分布的距离，进而为生成器提供可靠的梯度。

由于 $\inf\limits_{\gamma \sim \prod(P_r, P_g)}$ 一项无法直接求解，所以文献[6]将 Wasserstein 距离进行了变形
得到

$$W(P_r, P_g) = \frac{1}{K} \sum_{\|f\|_{L} \leqslant k} E_{x \sim P_r}[f(x)] - E_{x \sim P_g}[f(x)] \qquad (7\text{-}10)$$

式中，$f(x)$ 要求为 Lipschitz 连续的函数，$f(x)$ 的导函数的绝对值小于等于 K，即
K 为 $f(x)$ 的 Lipschitz 常数。故式(7-10)意义为 Wasserstein 距离为 $f(x)$ 函数的
Lipschitz 常数小于等于 K 的前提下，$E_{x \sim P_r}[f(x)] - E_{x \sim P_g}[f(x)]$ 的上界除以 K。$f(x)$
函数使用参数为 w 的神经网络来表示，所以这里利用神经网络 $f_w(x)$ 强大的拟合
能力来高度近似 $\sup_{\|f\|_{L} \leqslant k}$。为了满足 $f_w(x)$ 的 Lipschitz 常数小于等于 K，WGAN
采用将神经网络的参数限制在一定的范围内，也就是在每次梯度更新时将鉴别器
的权重和偏置进行裁剪。对于 WGAN 而言，生成器和鉴别器的损失函数分别如
式(7-11)和式(7-12)所示：

$$L_g = -E_{x \sim P_g}[f_w(x)] \qquad (7\text{-}11)$$

$$L_d = E_{x \sim P_g}[f_w(x)] - E_{x \sim P_r}[f_w(x)] \qquad (7\text{-}12)$$

在实际的程序编写过程中，WGAN 模型与 GAN 模型的区别如下。

(1)鉴别器不再使用分类模型，而是使用回归模型，去掉最后一层的 Sigmoid
函数。

(2)生成器和鉴别器的损失函数均不使用 log。

(3)在每批次更新鉴别器的神经网络的权重和偏置时均使其数值裁剪在一定
范围内(我们实验中采用[-0.01,0.01])。

(4)在优化器的选择上不再选择基于动量的优化器(如 Adam 优化器)。

3. WGAN-GP

在 WGAN 的训练过程中依然存在训练困难的问题，文献[7]指出对比于 GAN
的训练过程，WGAN 进行了很大改进，但是 WGAN 在针对 Lipschitz 常数限制问
题时使用权重裁剪手段，即每次更新鉴别器神经网络权重和偏置时，将其值限制
在某个范围内，通常取-0.01~0.01。在实际的训练过程中，鉴别器的目标为尽可
能地鉴别生成样本和真实样本，然而权重裁剪策略采用限制神经网络参数的取值
范围，往往会使得神经网络参数取值变得极端，即不是取值为 0.01 就是取值为
-0.01，这样就远远地限制地了神经网络强大的拟合能力，并通过实验验证了这种
现象。同时发现权重裁剪中在裁剪阈值取值不当时很容易导致梯度的消失或梯度

的爆炸, 进而在实际应用过程中对模型的调参是一个很大的考验。

针对上述问题, WGAN-GP 提出采用梯度惩罚方式来代替权重裁剪, Lipschitz 要求鉴别器的梯度不超过 K, 梯度惩罚即重新构造一个新的损失项来完成梯度不超过 K。WGAN-GP 的鉴别器的损失函数为

$$L_D = E_{x \sim p_{\mathrm{g}}} \left[f_w(x) \right] - E_{x \sim p_{\mathrm{data}}} \left[f_w(x) \right] + \lambda E_{\hat{x} \sim p_{\hat{x}}} \left[\left(\left\| \nabla_{\hat{x}} f_w(\hat{x}) \right\|_2 - 1 \right)^2 \right] \quad (7\text{-}13)$$

真实数据分布 $p_{\mathrm{data}}(x)$ 数据点和生成样本分布 $p_{\mathrm{g}}(x)$ 数据点之间的直线均匀采样分布定义为 $p_{\hat{x}}$。

采用 WGAN-GP 结构的生成对抗网络不仅可以稳定生成器和鉴别器的训练过程, 同时几乎不需要什么超参数调整, 在训练速度和样本生成质量上要优于 WGAN 模型。

4. GAN、WGAN、WGAN-GP 三种模型生成样本对比

在上面的章节中我们已经详细讨论了三种生成对抗模型 GAN、WGAN、WGAN-GP, 并讨论了 GAN 和 WGAN 的缺点以及 WGAN-GP 的优势。为了进一步地验证上述结论, 我们进行了相关仿真以比较由不同生成模型(即 GAN、WGAN 和 WGAN-GP)生成的样本数据的质量。仿真实验的真实样本数据为第三类样本(即上午晴, 下午雨为例), 在仿真过程中我们使用相同的网络配置来训练三种生成模型, 其中生成器和鉴别器均由两个隐含层组成, 每层均含 124 个神经元, 仿真结果如图 7-3 所示。

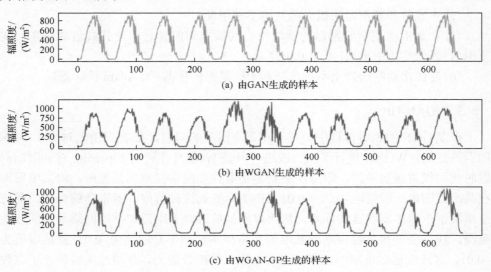

(a) 由GAN生成的样本

(b) 由WGAN生成的样本

(c) 由WGAN-GP生成的样本

图 7-3 三种 GAN 生成样本对比图

在对 GAN 网络进行训练过程中，当生成器的损失函数选择 $L_{G(1)}$ 时，在模型训练到 5000 次迭代时，出现了梯度消失现象，当生成器损失函数选择为 $L_{G(2)}$ 时，则生成其宁愿生成重复且"安全"的样本，而不是生成具有高度多样性的样本，即模式崩溃。如图 7-3(a) 所示，所生成的样本具有高度相似而缺乏多样性，进而对后面分类模型的训练非常不利。WGAN 生成的数据如图 7-3(b) 所示，WGAN 的优点为它可以避免消失和不稳定梯度以及模式崩溃，进而确保生成样本的多样性，但是 WGAN 在训练过程中采用的权重裁剪引起生成样本质量差。特别是裁剪参数需要仔细调整配置，仿真中我们初步设定裁剪参数为：[-0.01,0.01]，但是生成效果却不尽人意，生成样本中含有由不稳定训练引起的较大的随机噪声。图 7-3(c) 为 WGAN-GP 模型产生的样本，其样本含有高度多样性，并且随机噪声很小，关键是该模型几乎不需要超参数调整。截至本书撰写时为止，在电力系统新能源领域研究生成对抗模型应用的文献极小，在已发表的文献中，文献[8]曾经使用 WGAN 来生成风速和光伏数据，但是在其使用的模型中生成器和鉴别器的结构很复杂，包括多层的卷积层和全连接层，同时所生成的样本中同样噪声较大，而本书所使用的 WGAN-GP 模型可以在生成器和鉴别器结构简单的条件下便可以生成高质量的样本。

7.1.2　卷积神经网络

卷积神经网络(convolutional neural networks)[9]作为一种常见的深度学习模型，其具有强大的特征提取能力，并且已经成功地用于图像识别和自然语义处理等领域。卷积神经网络在用于分类问题时一般由四种类型的神经元层组成，即卷积层、池化层、全连接层和逻辑回归层。卷积神经网络结构图如图 7-4 所示。

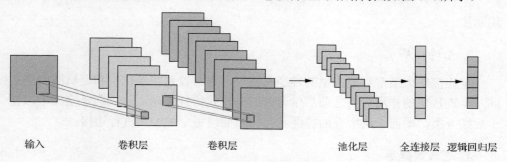

输入　　卷积层　　　卷积层　　　　　池化层　　全连接层　逻辑回归层

图 7-4　卷积神经网络结构图

1. 卷积层

卷积层的作用为对输入信息进行特征提取。卷积层一般由多个卷积核组成，每个卷积核用于计算一个特征映射。特征图的每个神经元连接到前一层中相邻神经元的区域。该区域在前一层称为感受野。对于新的特征图,可以通过以下两个步骤获得。首先,基于卷积核对输入进行卷积运算。其次,利用激活函数对卷积结果逐项进行非线性处理。此外,输入信息所组成的空间位置结构将共享同一个卷积核并生成相应的特征图。在实际应用中,通常采用多个不同的卷积核以生成不同的特征图。例如,如图 7-4 所示,第一个卷积层由六个卷积核组成,然后生成六个对应的特征图。卷积层的数学计算方程式如式(7-14)所示:

$$y_{i,j,k}^l = F\left[(w_k^l)^{\mathrm{T}} x_{i,j}^l + b_k^l\right] \tag{7-14}$$

式中,w_k^l 和 b_k^l 分别为第 l 层卷积层第 k 个卷积核的权重和偏置;$x_{i,j}^l$ 为第 l 层卷积层中 (i,j) 区域的输入信息;第 l 层卷积层中的权重 w_k^l 对输入信息的各个区域共享,即权重共享。

权重共享可以有效地减小模型需要学习的参数从而更容易训练模型。$F(\cdot)$ 为施加于卷积层的激活函数,其可以有效地提高模型的拟合能力。通常为了防止过拟合情况的发生,通常采用 Relu 激活函数。

2. 池化层

池化层通常接于卷积层之后,池化层的作用为减小由卷积层产生的特征图的尺寸大小,对特征图中的特征信息进行有效的汇总提取。

$$P_{i,j,k}^l = \text{pool}(y_{m,n,k}^l) \tag{7-15}$$

式中,$(m,n) \in R_{i,j}$,$R_{i,j}$ 为区域 (i,j) 处的信息。传统的池化方法有最大池化和平均池化。

3. 全连接层

全连接层为最常见最典型的神经网络层,通常设置在池化层和逻辑回归层之间,全连接层的作用为将之前层学习到的分布式特征表示汇总到同一空间中以便于后续分类,即前一层所有的神经元都与当前层每个神经元进行连接。

4. 逻辑回归层

逻辑回归层通常作为卷积神经网络分类模型的最后一层。作为各种多类别分类模型中广泛使用的激活函数,softmax 激活函数通常作为逻辑回归层的激活函数。其中 softmax 激活函数的数学表达式如式(7-16)所示:

$$P(y=j) = \frac{e^{x^T w_j}}{\sum\limits_{k=1}^{K} e^{x^T w_k}} \tag{7-16}$$

上述表达式的含义为在给定样本 x 和权重系数 w 的条件下，预测分类属于第 j 类的概率值。其中 k 表示所有的类别，当给定一个输入时，通过 softmax 激活函数会得到该输入对应于每个类别下的相应的概率值。最后每个样本会被分类为最大概率值相对应的特定类。

5. 一维卷积和二维卷积

一维卷积（CNN1D）和二维卷积（CNN2D）为卷积神经网络的两个分支，其均可用于分类模型的建立，在后续的章节中我们会对其性能进行相应的对比。

CNN1D 和 CNN2D 的共同特征为它们均是通过堆叠多个不同的层构建的，例如，卷积层、池化层、全连接层等，其中卷积层和池化层是 CNN 的核心层。卷积层扮演特征提取器的角色，并通过网络训练学习来提取序列的局部特征。池化层通常接于卷积层之后，作用为通过降低特征图的分辨率来聚合输入特征。CNN1D 和 CNN2D 的详细结构分别如图 7-5 和图 7-6 所示。根据这两幅图，可以看出 CNN1D 和 CNN2D 之间的主要区别在于它们在卷积过程中滑动窗口的不同滑动方式。CNN1D 的卷积核窗口仅沿单一方向（即时间步长）滑动，而 CNN2D 的卷积核窗口在输入矩阵上沿水平和垂直移动，即窗口具有两个滑动方向。对比 CNN1D，CNN2D 的优势在于其可以从时间和空间的角度更好地捕获输入数据的全局深度特征。

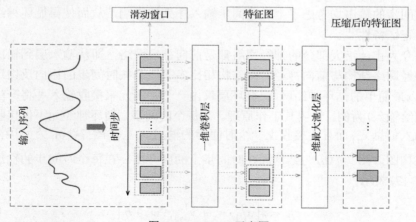

图 7-5　CNN1D 示意图

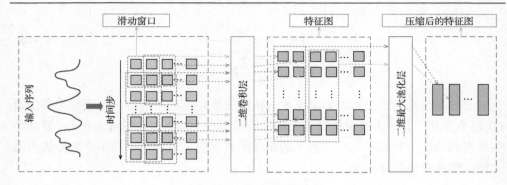

图 7-6　CNN2D 示意图

7.1.3　循环神经网络

　　传统的人工神经网络(artificial neural network，ANN)通过建立输入与输出之间非线性的映射关系而进行预测。对于时间序列问题，由于传统 ANN 只是直接建立输入信息和输出信息之间的映射关系，未考虑信息序列中数据之间的时间关联性，因此基于传统 ANN 模型的预测算法原理仅为单纯地建立输入数据与输出数据间的非线性映射关系，输入数据通常为待预测量的历史数据与相关影响因子，输出为所需时间尺度的预测值。对于类似于新能源功率预测的问题，所预测的对象是随时间不断变化的，后一时刻的数据往往与前若干时刻的数据之间存在关联关系，而传统的 ANN 无法捕捉这种变量在时间上的变化与关联关系，由于这种随时间的变量变化关联关系往往对预测结果十分关键，所以循环神经网络(recurrent neural network，RNN)被提出来以克服此问题。通过在神经元中加入循环连接，循环神经网络能够建立输入信息和输出信息之间的序列化映射关系，即每一时间步的输出均考虑了上一时间步输入序列的影响，从而使得循环神经网络具有了记忆特性[10]。

　　迄今为止，绝大部分的神经网络都是前向神经网络，即从输入层到输出层，循环神经网络结构与前向神经网络结构相比多了一个按时间步的后向反馈连接。图 7-7 以最简单的循环神经网络(循环层仅由一个神经元来接收输入并将产生的输出反馈给输入)为例，说明其工作原理。在每个时间步，循环神经元不仅接收此时刻的输入信息 $x_{(t)}$ 而且要接收上一个时间步的输出 $y_{(t-1)}$。图 7-7(a) 为循环神经网络的结构图，图 7-7(b) 为结构图在时间步上的展开图。在每个时间步的输出值可用式(7-17)表示。

$$y_{(t)} = \phi\left[x_{(t)}^{\mathrm{T}} \cdot w_x + y_{(t-1)}^{\mathrm{T}} \cdot w_y + b\right] \tag{7-17}$$

式中，$x_{(t)}$ 为 t 时刻的输入值；$y_{(t-1)}$ 为 $t-1$ 时刻的输出值；w_x 为前向过程的权重；

w_y 为反馈过程的权重；ϕ、b 分别为神经元的激活函数和偏置项。

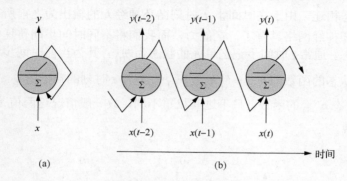

图 7-7 单神经元循环神经网络原理图

在实际应用中为了提高神经网络的拟合性能，通过设置由多个神经元组成的循环层，图 7-8 为由 4 个神经元组成的循环层。在由多个神经元组成的循环层结构中，输入不再是单一值而是一个向量，相应的输出也是向量。由多个神经元组成的循环层的输出可由式(7-18)表达：

$$Y_{(t)} = \phi\left[X_{(t)} \cdot W_x + Y_{(t-1)} \cdot W_y + b \right] \tag{7-18}$$

式中，$Y_{(t)}$ 为一个 $m \times n_{\text{neurons}}$ 矩阵，其为 t 时间步的输出，m 为一个批次的样本个数，n 为神经元的数量；$X_{(t)}$ 为 $m \times n_{\text{inputs}}$ 矩阵，其中 n_{inputs} 为输入的维度；W_x 为 $n_{\text{inputs}} \times n_{\text{neurons}}$ 矩阵，其为每个时间步中连接输入到循环层的权重；W_y 为 $n_{\text{neurons}} \times n_{\text{neurons}}$ 矩阵，其为相邻时间步输出的连接权重；b 的维度为 n_{neurons}，其为每个神经元的偏置项。可以发现，$Y_{(t)}$ 为 $X_{(t)}$ 与 $Y_{(t-1)}$ 的函数，而 $Y_{(t-1)}$ 又是 $X_{(t-1)}$ 与 $Y_{(t-2)}$ 的函数，以此类推，$Y_{(t)}$ 为每个时间步的输入函数即 $x_{(0)} \cdots x_{(t)}$ 的函数。通过设置不同的时间步并建立相互依赖关系进而循环神经网络可以捕捉输入序列随时间的变化关系。

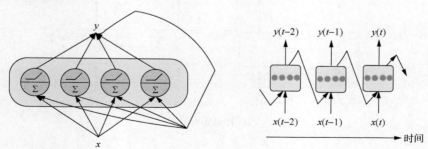

图 7-8 多神经元循环神经网络原理图

　　通常情况下 t 时刻的输出值 $y_{(t)}$ 并非直接与 $t+1$ 时刻的输入值相连,而是通过记忆单元状态相连。由于在时间步 t 时刻循环神经元的输出为之前所有时间步的函数,故循环神经网络具有了记忆能力,而我们将不同时间步间传递的状态称为记忆单元状态。通常 t 时间步记忆单元的状态为 $h_{(t)}$,其为当前时间步的输入和之前时间步的状态的函数即 $h_{(t)} = f\left[h_{(t-1)}, x_{(t)}\right]$。同样 t 时刻的输出值 $y_{(t)}$ 为当前输入 $x_{(t)}$ 和之前状态 $h_{(t-1)}$ 的函数,只不过其权重不同,故一般情况这两值是不相等的,如图 7-9 所示。

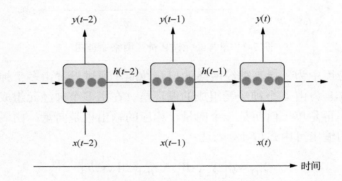

图 7-9　循环神经网络按时间步展开图

　　循环神经网络存在三种结构,分别为序列至序列(sequence to sequence)、序列至向量(sequence to vector)、向量至序列(vector to sequence),相应结构图如图 7-10 所示。

　　在仿真环节我们会对循环神经网络的三种结构进行分别讨论来寻找适合光伏预测的最优结构。

　　RNN 的训练包括前向传播过程与反向梯度下降更新权重过程两个部分。

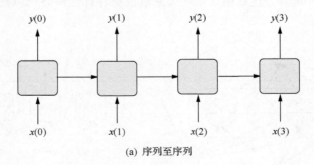

(a) 序列至序列

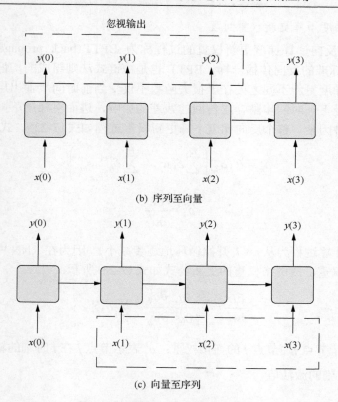

(b) 序列至向量

(c) 向量至序列

图 7-10 循环神经网络三种结构图

1) 前向传播过程

对于 RNN 神经网络的实际计算来说，假设将时间步为 T 的序列 x（$x=[x^1,x^2,\cdots,x^{\mathrm{T}}]$）输入 RNN，其中 RNN 中含有 I 个输入层神经元、H 个隐含层神经元和 K 个输出神经元。x_i^t 为 t 时间步输入层神经元 i 的输入值，θ_h 为不同的可微分激活函数，a_j^t 和 a_j^t 分别为 t 时间步隐含层神经元 j 的输入及 t 时刻神经元 j 的激活值，故隐含层的神经元计算公式为式（7-19）、式（7-20）：

$$a_h^t = \sum_{i=1}^{I} w_{ih}x_i^t + \sum_{h'=1}^{H} w_{h'h}b_{h'}^{t-1} \tag{7-19}$$

$$b_h^t = \theta_h(a_h^t) \tag{7-20}$$

进而神经网络输出层的神经元计算公式如式（7-21）所示：

$$a_k^t = \sum_{h=1}^{H} w_{hk}b_h^t \tag{7-21}$$

2) 反向梯度下降更新权重过程

RNN 的反向计算梯度更新权重的过程称为 BPTT（back propagation through time）。就如标准的反向传播一样，BPTT 也是由链式法则组成的，但是与传统神经网络反向梯度更新不同之处在于损失函数不仅受当前时间步输出层传回的残差影响，同时受下一时间步隐含层传回的残差的影响，进而在梯度下降更新权重时需要考虑两种因素。整个反向梯度下降更新权重过程如式（7-22）、式（7-23）所示：

$$\delta_h^i = \theta'(a_h^t)\left(\sum_{k=1}^{K}\delta_k^t w_{hk} + \sum_{h'=1}^{H}\delta_{h'}^{t+1}w_{hh'}\right) \tag{7-22}$$

$$\delta_j^t = \frac{\partial L}{\partial a_j^t} \tag{7-23}$$

δ 项的计算过程为从 $t = T$ 开始循环地逐步减小 t，因为在 RNN 中每一时间步使用相同的权重，故网络权重的更新公式如式（7-24）所示：

$$\frac{\partial L}{\partial w_{ij}} = \sum_{t=1}^{T}\frac{\partial L}{\partial a_j^t}\frac{\partial a_j^t}{\partial w_{ij}} = \sum_{t=1}^{T}\delta_j^t b_i^t \tag{7-24}$$

式中，w_{ij} 表示节点 i～节点 j 的连接权重；a_j^t 表示节点 j 在 t 时刻的输入；b_i^t 表示节点 j 在 t 时刻的激活值。

7.1.4　长短期记忆网络

RNN 的一个重要优点是在输入和输出序列之间进行映射时能够使用历史输入信息即记忆能力。然而传统的 RNN 模型在训练过程中容易出现梯度消失现象，即随着新时间步的输入序列进入 RNN，RNN 对旧时间步输入信息的灵敏度逐渐降低，甚至"忘记"了最先的输入信息。而采用长短时记忆（long short-term memory，LSTM）模型则可以有效地解决 RNN 的不足。

LSTM 模型由 Hochreiter 等[11]设计提出，用于克服 RNN 在训练过程中的梯度消失问题。LSTM 适合于处理和预测时间序列中间隔和延迟相对较长的重要事件，通过在神经元中引入输入门、输出门、遗忘门，并利用对多个门的控制来进行长时间的信息获取和存储，进而通过捕捉序列的时间关联性特征来有效地建立时间序列上的神经网络模型。

图 7-11 为基于 LSTM 理论的神经元结构图，LSTM 神经元中引入了输入门、输出门、遗忘门和神经元状态等多个单元来控制神经元，三种门单元通过控制 LSTM 神经元的状态变量来对数据进行长时间的有效存储和获取，进而克服传统 RNN 中的梯度消失问题。在 LSTM 神经元中，$h(t-1)$ 可被视为 t 时间步的短期状态，而 $c(t)$ 可视为 t 时间步的长期状态，$x(t)$ 为 t 时间步 LSTM 神经元的输入，

LSTM 的优点在于其可以通过梯度更新自动学习到哪些数据被遗忘，哪些数据被记忆。当 $c(t-1)$ 输入进入 LSTM 时，通过遗忘门的处理将丢失部分信息，通过输入门的处理将增加部分信息，最后通过输出门的处理产生最后的输出，具体的各个门的工作原理如下所示。

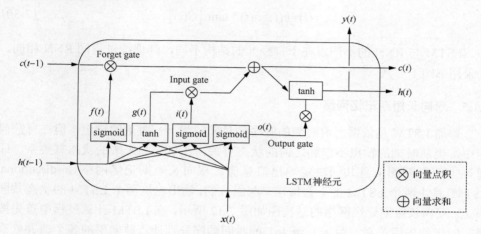

图 7-11　长短记忆神经元结构

1）信息的遗忘

$h(t-1)$ 与 $x(t)$ 输入进神经元并通过 Sigmoid 函数产生一个 0-1 的值，值为 1 代表 $h(t-1)$ 将被神经元状态 $c(t-1)$ 储存，而值为 0 代表将被"遗弃"。具体公式如式（7-25）所示：

$$f(t) = \sigma\left\{W_f \cdot \left[h(t-1), x(t)\right] + b_f\right\} \tag{7-25}$$

式中，W_f 为权重矩阵；b_f 为偏置向量；σ 为 Sigmoid 激活函数。

2）信息的存储

此部分为 LSTM 如何将信息存入神经元状态。首先同遗忘门相似，$h(t-1)$ 与 $x(t)$ 通过 Sigmoid 函数产生一个 0-1 的值来决定输入门的开闭，另外 $h(t-1)$ 与 $x(t)$ 通过 tanh 激活函数并产生 $i(t)$，最后同遗忘门的输出信息结合来产生最终的神经元状态 $c(t)$。具体公式如式（7-26）～式（7-28）所示：

$$i(t) = \sigma\left\{W_i \cdot \left[h(t-1), x(t)\right] + b_i\right\} \tag{7-26}$$

$$g(t) = \tanh\left\{W_g \cdot \left[h(t-1), x(t)\right] + b_g\right\} \tag{7-27}$$

$$c(t) = f(t) \cdot c(t-1) + i_t \cdot g_t \tag{7-28}$$

3）信息的输出

LSTM 基于更新的神经元状态产生最后的输出，首先，$h(t-1)$ 与 $x(t)$ 通过

Sigmoid 函数产生 0-1 的数来控制输出门的开闭，然后 $c(t)$ 通过 tanh 激活函数与输出门共同作用产生最终的输出：

$$o(t) = \sigma\left\{W_o \cdot \left[h(t-1), x(t)\right] + b_o\right\} \tag{7-29}$$

$$y(t) = h(t) = o(t) * \tanh\left[C(t)\right] \tag{7-30}$$

LSTM 与 RNN 的不同点在于神经元的结构不同，其训练过程同 RNN 相同，均采用 BPTT 方式。

7.1.5 双向长短期记忆网络

普通 LSTM 是依据之前时刻的时序信息来预测下一时刻的输出，但在有些问题中，当前时刻的输出不仅和之前的状态有关，还可能和未来的状态有关系，即通过上下时刻的信息共同决定输出信息值。双向长短期记忆网络 (bi-directional LSTM) 是由两个 LSTM 上下叠加在一起组成的，输出由这两个 LSTM 的状态共同决定。双向长短期记忆网络的结构图如图 7-12 所示。在 LSTM 计算过程中首先按照时间步的先后关系，由 $t=1$ 至 $t=T$ 的时间顺序分别计算前向层的各个值并依次存储，然后按照时间 $t=T$ 至 $t=1$ 的时间顺序分别计算反向层的各个值并依次存储，当前向层和反向层均计算完成后，将前向层和反向层在每个时间步的单元状态分别结合得到各个时间步的输出值。双向 LSTM 的梯度更新的过程同 3.1.3 节中所说的 BPTT 过程相似，不同之处在于其梯度更新是分别计算的，返回的各个时间步的 δ 项首先按照时间步 $t=T$ 至 $t=1$ 分别更新前向层权重，然后按照时间步 $t=1$ 至 $t=T$ 分别更新反向层的权重。

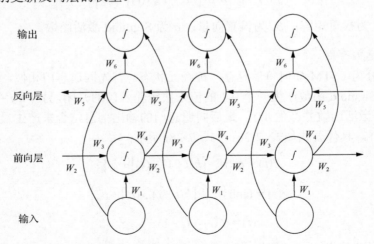

图 7-12　双向长短期记忆网络的结构图

7.2　基于深度学习理论的天气状态模式识别模型

本节提出基于 WGAN-GP 样本数据扩充和卷积神经网络的日前天气分类模型，根据美国地球系统研究实验室收集到的太阳辐照度数据集，每天的天气状态可由当地气象服务机构提出，气象服务机构提供所有的 33 种天气类型一般可分为四种广义天气状态，即晴、阴、雨、暴雨，具体见表 7-1。针对短期光伏预测，常常采用对天气类型进行分类的方法来对预测数据进行预处理，随着近几年弃风弃光现象的大面积发生，对预测精度的要求也越来越高，进而对广义天气类型的精确再分类势在必行。首先，我们将全天的辐照度分为上午时段和下午时段，并分别对上午时段和下午时段的辐照度按照晴、阴、雨、暴雨四种广义分类，进而 33 种气象天气类型将重新划分为 16 类，考虑到暴雨天气的出现相对罕见，故将暴雨型天气融入到雨天中，故共重新划分出新的 10 类天气类型，具体划分细节如表 7-2 所示。

表 7-1　广义天气类型分类

广义天气类型	专业气象天气类型
晴	晴、晴转多云、多云转晴
阴	多云、阴、阴转多云、多云转阴、雾
雨	阵雨、雷阵雨、雷阵雨伴有冰雹、雨夹雪、小雨、阵雨、小雪、冻雨、小到中雨、小到中雪
暴雨	中雨、大雨、暴雨、大暴雨、特大暴雨、中雪、大雪、暴雪、中到大雨、大到暴雨、暴雨到大暴雨、大暴雨到特大暴雨、中到大雨、大到暴雨、沙尘暴

表 7-2　10 类天气类型分类

天气状态	描述	
	上午	下午
类别 1	晴	晴
类别 2	晴	阴
类别 3	晴	雨
类别 4	阴	晴
类别 5	阴	阴
类别 6	阴	雨
类别 7	雨	晴
类别 8	雨	阴
类别 9	雨	雨
类别 10	暴雨	暴雨

基于天气类型精细分类的辐照度预测系统如图 7-13 所示，首先我们重新总结归纳 33 类气象天气类型为新的 10 类广义天气类型。然后将辐照度数据集划

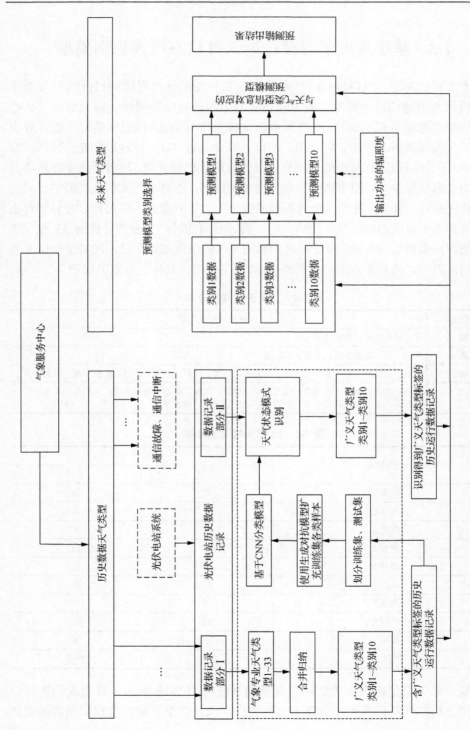

图 7-13　基于天气类型精细分类的辐照度预测系统

分为训练集和测试集。我们使用 WGAN-GP 生成对抗模型对每类天气类型下的训练数据集进行样本扩充，随后将带标签的新样本集与原始样本集一同送入 CNN分类模型进行训练，最后使用测试集进行分类模型测试。

7.2.1　仿真数据与仿真平台

本章仿真所使用的数据来自于美国国家海洋与大气管理局地球系统研究实验室网站，为了突出分类中各类样本的差别，本章选择 SURFRAD 站点所监测的Desert Rock 地区 2014～2015 年数据中的 650 天辐照度数据。该原始数据采用 1分钟的时间分辨率，因此我们每隔 15min 计算连续 15 个辐照度值的平均值，来生成与我国功率预测要求相匹配的分辨率为 15 分钟的数据集，故每一天的辐照度数据均为 96 个样本点。考虑到辐照度呈现一定的时间规律性，根据最早日出和最晚日落时间，我们抽取每天 96 个样本点中的第 18 个～第 78 个样本点共 60 个样本点作为仿真实验数据。我们将总样本集中的前 350 天数据作为训练集数据，后300 天数据作为测试集数据。具体的训练集和测试集中的每类样本数如表 7-3 和表 7-4 所示。在仿真过程中，我们首先利用生成对抗模型针对每一类数据集生成10000 个样本，然后采取 k-means 聚类算法对 10000 个样本进行聚类，最后在每类生成样本中随机选择聚类出来的 2000 个新样本用于后续的分类任务。

表 7-3　训练样本集数据分布

训练集	类别 1	类别 2	类别 3	类别 4	类别 5	类别 6	类别 7	类别 8	类别 9	类别 10
样本数量	119	45	18	17	36	9	8	4	78	16
样本比例/%	34	12.85	5.14	4.857	10.29	2.57	2.29	1.143	22.28	4.57

表 7-4　测试样本集数据分布

测试集	类别 1	类别 2	类别 3	类别 4	类别 5	类别 6	类别 7	类别 8	类别 9	类别 10
样本数量	98	40	13	19	27	5	5	7	65	12
样本比例/%	33.67	13.7	4.33	6.33	9	1.66	1.66	2.33	21.67	4

本章所有实验是基于 Python3.6.4 平台进行所有仿真的，其中深度学习模型使用美国 Google 公司开发的 Tensorflow 框架进行搭建。其他机器学习对比仿真实验使用 scikit-learn 工具箱进行搭建。

7.2.2　深度学习模型结构和超参数

在生成性对抗性网络训练过程中，生成器和鉴别器都利用神经网络，该网络

由两个隐藏层和 124 个神经元组成。为了加速神经网络的收敛，我们首先通过
minmaxscaler 将辐照度数据归一化到[0,1]的范围。然后，在模型训练过程完成后，
将生成的数据反归一化到正常范围。发生器的输入噪声采用维度为 60 的均匀分布
数据，其范围为[−1,1]。本书采用 Adam 作为生成器和鉴别器的优化器。除输出层
外，在发生器和鉴别器中都使用 ReLU 激活。在 WGAN-GP 的实际仿真中，我们
每训练 1 次生成器的同时训练 15 次鉴别器。在分类阶段，CNN2D 模型由 3 个卷
积层组成，其卷积核大小分别为 1×1、2×1 和 3×2。CNN2D 中最大池化层的核
大小为 2×2。CNN1D 模型由 3 个卷积层组成，其卷积核大小分别为 3、5 和 8。
CNN1D 中最大池化层的核大小为 2。对于 CNN1D 和 CNN2D 中的每个卷积层，
滤波器的数量为 64。MLP 分类模型由 2 个全连接的隐藏层组成。每个全连接的隐
藏层中有 100 个神经元。交叉熵选作 CNN1D、CNN2D 和 MLP 分类模型的损失
函数。此外，SVM 和 KNN 分类模型的最优参数由网格搜索方法选出。

7.2.3　生成样本质量评估

　　本节旨在对生成对抗模型产生的样本质量进行深入评估，图 7-14 中的黄色曲
线为先前定义的 10 类辐照度。在晴天条件下，辐照度变化是平缓的、光滑的，而
天气状态越恶劣，辐照度的变化越剧烈、波动越强烈，其主要原因为云层的遮挡
厚薄与照射在太阳能电池板上的辐照度有直接的关系，天气越恶劣云团越厚照射
在太阳能电池板的辐照度越弱。图 7-14 中的蓝色曲线表示由 WGAN-GP 生成的相
似曲线，每条相似曲线都是通过筛选出与原始数据曲线间欧式距离最小的生成曲
线而获得的，可以看出生成对抗模型能够创造与真实样本相似但模式多样的曲线，
也就是说其可以捕获原始数据的固有特性同时生成不同的样本，而非简单的记忆
训练样本。这正好可以用于填补在训练模型时样本不足的现象。

　　例如，图 7-14(c)为在类别 3 天气状态下生成的曲线和实际曲线之间的比较
(即上午晴，下午雨)，可以发现生成的曲线可以正确地捕捉上午晴天的平滑趋势
以及下午雨天的波动剧烈趋势，同时可以正确地显示出昼夜循环，此外生成的曲
线与原始曲线又呈现不同的模式。进而印证了 WGAN-GP 生成数据的两个特性：
模式多样性、统计相似性。

　　为了更加客观地评估 WGAN-GP 生成样本的质量，我们引入三个指标，即标
准差(standard deviation，STD)、欧式距离(euclidean distance，EDD)和累积分布
函数(cumulative distribution function，CDF)。其中 STD 用于评估生成样本的模式
多样性，后两个指标用于评估生成样本的统计相似性。

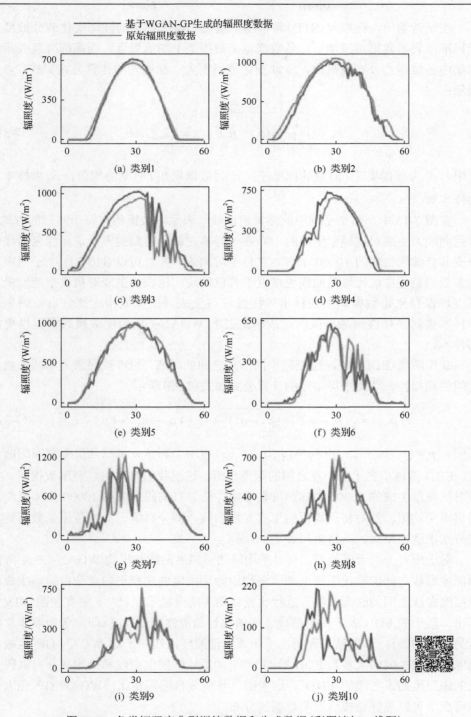

图 7-14　各类辐照度典型训练数据和生成数据(彩图请扫二维码)

在统计学中，标准差(STD)常常用于量化一组数据集的波动变化或分散度。低标准差表示数据点波动小，各数据点离数据集平均值更近。而高标准差表示数据集中各数据点分布更离散，波动变化范围更大。标准差的计算公式如式(7-31)所示：

$$\sigma_t = \sqrt{\frac{1}{N_t}\sum_{i=1}^{N_t}(x_{ti}-\mu_t)^2}, \quad t=1,2,\cdots,60 \tag{7-31}$$

式中，σ_t为数据集在t时刻的标准差；μ_t为数据集在t时刻的均值；N_t为样本集的样本数。

在图 7-15 中，每个子图中的橘黄色曲线代表原始数据集在每个时刻的方差，蓝色曲线为生成对抗模型生成的 10000 个样本在每个时刻的方差，而绿色曲线代表变分自编码生成的 10000 个样本在每个时刻的方差。可以看出在十个子图中，大多数的蓝色曲线比绿色曲线更接近于黄色曲线，这表明生成对抗模型能够最大限度地保存原始数据集中的样本多样性，与生成对抗模型相比变分自编码生成的样本模式多样性则减小很多，故相比之下 WGAN-GP 会生成模式多样性更高的样本。

欧氏距离(EDD)为 m 维空间中两个点之间的距离，也可被用来表示两条曲线之间的相似性。欧几里得距离的计算公式如式(7-32)所示：

$$d(\boldsymbol{p},\boldsymbol{q}) = \sqrt{(p_1-q_1)^2+(p_2-q_2)^2+\cdots+(p_i-q_i)^2+(p_n-q_n)^2} \tag{7-32}$$

式中，$\boldsymbol{p}=(p_1,p_2,\cdots,p_n)$和$\boldsymbol{q}=(q_1,q_2,\cdots,q_n)$可用于表示 n 维欧几里得空间的两个点。EDD 值越小表示两个点之间的距离越近。这里我们对原始辐照度数据集、生成对抗模型生成的 10000 个辐照度数据集、变分自编码生成的 10000 个辐照度数据集求平均值，然后将平均后的生成对抗曲线、变分自编码曲线与原始数据集曲线分别求欧氏距离，其结果如表 7-5 所示。

对于所有十类天气类型，将"平均原始辐照度曲线和平均 WGAN-GP 生成的辐照度曲线之间的欧氏距离"与"平均原始辐照度曲线和平均变分自编码生成的辐照度曲线之间的欧氏距离"进行比较。相关结果显示在表 7-5 中并在图 7-16 中示出。较小的 EDD 表示两条曲线之间的统计相似性程度较高(即一条曲线非常接近另一条曲线)。以下结果表明，平均原始辐照度曲线和平均 WGAN-GP 生成的辐照度曲线之间的大多数 EDD 远低于"平均原始辐照度曲线和平均变分自编码生成的辐照度曲线之间的 EDD"，这表明，与变分自编码相比，WGAN-GP 在大多数情况下可以更好地模仿原始数据的分布。

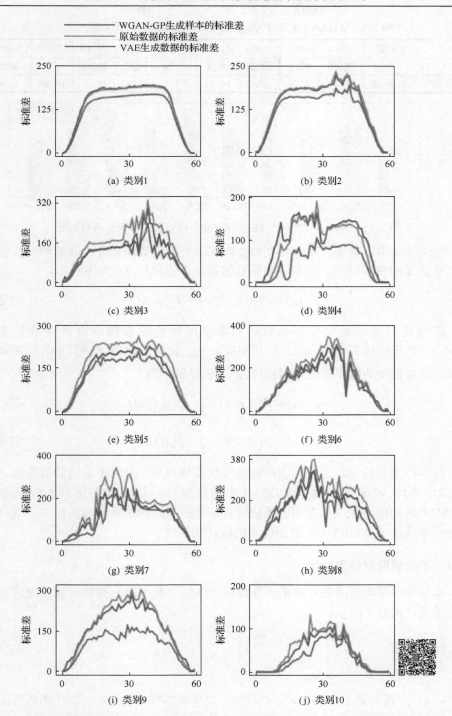

图 7-15　原始数据集、GAN 生成数据集、VAE 生成数据集各点标准差示意图(彩图请扫二维码)

表 7-5　WGAN-GP 和 VAE 生成曲线与原始曲线欧氏距离对比

	类别 1	类别 2	类别 3	类别 4	类别 5	类别 6	类别 7	类别 8	类别 9	类别 10
WGAN-GP[1]	34.41	**146.29**	**55.65**	**109.32**	**49.55**	**221.96**	**99.49**	**385.00**	149.43	**60.22**
VAE[2]	**26.63**	161.70	143.93	156.68	146.81	533.78	234.12	501.56	**131.64**	61.66

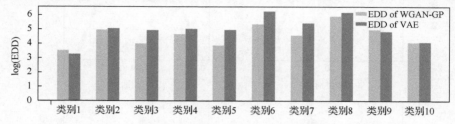

图 7-16　WGAN-GP 和 VAE 生成曲线与原始曲线欧氏距离对比图

在统计学中，累积分布函数 (CDF) 为概率密度函数的积分，其能够反映实值随机变量 X 的概率分布。累积分布函数的数学表达式 (7-33) 如下：

$$F_X(x) = P(X \leqslant x) = \int_{-\infty}^{x} f_X(t)\,\mathrm{d}t \tag{7-33}$$

这里我们使用累积分布函数从概率密度的角度来测量原始样本与基于 WGAN-GP 生成样本之间的统计学相似性。$p_{\text{data}}(x)$ 和 $p_{\text{g}}(x)$ 分别表示为原始数据集和生成数据集的概率密度，则相应的 CDF 可表示为

$$F_{\text{data}}(x) = P(X \leqslant x) = \int_{-\infty}^{x} p_{\text{data}}(t)\,\mathrm{d}t \tag{7-34}$$

$$F_{\text{g}}(x) = P(X \leqslant x) = \int_{-\infty}^{x} p_{\text{g}}(t)\,\mathrm{d}t \tag{7-35}$$

图 7-17 清楚地显示了原始太阳辐照度数据集与 WGAN-GP 生成的数据集之间的 CDF 的比较结果。两个 CDF 几乎彼此重合，这表明的不同天气状态的 WGAN-GP 均能够生成具有与原始边缘分布几乎相同的边缘分布的样本。这些结果进一步验证了 WGAN-GP 生成样本的统计相似性。

7.2.4　不同模型准确率对比

本节使用混淆矩阵的方法来计算最终天气分类模型的分类精准度，混淆矩阵的数学表达式如下所示：

$$\boldsymbol{M} = \begin{bmatrix} m_{11} & \cdots & m_{1n} \\ \vdots & & \vdots \\ m_{n1} & \cdots & m_{nn} \end{bmatrix} = \begin{bmatrix} m_{ij} \end{bmatrix}, \quad i,j = 1,2,\cdots,n \tag{7-36}$$

式中，m_{ij} 为属于第 i 类样本却分类到第 j 类样本的样本总数；n 为样本所有的分类数。根据混淆矩阵特点可以使用三个指标 PA、UA、OA 来评估分类模型的性能。

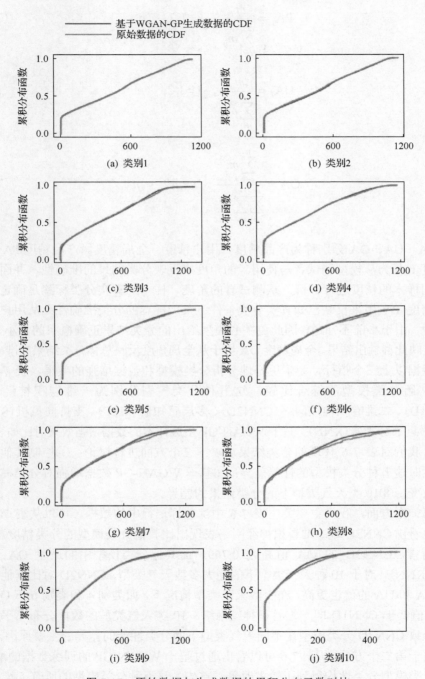

图 7-17 原始数据与生成数据的累积分布函数对比

$$PA_i = \frac{m_{ii}}{\sum\limits_{j=1}^{n} m_{ij}}, \quad i = 1, 2, \cdots, n \tag{7-37}$$

$$UA_i = \frac{m_{ii}}{\sum\limits_{j=1}^{n} m_{ji}}, \quad i = 1, 2, \cdots, n \tag{7-38}$$

$$OA = \frac{\sum\limits_{i=1}^{n} m_{ii}}{\sum\limits_{j=1}^{n}\sum\limits_{i=1}^{n} m_{ij}}, \quad i = 1, 2, \cdots, n \tag{7-39}$$

PA、UA、OA 分别称为产品精度、用户精度、全局精度。产品精度 PA 与用户精度 UA 为从模型测试者与使用者的角度来反映分类结果的准确性,并面对特定类别样本的精度进行评价。从测试者的角度,样本的真实分类标签是确定的,产品精度 PA 用来反映已知真实分类条件下某类样本的分类准确性;从用户的角度来说,由于事前不知道,因此更关心模型给出的分类结果正确概率的大小,UA 用于反映此种输出结果。全局精度 OA 用于从全局角度反映总体分类结果的准确率。

根据以上三个指标,为了更好地分析分类模型和数据增强的效果,表 7-6 为五种常用分类模型的综合比较。这五种分类模型分别为一维卷积神经网络(CNN1D)、二维卷积神经网络(CNN2D)、多层感知器(MLP)、支持向量机(SVM)和 K-最近邻分类器(KNN)。基于 WGAN-GP 生成样本的数据增强效果对比如表 7-6 所示。我们对表 7-6 体现的分类结果从以下三个方面进行讨论:①控制其他条件一致性时这五种分类模型的性能差异;②基于 WGAN-GP 数据增强对分类模型性能的改变;③10 类天气类型下的分类结果的差异。

第一个方面,我们主要关注表 7-6 中深色标记行中的数据。可以从表 7-6 中明显地看出 CNN2D 即二维卷积神经网络表现出比其他分类模型的分类精度更高。具体而言,CNN2D 的 OA 值高达 0.769,而其他分类模型中的最差 OA 低至 0.481(KNN)。对于 10 种天气类型下的绝大多数天气类型,CNN2D 对比其他分类模型 PA 和 UA 的值也更高。在少数天气类型情况下,如类别 4 和类别 6 下 OA 值和 PA 值低于 CNN1D 即一维卷积神经网络。10 类天气类型的数据分布不平衡可能是导致 CNN2D 分类模型在不同天气类型下的分类性能的差异的主要原因。

关于第二个方面,从表 7-6 可以看出通过基于 WGAN-GP 的训练数据的增加,各种分类模型分类性均得到了较大改善。首先,这五种分类模型的所有 OA 都有所增加。分类精度的增量范围为 0.042(MLP)~0.213(KNN)不等。就各种天气

表 7-6　各种分类模型的分类精度对比

分类模型	分类精度																				OA
	类别 1		类别 2		类别 3		类别 4		类别 5		类别 6		类别 7		类别 8		类别 9		类别 10		
	PA_1	UA_1	PA_2	UA_2	PA_3	UA_3	PA_4	UA_4	PA_5	UA_5	PA_6	UA_6	PA_7	UA_7	PA_8	UA_8	PA_9	UA_9	PA_{10}	UA_{10}	
CNN2D	1.000	0.845	0.700	0.757	0.692	0.900	0.263	0.455	0.370	0.500	0.400	0.286	0.400	0.500	0.286	1.000	0.877	0.781	0.917	1.000	0.769
CNN2D+WGAN-GP	1.000	0.990	0.875	0.946	0.846	0.917	0.632	0.857	0.667	0.692	0.800	0.667	0.600	0.500	0.571	1.000	0.954	0.838	1.000	0.923	0.890
CNN1D	1.000	0.722	0.425	0.680	0.692	0.600	0.222	0.667	0.259	0.500	0.400	0.667	0.200	0.250	0.286	0.250	0.908	0.766	0.917	1.000	0.724
CNN1D+WGAN-GP	1.000	0.961	0.800	0.941	0.769	0.909	0.421	0.727	0.593	0.615	0.600	0.429	0.400	0.667	0.429	0.750	0.938	0.753	1.000	1.000	0.842
MLP	1.000	0.824	0.500	0.741	0.308	0.400	0.053	0.500	0.593	0.471	0.200	0.500	0.200	0.200	0.429	0.750	0.800	0.684	0.917	0.917	0.711
MLP+WGAN-GP	1.000	0.867	0.550	0.815	0.462	0.545	0.211	0.571	0.556	0.441	0.200	0.500	0.200	0.250	0.714	0.714	0.846	0.753	1.000	0.923	0.753
SVM	1.000	0.601	0.175	0.368	0.308	0.235	0.105	0.286	0.074	0.222	0.400	0.286	0.400	0.250	0.429	0.375	0.400	0.619	0.917	1.000	0.539
SVM+WGAN-GP	1.000	0.831	0.525	0.568	0.615	0.444	0.211	0.333	0.370	0.435	0.600	0.214	0.600	0.429	0.429	0.500	0.431	0.683	1.000	0.800	0.653
KNN	1.000	0.541	0.150	0.316	0.231	0.500	0.158	0.429	0.037	0.033	0.200	0.071	0.000	0.000	0.000	0.000	0.246	0.842	1.000	1.000	0.481
KNN+WGAN-GP	1.000	0.748	0.525	0.618	0.692	0.750	0.263	0.500	0.630	0.548	0.800	0.250	0.200	0.250	0.143	0.500	0.523	0.893	1.000	0.923	0.694

类型下的分类模型的 PA 和 UA 而言,表 7-6 中的结果有力地证实了基于 WGAN-GP 的数据增强对于小样本量的天气类型的分类准确性的提高具有较大的潜力。如表 7-6 所示,类别 6~类别 8 的样本大小与其他大小相比非常小,这导致很难实现这种天气类型的高分类精度。但是通过数据扩充可以缓解这种训练困难的障碍。具体而言,对于类别 6 而言,通过与 WGAN-GP 数据增强的结合,KNN 的 PA 值由 0.20 增加了 0.60。此外,对于类别 7 和类别 8 而言,在没有数据增强的情况下 KNN 的 PA 和 UA 都为零,在数据增强后 PA 和 UA 值增加到 0.143~0.50 不等。

关于第三个方面,表 7-6 中的数据确实显示了各种天气类型之间的分类结果的巨大差异。对于类别 1 而言所有分类模型中的 PA_1 达到 1.000,部分 UA_1 也高度接近 1.000。产生这一结果的原因很可能是由于类别 1 的原始样本数量较大。此外,不同分类模型对类别 10 的分类结果也不错。这是因为该天气类型(即第 10 类)的太阳辐照度曲线明显与其他天气类型的辐照度曲线不同,这使得类别 10 易于被分类模型正确识别。但是,类别 7 和类别 8 的分类结果并不理想,例如,KNN 的 PA_7、UA_7、PA_8、UA_8 都是低至零,这可能由于 7 级和 8 级的训练样本量很小,同时分类曲线较复杂,进而难于分类。

综上所述,基于 DesertRock 辐照度数据集,CNN2D 显示出的分类性能要高于其他分类模型。此外,基于 WGAN-GP 的数据增强应用也在不同程度上改善了各种分类模型的性能。由于 10 种天气类型的数据不平衡分布加上不同天气类型下曲线的复杂程度不同,各种天气类型的分类结果存在较为明显差异。

7.3　基于天气状态分类和深度学习理论的辐照度预测模型

7.3.1　预测模型的组成

由于太阳辐照度序列受不同天气类型的影响严重,故根据不同的天气类型表现为不同的波动性、随机性、间歇性。辐照度序列通常包含一些非线性和动态分量,这些分量常表现为尖峰和波动的形式。故太阳辐照度序列数据中包含高频信号和低频信号,而高频信号反映了天气随机变化特性,低频信号则是由地球的日常旋转引起的。对于具有相对固定频率的序列,单一预测的预测模型便可以对序列进行准确预测。根据上述分析,这里我们采用小波分解技术将太阳辐照度序列分解为平稳部分(即低频信号)和波动部分(即高频信号)。相对应原始辐照度序列,分解后的子序列更加平稳、方差更小、异常值更少,进而更有利于精确预测。

离散小波变换(discrete wavelet transformation,DWT)是对基本小波的尺度和平移进行离散化处理。DWT 相对于傅里叶变换的优势在于 DWT 能够捕获频率和位置信息(时间位置),因此 DWT 成为复杂数据序列分析的有效工具。原始序列数据经过 DWT 小波分解会分解近似分量和细节分量。近似分量对应于原始序列的低频特征，而细节分量对应于原始序列的高频特征。已分解的近似分量可以被 DWT 进一步分解产生高一阶的近似分量和细节分量。小波分解的数学计算公式为式(7-40)和式(7-41)：

$$\psi_{j,k}(t)=2^{\frac{j}{2}}\psi(2^{j}t-k) \tag{7-40}$$

$$\varphi_{j,k}(t)=2^{\frac{j}{2}}\varphi(2^{j}t-k) \tag{7-41}$$

式中，$\psi(t)$ 为给定的母小波函数；$\varphi(t)$ 为母小波对应的尺度函数；t 为时间索引；k 和 j 分别为平移尺度变量和缩放尺度变量。

原始序列 $s(t)$ 可表示为式(7-42)：

$$s(t)=\sum_{k=1}^{n}c_{j,k}\varphi_{j,k}(t)+\sum_{j=1}^{J}\sum_{k=1}^{n}d_{j,k}\psi_{j,k}(t) \tag{7-42}$$

式中，$c_{j,k}$ 为缩放尺度为 j 平移尺度为 k 的近似分量系数；$d_{j,k}$ 为缩放尺度为 j 平移尺度为 k 时的细节分量系数；J 为小波分解层数；n 为序列长度。

图 7-18 为对辐照度序列进行 k 阶小波分解的过程，依据 Mallet 提出的快速离散小波分解方法，每一层的小波分解可以通过低通滤波器 LPF 和高通滤波器 HPF 来分别得到近似分量和细节分量。对太阳辐照度序列进行 k 阶小波分解过程中，辐照度序列首先被分解为两部分：近似分量 A1 和细节分量 D1。接下来，近似子序列 A1 进一步分解为两个部分，即 WD 2 层的 A2 和 D2，并且继续到 WD 3 层的 A3 和 D3 等。同时，近似分量 Ak 和详细分量 D1 到 Dk 可以通过各种时间序列预测模型单独预测。然后通过小波重建对 Ak 和 D1 到 Dk 的预测结果，得到太阳辐照度序列的最终预测结果，图 7-19 为辐照度七阶小波分解的仿真图。

如图 7-20 所示，太阳辐照度预测模型是针对四种天气类型分类独立构建的，分类建模可以对预测模型数据进行有效预处理，从而提高相应的预测能力。

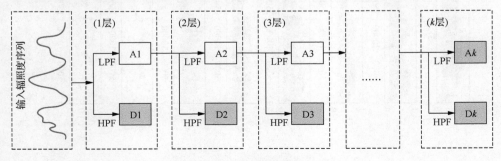

图 7-18　小波分解理论示意图

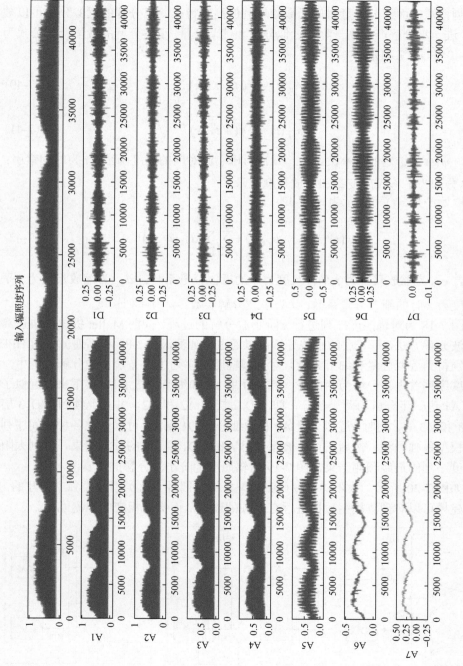

图7-19　辐照度序列的七阶小波分解结果图

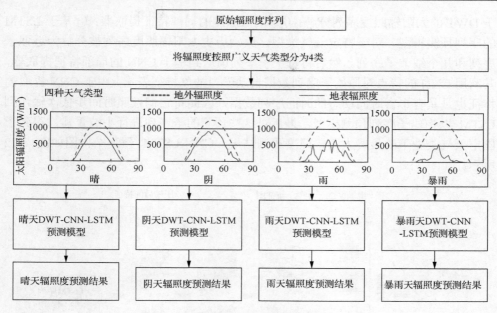

图 7-20 天气分类预测流程图

我们提出基于深度学习的天前预测模型（即 DWT-CNN-LSTM 模型），其流程图如图 7-21 所示。基于数据驱动的 DWT-CNN-LSTM 模型由三个部分组成：①基

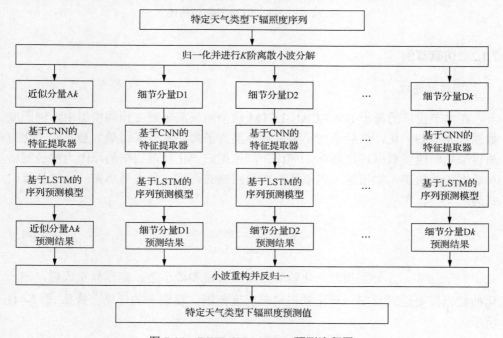

图 7-21 DWT-CNN-LSTM 预测流程图

于 DWT 的太阳辐照度序列分解；②基于 CNN 的局部特征提取器；③基于 LSTM 的序列预测模型。对于特定天气类型，原始历史太阳辐照度序列被分解为近似子序列和几个细节子序列。然后将每个子序列馈送到基于 CNN 的局部特征提取器，其利用 CNN 的特点对原始子序列数据自动学习抽象特征表示。由于 CNN 提取的特征也是具有丰富时间动态的时间序列数据，因此将它们按照时间步依次输入到 LSTM 以构建子序列预测模型，最后对这些预测的子序列进行小波重建，得到了固定天气类型下的最终太阳辐照度预测结果，CNN-LSTM 预测结构图如图 7-22 所示。

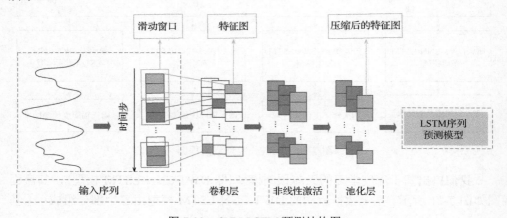

图 7-22　CNN-LSTM 预测结构图

7.3.2　仿真算例

1. 数据处理

在本节提出的基于 DWT-CNN-LSTM 模型的天前辐照度预测模型中，辐照度数据首先被归一化，然后通过小波分解分解为子列。本节采用最大最小归一化方法将原始辐照度数据转化到 0～1 范围内。使用归一化处理数据的原因为神经网络对数据较为敏感，幅值越大越不利于神经网络的训练。最大最小归一化的计算公式为

$$x^* = \frac{x - x_{\min}}{x_{\max} - x_{\min}} \tag{7-43}$$

式中，$x_{\max}$ 和 $x_{\min}$ 分别指归一化前数据的最大值和最小值。在预测完成后，归一化的数据需要经过反归一转化到正常辐照度范围，反归一的计算公式如式(7-44)所示：

$$x = x^*(x_{\max} - x_{\min}) + x_{\min} \tag{7-44}$$

2. 性能指标

我们采用均方根误差(MAE)、平方绝对误差(RMSE)、相关系数(COR)三个有效指标来评估辐照度预测模型的性能。RMSE 和 MAE 值越小，COR 越大表明预测模型性能越好。三个指标的数学表达式如下所示。

$$\text{RMSE} = \sqrt{\frac{\sum\limits_{t=1}^{N}(y_t - \hat{y}_t)^2}{N}} \tag{7-45}$$

$$\text{MAE} = \frac{\sum\limits_{t=1}^{N}|y_t - \hat{y}_t|}{N} \tag{7-46}$$

$$\text{COR} = \frac{\text{Cov}(y, \hat{y})}{\sqrt{\text{V}(y)}\sqrt{\text{V}(\hat{y})}} \tag{7-47}$$

式中，$\hat{y}_t$、y_t 分别为 t 时刻的预测值和真实值；N 为计算指标的所有的数据点。

3. 模型训练和参数选择

在各种深度学习模型中，统一采用均方误差(MSE)作为损失函数，并选择 Adam 作为优化器。训练迭代次数 epoch 设置为 200，为了防止模型过拟合我们采用 earlystopping 方法，即如果模型验证集在训练 k 轮损失没有较小，即可停止训练，我们在实际仿真中设置 k 为 10。同时我们在每层后面加入一个 Dropout 层，其参数选择为 0.3。另外我们将数据分为训练集、验证集和测试集，其大小比率设置为 7∶1∶2。训练集用于训练辐照度预测模型，验证集用于深度学习超参数，具体来说就是优化算法通过最小化验证集的误差来选择在超参空间中最优的参数，测试集用于验证模型性能。

表 7-7、表 7-8 为深度学习模型的调参具体情况，仿真实验中我们使用 Hyperopt 工具箱来对模型参数进行调参，Hyperopt 通过最小化验证集的误差在参数空间中选择最佳的性能参数。通过实验我们发现 1 维卷积层的最佳参数中卷积核大小多集中于 2 或者 3，滤波器数量多集中于 30，LSTM 神经元数量多集中于 80 或者 100。

表 7-7　预测模型参数配置

调参选项	参数设置
优化器	Adam
学习率	{0.001}
批大小	{24}
迭代轮数	{200}
训练策略	{early stopping}
损失函数	MSE

表 7-8　预测模型调参范围

神经网络层	调参范围
输入层	无
一维卷积层	卷积核(2, 3, 4, 5) 滤波器数(30, 50, 80, 100)
最大池化层	核大小(2, 3, 4)
一维卷积层	卷积核(2, 3, 4, 5) 滤波器数(20, 40, 60, 80)
最大池化层	核大小(2, 3, 4)
LSTM 层	(30, 50, 80, 100)
LSTM 层	(30, 50, 80, 100)
平铺层	无
输出层	无

4. 基于 DWT-CNN-LSTM 不同小波分解阶数模型性能分析

在本节所提出的 DWT-CNN-LSTM 模型中，第一步将特定天气类型的原始辐照度序列分解为多个近似分量序列和多个细节分量序列。该步骤的关键在于确定分解层数。对于基于特定数据集的太阳辐照度预测，较高和较低的小波分解阶数均不利于后续预测模型的性能改进。因此，在这一部分中本节使用两个不同的数据集(Elizabeth City State University 和 Desert Rock Station)来对 DWT-CNN-LSTM 模型及不同小波阶数的性能进行比较，详细结果分别如表 7-9 和表 7-10 所示。如表 7-9 所示，在晴天类型下，没有小波分解的 DWT-CNN-LSTM 型号比小波一阶到四阶的性能要好。这主要是因为太阳能晴天的辐照度曲线平滑且波动较小。因此，小波分解的应用不会带来非常明显的预测性能提升。

表 7-9　Elizabeth City State University 数据集下小波分解误差

天气类型	误差指标	小波分解层数				
		一阶	二阶	三阶	三阶	无小波分解
晴天	MAE	23.174	23.474	24.213	24.848	22.560
	RMSE	36.548	36.363	40.323	41.244	36.226
	COR	0.991	0.991	0.989	0.989	0.992
阴天	MAE	86.313	81.466	83.547	88.731	86.754
	RMSE	121.506	118.645	124.364	126.149	121.922
	COR	0.926	0.928	0.925	0.919	0.925
雨天	MAE	95.1758	89.503	93.126	93.695	93.694
	RMSE	145.219	139.133	143.919	142.998	142.194
	COR	0.748	0.757	0.741	0.741	0.743
暴雨	MAE	41.234	38.642	39.981	42.774	43.435
	RMSE	68.742	67.574	68.981	70.885	70.410
	COR	0.628	0.641	0.634	0.611	0.615

表 7-10　Desert Rock Station 数据集下小波分解误差

天气类型	误差指标	小波分解层数				
		一阶	二阶	三阶	四阶	无小波分解
晴天	MAE	17.131	17.379	18.249	18.498	16.573
	RMSE	34.299	34.429	35.844	36.477	33.101
	COR	0.992	0.991	0.989	0.987	0.993
阴天	MAE	62.144	66.499	67.425	68.552	66.661
	RMSE	91.099	95.377	96.374	98.551	96.641
	COR	0.965	0.963	0.958	0.957	0.959
雨天	MAE	131.384	130.194	136.847	138.257	132.83
	RMSE	181.392	180.079	184.963	187.241	182.97
	COR	0.865	0.866	0.847	0.832	0.857
暴雨	MAE	68.212	62.160	64.161	65.840	63.448
	RMSE	96.490	94.977	97.203	103.880	96.373
	COR	0.657	0.663	0.651	0.619	0.647

　　然而，对于表 7-9 中所示的其他三种天气类型(即阴天、雨天和暴雨)，基于小波分解的太阳辐照度序列分解确实在不同程度上增强了相应的预测性能。原因为阴天、雨天和暴雨的太阳辐照度曲线比晴天具有更高的波动性、可变性和随机性。因此，阴天、雨天和暴雨的原始太阳辐照度序列包括更多的尖峰与波动形式的非线性动量和动态分量。这些分量的存在无疑会降低太阳辐照度预测模型的精

度，而小波分解的应用可以缓解上述问题。

总结表 7-10 中提供的信息，小波分解无法有效地改善晴天的预测性能。在其他三种天气类型下，当使用 Elizabeth City State University 数据集时，DWT-CNN-LSTM 模型在二阶小波分解表现最佳。表 7-11 中所示的性能比较结果有所不同，具体而言，当使用 Desert Rock Station 的数据集时，阴天的 DWT-CNN-LSTM 模型在一阶小波分解性能最佳而非二阶小波分解。故对于不同的天气类型和验证数据集，小波分解对预测性能改善以及最佳小波分解层数可能有所不同。

5. 不同辐照度预测模型性能分析

本节所提出的基于 DWT-CNN-LSTM 的预测模型不同于传统的辐照度预测模型。DWT-CNN-LSTM 预测模型的特点为将以下子部分完美组合：①基于小波分解的太阳辐照度序列分解；②基于 CNN 的局部特征提取器；③基于 LSTM 的序列预测模型。此外，分别在晴天、阴天、雨天、暴雨四种天气类型下建立太阳辐照度预测模型，并采用 RMSE、MAE、COR 三个误差指标对不同模型进行性能评估。

首先对晴天天气类型下的预测进行对比分析。如表 7-9 所示，晴天天气类型下 DWT-CNN-LSTM 在一阶小波分解下性能最佳。故在本节中一阶小波 DWT-CNN-LSTM 预测模型与 7 个辐照度预测模型进行对比，分别为 CNN-LSTM 模型（无小波分解）、ANN 模型、提取特征的 ANN 模型、CNN 模型、LSTM 模型、持续预测模型和 ARIMA 模型。对于提取特征的 ANN 预测模型，提取的相关特征和其相应的数学表示如表 7-11 所示。

表 7-11 筛选特征列表

统计学特征	数学表达式
方差	$Z_{var} = (1/n)\sum_{i=1}^{n}(z_i - \mu)^2$
最大值	$Z_{max} = \max(z)$
偏态系数	$Z_{skew} = E\left[((z-\mu)/\sigma)^3\right]$
峰度系数	$Z_{kurt} = E\left[((z-\mu)/\sigma)^4\right]$
平均值	$Z_{aver} = (1/n)\sum_{i=1}^{n}z_i$

使用 Elizabeth City State University 和 Desert Rock Station 两个数据集预测模型

的性能比较分别如表 7-12 和表 7-13 所示。在表 7-12 中 DWT-CNN-LSTM（一阶小波分解）的预测精度比没有小波分解的单个 CNN-LSTM 更低。可以得出相应的结论，基于 DWT 的太阳辐照度序列分解的应用不会提高预测性能。

表 7-12　Elizabeth City State University 数据集下各模型预测误差

预测模型	MAE	RMSE	COR
DWT-CNN-LSTM（一阶小波分解）	23.174	36.548	0.991
CNN-LSTM	22.560	36.226	0.992
CNN	22.773	36.763	0.992
LSTM	24.497	37.049	0.990
提取特征的 ANN	43.045	54.796	0.985
ANN	23.533	36.888	0.989
持续预测	30.271	41.742	0.987
ARIMA	32.148	40.174	0.988

表 7-13　Desert Rock Station 数据集下各模型预测误差

预测模型	MAE	RMSE	COR
DWT-CNN-LSTM（一阶小波分解）	17.131	34.299	0.992
CNN-LSTM	16.573	32.411	0.993
CNN	16.222	33.178	0.993
LSTM	17.032	33.294	0.992
提取特征的 ANN	30.187	44.101	0.981
ANN	17.869	34.783	0.990
持续预测	21.034	38.341	0.984
ARIMA	20.433	37.781	0.987

对于本节提出的 CNN-LSTM 模型，其性能优于手动提取特征的 ANN 模型。这进一步验证了 CNN 从原始输入数据中自动且有效地提取代表性和重要信息的能力。此外，ANN、持续预测和 ARIMA 模型的性能比 CNN-LSTM 差，后者也证实了将组合 DL 模型应用于太阳辐照度预测的可行性。通过比较 CNN-LSTM、CNN 和 LSTM 的预测精度验证了 CNN 和 LSTM 串联模型的合理性。图 7-23 显示了使用伊丽莎白城州立大学数据集的晴天模式的实际和预测的太阳辐照度曲线。

基于 Elizabeth City State University 和 Desert Rock Station 的数据集针对阴天天气状态下的预测模型之间的性能比较分别列于表 7-14 和表 7-15 中。如表 7-10 所示，当使用 Elizabeth City State University 数据集时，阴天的 DWT-CNN-LSTM 模型在二阶小波分解下具有最高的预测精度。因此选择此 DWT-CNN-LSTM 模型与其他预测模型进行比较。

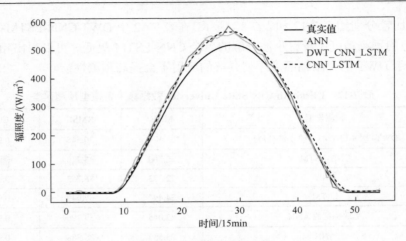

图 7-23　晴天下预测结果图

表 7-14　阴天 Elizabeth City State University 数据集下各模型预测误差

预测模型	MAE	RMSE	COR
DWT-CNN-LSTM（二阶小波分解）	81.466	118.645	0.928
CNN-LSTM	86.754	121.922	0.925
CNN	87.043	122.042	0.923
LSTM	87.997	122.479	0.921
提取特征的 ANN	90.310	125.871	0.905
ANN	89.743	123.532	0.917
持续预测	95.370	168.443	0.849
ARIMA	110.334	207.694	0.772

表 7-15　阴天 Desert Rock Station 数据集下各模型预测误差

预测模型	MAE	RMSE	COR
DWT-CNN-LSTM（一阶小波分解）	62.761	91.098	0.965
CNN-LSTM	63.661	96.641	0.959
CNN	64.339	95.373	0.961
LSTM	66.752	97.523	0.954
提取特征的 ANN	128.06	165.98	0.817
ANN	69.522	100.811	0.950
持续预测	74.413	114.369	0.939
ARIMA	89.543	150.192	0.865

首先，应该注意的是 DWT-CNN-LSTM（二阶小波分解）模型的所有误差指标值都优于单个 CNN-LSTM。该结果表明基于小波分解的太阳辐照度序列分解能够

进一步地提高 CNN-LSTM 组合模型的预测性能。明显的性能改善可归因于阴天的太阳辐照度曲线具有高波动性、可变性和随机性。小波分解的应用可以很好地缓解上述问题。

　　与人工提取的特征、人工神经网络以及传统的预测模型(即人工神经网络、持续性预测和 ARIMA)相比,比较结果验证了我们提出的模型在以下两方面的优势。一是从原始输入数据中自动提取代表性和重要信息的能力,二是捕获时间序列输入数据之间的长依赖性的能力。此外,CNN-LSTM 相对于 CNN 和 LSTM 的性能改善也展示了它们组合的优点。根据表 7-15 也可以进行类似的讨论。图 7-24 显示了使用 Elizabeth City State University 数据集在阴天模式下的实际辐照度和预测辐照度曲线。

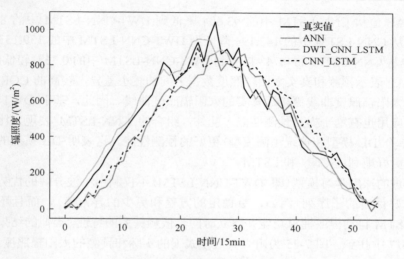

图 7-24　阴天下预测结果图

表 7-16 和表 7-17 为雨天各个预测模型的性能对比。

表 7-16　雨天 Elizabeth City State University 数据集下各模型预测误差

预测模型	MAE	RMSE	COR
DWT-CNN-LSTM(二阶小波分解)	89.503	139.133	0.757
CNN-LSTM	93.694	142.194	0.743
CNN	94.773	143.072	0.737
LSTM	95.089	142.877	0.741
提取特征的 ANN	132.321	189.842	0.639
ANN	97.894	147.818	0.736
持续预测	114.338	173.497	0.680
ARIMA	132.066	181.681	0.656

表 7-17　雨天 Desert Rock Station 数据集下各模型预测误差

预测模型	MAE	RMSE	COR
DWT-CNN-LSTM(二阶小波分解)	130.194	180.079	0.866
CNN-LSTM	132.831	181.973	0.857
CNN	132.755	183.076	0.857
LSTM	133.007	184.332	0.855
提取特征的 ANN	184.352	225.887	0.769
ANN	138.045	186.553	0.829
持续预测	155.661	205.340	0.788
ARIMA	177.053	210.119	0.772

MAE 值从 CNN-LSTM 中的 93.694 降低到 DWT-CNN-LSTM 中的 89.503。RMSE 从 CNN-LSTM 中的 142.194 降低到 DWT-CNN-LSTM 中的 139.133。同时，COR 也从 CNN-LSTM 的 0.743 提高到 DWT-CNN-LSTM 中的 0.757。较低的 MAE 和 RMAE 表示预测和真实太阳辐照度数据之间的较小差异，较高的 COR 也表示预测的太阳辐照度曲线更接近真实的太阳辐照度曲线。因此，基于 DWT 的序列分解的应用也有助于提高预测性能。此外，组合的 CNN-LSTM 表现出比其他模型(即单个 DL 模型和传统预测模型)更好的预测性能。这表明 DL 模型的合理组合可以更好地利用 CNN 和 LSTM。

改进的深度学习模型(即 DWT-CNN-LSTM)不仅利用小波分解的优势来获得具有良好行为的子序列(例如，更稳定的方差和更少的异常值)，而且还利用了 CNN-LSTM 自动提取抽象功能并建立时间长依赖关系的特性。类似的结果也可以在表 7-17 中找到。图 7-25 为雨天天气模式下的实际和预测的太阳辐照度曲线。

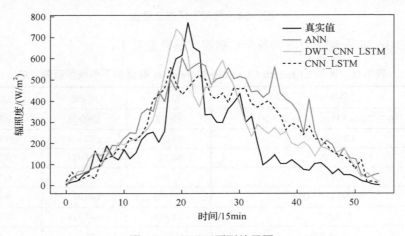

图 7-25　雨天下预测结果图

　　针对暴雨天气类型，仿真结果表明 DWT-CNN-LSTM 模型可以在二阶小波分解达到最佳精度，因此使用其模型与其他预测模型进行对比分析，如表 7-18、表 7-19 所示。与阴天和雨天类似，暴雨天下的太阳辐照度数据波动性较强，实验结果表明基于 DWT 的序列分解能够缓解波动对预测模型的不利影响。

表 7-18　暴雨天 Elizabeth City State University 数据集下各模型预测误差

预测模型	MAE	RMSE	COR
DWT-CNN-LSTM（二阶小波分解）	38.642	67.574	0.641
CNN-LSTM	43.435	70.410	0.616
CNN	45.775	73.377	0.611
LSTM	44.373	74.086	0.611
提取特征的 ANN	54.580	120.495	0.354
ANN	48.956	77.034	0.589
持续预测	64.416	107.290	0.401
ARIMA	63.848	110.735	0.388

　　从 Elizabeth City State University 数据集结果可以看出，MAE 从持续预测中的 64.416 减少到 DWT-CNN-LSTM（二阶小波分解）中的 38.642。RMSE 从持续预测中的 107.290 减少到 DWT-CNN-LSTM（二阶小波分解）中的 67.574。此外，COR 从持续预测中的 0.401 增强到 DWT-CNN-LSTM（二阶小波分解）中的 0.641。

　　另外，通过对比不同天气条件下的仿真结果可以发现 DWT-CNN-LSTM 模型对不同天气条件下的适用程度不同。例如，在持续预测模型中，晴天预测的 MAE 降低很少，30.271 降低到 DWT-CNN-LSTM 模型中的 23.174。然而，暴雨天气类型下预测的 MAE 从持续预测模型中的 64.416 减少到 DWT-CNN-LSTM 模型中的 38.642。这进一步地表明我们提出的模型适用于极端天气条件下的太阳辐照度预测。图 7-26 显示了使用暴雨天气模式的实际和预测的太阳辐照度曲线。

表 7-19　暴雨天 Desert Rock Station 数据集下各模型预测误差

预测模型	MAE	RMSE	COR
DWT-CNN-LSTM（二阶小波分解）	62.160	94.977	0.680
CNN-LSTM	63.448	95.374	0.647
CNN	64.743	96.774	0.640
LSTM	65.014	97.096	0.641
提取特征的 ANN	81.249	138.689	0.454
ANN	66.312	99.863	0.615
持续预测	75.029	115.696	0.497
ARIMA	79.473	120.744	0.477

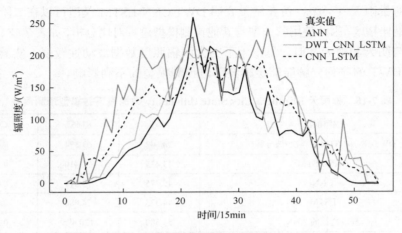

图 7-26　　暴雨天气下预测结果图

6. 仿真讨论

　　本节提出了一种基于小波分解、CNN 和 LSTM 的改进深度学习模型(即 DWT-CNN-LSTM)用于日前太阳辐照度预测。在基于两个数据集的仿真中,针对四种天气类型(即晴天、阴天、雨天和暴雨),评估具有不同的小波阶数的 DWT-CNN-LSTM 模型的模型性能。同时,还将最佳的小波阶数的 DWT-CNN-LSTM 模型与其他深度学习模型(例如,CNN 和 LSTM)及传统预测模型(例如,ANN、持续预测和 ARIMA)进行比较。

　　首先,小波分解对预测性能的改善情况以及最佳小波阶数通常根据不同的天气类型和不同测试数据的不同而不同,但是小波分解可以提高 DWT-CNN-LSTM 模型在阴天、雨天和暴雨的预测性能。图 7-27 中可以发现:晴天条件下所有 DWT-CNN-LSTM 模型的误差指标均高于 CNN-LSTM 模型。这可以通过以下事实来解释:阴天、雨天和暴雨的太阳辐照度曲线比晴天具有更高的波动性、可变性和随机性,小波分解的应用可以缓解上述问题。

　　图 7-28 为 CNN 原始辐照度序列提取的三个特征图,从图 7-28 中可以看到不同的滤波器分别对辐照度序列进行特征提取,而这些特征是通过神经网络训练得到的,正是特征图的存在使得 CNN-LSTM 模型性能优越于传统 LSTM 模型,而 LSTM 可以通过时间步的建立捕获时间序列的时间关联特性,这种时间关联关系也是通过学习得到的,即深度学习优越于其他模型的关键之处。

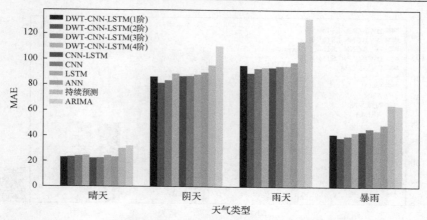

(a) Elizabeth City State University数据集各模型MAE对比图

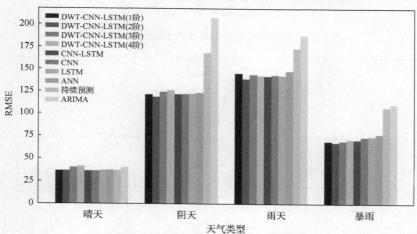

(b) Elizabeth City State University数据集各模型RMSE对比图

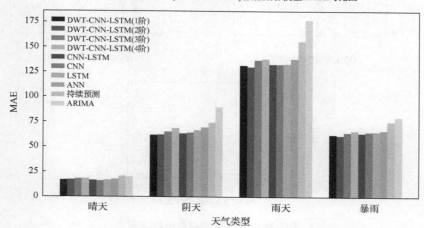

(c) Desert Rock Station数据集下各模型MAE对比图

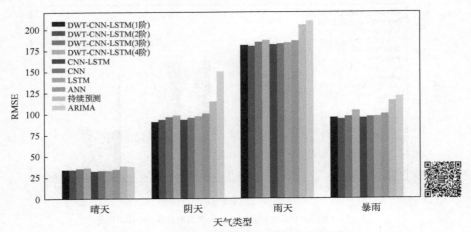

(d) Desert Rock Station数据集下各模型RMSE对比图

图 7-27　各预测模型性能对比图（彩图请扫二维码）

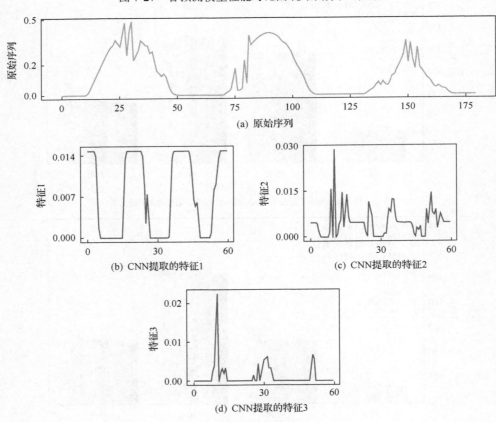

(a) 原始序列

(b) CNN提取的特征1

(c) CNN提取的特征2

(d) CNN提取的特征3

图 7-28　CNN 模型提取的特征图

7.4　本 章 小 结

本章应用深度学习理论分别建立天气分类模型和光伏功率短期预测模型，主要研究成果如下所示。

（1）基于深度学习理论的天气分类模型的建立：本节将 33 种气象天气类型进行归纳合并为 10 种天气类型，利用给定 10 种天气类型标签下的辐照度建立天气分类模型并且能对缺失天气标签的历史辐照度进行有效识别，在分别模型的建立过程中本节采用基于 WGAN-GP 的样本扩充方法来增强模型训练样本量，并采用深度学习领域中的 CNN 网络作为分类模型的分类器。在样本增强阶段，本章对深度学习领领域中的 GAN、WGAN、WGAN-GP 和 VAE 的生成样本质量进行对比评价。在分类性能评估阶段，本章采用混淆矩阵分别对 CNN2D、CNN1D、MLP、SVM、KNN 在有无数据增强下的分类性能进行对比分析。本章研究发现基于 WGAN-GP 样本扩充和 CNN2D 分类器的天气分类模型能够对 10 种天气类型进行良好识别。

（2）基于深度学习理论的光伏功率短期预测模型的建立：本章针对短期光伏功率预测，在晴天、阴天、雨天、暴雨四种天气类型，建立基于离散小波分解、卷积神经网络和长短期记忆网络的辐照度预测模型，本章建立的映射关系为利用历史三天的辐照度预测未来一天的辐照度。在本章提出的模型中我们首先对特定天气类型下的历史三天辐照度进行小波分解，并将小波分解后的序列输入 CNN 中进行特征提取，最后将提取后的特征按照时间步输入进 LSTM 网络，通过 LSTM 建立的时间关联关系对未来辐照度进行预测。通过对比 MAE、RMSE 和 COR 三个指标，我们发现本章提出的 DWT-CNN-LSTM 模型相较于其他传统预测模型（ANN、ARIMA 等）和单一深度学习模型（CNN、LSTM）预测精度更高。

参 考 文 献

[1] Wan C, Jian Z, Song Y, et al. Photovoltaic and solar power forecasting for smart grid energy management[J]. Csee Journal of Power and Energy Systems, 2016, 1(4): 38-46.

[2] Wang Y J, Li H G. A novel intelligent modeling framework integrating convolutional neural network with an adaptive time-series window and its application to industrial process operational optimization[J]. Chemometrics and Intelligent Laboratory Systems, 2018, 179: 64-72.

[3] Christensen-Dalsgaard J. Physics of solar-like oscillations[J]. Solar Physics, 2004, 220(2): 137-168.

[4] Arjovsky M, Bottou L. Towards principled methods for training generative adversarial networks[J]. Statistics, 2017, arXiv: 1701.04862.

[5] Arbizu-Barrena C, Ruiz-Arias, José A, et al. Short-term solar radiation forecasting by advecting and diffusing MSG cloud index[J]. Solar Energy, 2017, 155: 1092-1103.

[6] Arjovsky M, Chintala S, Bottou L. Wasserstein GAN[J]. Statistics, 2017, arXiv: 1701.07875.

[7] Gulrajani I, Ahmed F, Arjovsky M, et al. Improved training of Wasserstein GANs[C]. Neural information processing systems, 2017: 5769-5779.

[8] Chen Y, Wang Y, Kirschen D S, et al. Model-free renewable scenario generation using generative adversarial networks[J]. IEEE Transactions on Power Systems, 2018, 33 (3): 3265-3275.

[9] Zhang Z, Xing F, Su H, et al. Recent advances in the applications of convolutional neural networks to medical image contour detection[J]. arXiv preprint arXiv: 1708.07281, 2017.

[10] Längkvist M, Karlsson L, Loutfi A. A review of unsupervised feature learning and deep learning for time-series modeling[J]. Pattern Recognition Letters, 2014, 42 (1): 11-24.

[11] Hochreiter S, Schmidhuber J. Long short-term memory[J]. Neural Computation, 1997, 9 (8): 1735-1780.

第8章 风电功率超短期预测

8.1 概　　述

风电输出功率的超短期预测是指预测未来 0～4h 的输出功率[1]，一般采用基于历史数据的统计方法进行预测，可通过两种途径实现：一种是建立预测模型预测未来 0～4h 的风速、风向信息，然后根据功率曲线求取输出功率，称为基于功率曲线的预测方法；另一种是建立预测模型直接得到未来 0～4h 的输出功率，称为输出功率直接预测方法。

1. 基于功率曲线的预测方法

基于功率曲线的预测方法，首先应建立风速预测模型和功率曲线，然后根据预测风速和功率曲线求得输出功率。需要强调的是，当进行整个风电场的输出功率预测时可以有两种途径，一种是直接建立整个风电场的功率曲线，这种方法对于运行稳定可靠的风电场是可行的，但实际运行中风电场经常受到风机故障、调度限负荷、机组检修、通信失败等因素的影响，导致风电场的功率曲线变化很大，所以不推荐采用该方法。另一种是每台机组建立一个功率曲线，根据每台的输出功率预测值求和得到整个风电场的输出功率。由于每台机组的预测误差有正有负，求和后呈现出"统计平滑"特性，整个风电场的预测误差一般要小于第一种方法，所以本书选用这种方法进行风电输出功率预测，其预测流程如图 8-1 所示。其中，查询风机的运行状态是为了确定每台风电机组的输出功率，当机组处于停机状态时，输出功率直接置 0；当风机处于功率控制状态时，根据控制功率确定输出功率。如此，能够很快地反映风电机组运行状态的变化，可以提高整体预测精度。

2. 直接预测方法

基于历史数据的直接预测方法也可以分为两种，一种是直接对风电场建立预测模型进行预测，另一种是对每台风电机组进行建模预测，求和得到整个风电场的功率预测值。建模方法可以是时间序列分析、神经网络等方法以及相应的组合方法。需要指出的是，当使用神经网络模型时输入的选择更加多样化，可以包含风速、风向和历史功率等信息。

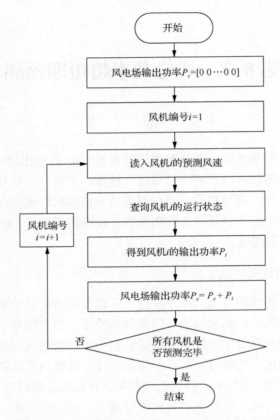

图 8-1　基于功率曲线的风电输出功率超短期预测流程

　　风电功率预测的方法除上述分类方法外，根据预测模型的输入中是否包含预测值，还可将多步预测(或分步预测)方法分为迭代多步预测法和直接多步预测法。迭代多步预测须将得到的预测值作为新信息加入原时间序列中并再次调用该预测模型，而直接多步预测模型仅使用测量数据。可见，迭代多步预测法计算量较大，且存在累计误差。而直接多步预测法不依赖单步预测的结果，避免了累计误差，将有助于进一步提高预测精度。国内外对风速进行直接多步预测的研究较少，采用线性方法不能及时跟踪风速变化趋势且精度不高[2]，而神经网络由于其具有分布并行处理、非线性映射、自适应学习、鲁棒和容错等特性，适合对复杂的非线性风速序列进行直接多步预测，其建模工作将会在很大程度上得到简化[3-5]。但在实际应用中，神经网络仍存在一些有待解决的问题，如训练样本的选择、网络结构的确定、算法的改进以及网络推广能力等[6]。

8.2　基于模糊粗糙集理论的风电功率预测方法

8.2.1　基于模糊粗糙集与改进聚类的神经网络风速预测模型

1. 基于模糊粗糙集的影响风速因素约简

影响风速的因素是多方面的，包括温度、气压、湿度及先前若干时刻的风速值等，并且它们对预测时刻风速的影响程度也是不同的。若将这些变量同时包含到神经网络的输入内，将会加重神经网络的负担，降低模型泛化能力[7]。引入模糊粗糙集对影响风速的多种因素进行约简，在不需要先验知识的情况下可以删除一些不必要或不重要的因素，实现对模型输入变量的优化，同时可以避免使用相关性设定阈值确定输入时可能造成信息冗余或损失。基于模糊粗糙集的影响风速因素约简算法具体步骤如下。

(1)确定初始决策表。综合考虑可能影响风速的多种因素，把预测时刻的风速作为决策属性，将可能影响决策属性的因素列为条件属性。

(2)确定各属性模糊隶属度函数及模糊化初始决策表。根据属性的物理特点，选择合适的模糊隶属度函数对各属性模糊划分，得到模糊化的决策表。

(3)基于 Quick Reduct 属性约简。根据 Quick Reduct 约简算法及模糊粗糙集理论的相关定义对影响风速的多种属性进行约简，并计算约简后各条件属性对决策风速属性的重要性。为了增强条件属性对决策属性重要性的可读性，对属性重要性进行归一化，表达式为

$$\sigma_k' = \frac{\sigma_k}{\sum\limits_{i=1}^{n} \sigma_i} \times 100\%, \quad i = 1, 2, \cdots, n \tag{8-1}$$

式中，n 为约简后条件属性的个数；σ_k 为第 k 个属性的重要性；σ_k' 为第 k 个属性归一化后的重要性。归一化后，可以清楚地知道每个条件属性占决策属性重要性的百分比。

2. 改进聚类及预测算法的实现

采用模糊粗糙集对影响风速的多种因素约简，得到了约简后的条件属性集合以及各属性的重要性。接下来，将采用改进聚类方法对神经网络的训练样本进行选择，其算法步骤如下。

(1)按照式(8-1)对各属性重要性归一化，得到加权欧氏距离函数各属性的权值系数。

(2)运用基于加权欧氏距离的改进聚类方法对约简后属性的历史数据进行聚

类,分成相似性较高的 k 类,以及得到各类的簇中心 $C_i(i=1,2,\cdots,k)$。

(3)建立 k 类神经网络预测模型,分别使用各类历史数据对 k 类预测模型进行训练。

(4)计算当前对象与各类簇中心之间的加权欧氏距离;若与第 i 类簇中心 C_i 距离最小,则使用第 i 类预测模型进行预测。

综合上述改进聚类算法及属性约简算法,本章所提基于模糊粗糙集与改进聚类的神经网络风速预测算法框图如图 8-2 所示。该算法包括了基于模糊粗糙集属性约简、改进聚类分析、匹配模型预测 3 个阶段。

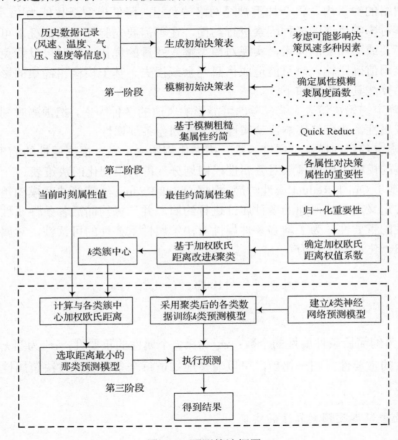

图 8-2　预测算法框图

8.2.2　模型仿真实例与结果分析

1. 评价标准

以华北地区某风电场为例,该风电场中央监控系统记录了场内各风机风速、风向、温度、大气压等信息，采样时间间隔为 10min。选取历史数据中的一个月数据用于模糊粗糙集与改进聚类分析与建模，并选取之后某一天的 144 个时刻数据作为测试样本。本章将采用平均绝对误差(E_{MAE})、平均绝对百分误差(E_{MAPE})、最大误差(E_{MAX})3 项指标衡量模型预测效果。

2. 预测算法的实现与分析

本案例中，令下一预测时刻的风速 $v(t+1)$ 为决策属性。考虑到前 15 个时刻风速 $v(t-14), v(t-13), \cdots, v(t)$ 与预测时刻风速具有较高相关性，故将其均列为影响因素。此外，风的形成跟温度与气压差有着密切联系，故将当前与前一时刻的温度、气压和前 5 个时刻温度、气压的平均值也列为影响因素。而风是一个空间向量，风向的变化可能会影响风速，故影响因素也应该包括当前与前一时刻的风向。选取这 23 个影响因素作为条件属性，得到初始决策表输入属性。选取 200 组属性数据作为对象，建立初始决策表。当然，影响风速的因素不限于此，本方法可通过补充方式更新决策表。

确定每个属性的模糊隶属度函数。对于风电机组，有 2 个关于风速的重要概念，即切入速与额定风速。切入风速指的是可以发出可利用电能的最低风速，额定风速指的是风机刚达到额定功率时的风速。采用三角隶属函数，以切入风速和额定风速为基准将风速划分为低风速、中风速、高风速 3 种状态，有 $u/v = \{v_S, v_M, v_L\}$，得到图 8-3(a)所示的模糊隶属度函数(在本案例中，切入风速和额定风速大概为 3m/s 和 13m/s)。对于风向，采用除以 360° 的归一化方法进行模糊化。对于温度属性，参考文献[7]，将温度模糊划分为低温、中温、高温 3 种状态，其隶属度函数如图 8-3(b)所示。考虑到大气压的相对变化幅度比较小，直接使用有名值时区别很小，因此将大气压进行如下变换：

$$P_i' = \frac{P_i - P_{\min}}{P_{\max} - P_{\min}}, \quad i = 1, 2, \cdots, n \tag{8-2}$$

式中，P_i' 为变换后的气压值；P_i 为变换前的气压值；$P_{\min}$、$P_{\max}$ 分别为气压最小值与最大值；n 为对象的总个数。采用梯形分布作为其模糊隶属度函数，如图 8-3(c)所示。确定各属性隶属度函数后，按前面的示例对初始决策表模糊化。

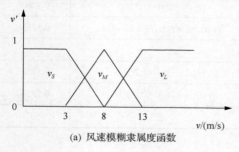

(a) 风速模糊隶属度函数

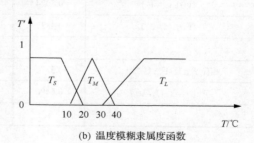

(b) 温度模糊隶属度函数

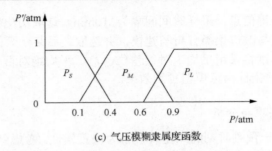

(c) 气压模糊隶属度函数

图 8-3　风速、温度和气压的模糊隶属度函数（1atm=101300Pa）

　　采用本章所提到的 Quick Reduct 算法并结合模糊粗糙集相关理论对可能影响决策风速的 23 个条件属性进行约简。为了克服个别不良数据及噪声的影响，设置了依赖度增量阈值 $\Delta\gamma = 0.005$，只有依赖度增量大于此阈值时，才认为该属性存在于约简中。表 8-1 记录了约简过程中部分属性集的依赖度。单属性时，当前时刻风速 $v(t)$ 的依赖度最大，故 $v(t)$ 必存在于约简中，此时 $R = \{v(t)\}$。而当属性集为 $\{v(t),\cdots,v(t-3),T(t)\}$ 时，集合对决策属性的依赖度为 0.5880。继续添加属性时，如分别加入属性 $v(t-4),P(t)$，此时其依赖度增量分别为 0.5903 和 0.5927（表 8-1），都不大于阈值 $\Delta\gamma$，故不认为它们存在约简中。此时，添加属性已不能使依赖度的增量大于阈值，故属性集 $R = \{v(t),v(t-1),\ v(t-2),\ v(t-3),T(t)\}$ 为最后的约简，集合中的各属性分别代表了 $t,t-1,t-2,t-3$ 时刻的风速和 t 时刻的温度。根据式（8-1）重要性的定义，分别计算删去其中某一属性时属性集对决策风速的依赖度 $\gamma_{\{R-p\}}$ 及各属性的重要性 $u_p(\text{attr})$，如表 8-2 所示。可以看出，前一时刻的风速对决策风速影响最大，而风向与气压并未出现在约简中。

表 8-1　简约过程中部分属性集依赖度

属性集 T	γ_T	属性集 T	γ_T
$\{v(t)\}$	0.3792	$\{v(t),v(t-1),v(t-3),T(t)\}$	0.5576
$\{v(t-15)\}$	0.1348	$\{v(t),\cdots,v(t-2),T(t)\}$	0.5730
⋮	⋮	⋮	⋮
$\{v(t),v(t-1)\}$	0.5024	$\{v(t),\cdots,v(t-3),T(t)\}$	0.5880
$\{v(t),v(t-2)\}$	0.4837	$\{v(t),\cdots,v(t-2),T(t),v(t-4)\}$	0.5783
⋮	⋮	⋮	⋮
$\{v(t),v(t-1),v(t-2)\}$	0.5370	$\{v(t),\cdots,v(t-4),T(t)\}$	0.5903
$\{v(t),v(t-1),T(t)\}$	0.5490	$\{v(t),\cdots,v(t-3),T(t),P(t)\}$	0.5927
⋮	⋮	⋮	⋮

表 8-2　简约后输入变量的重要性

属性 p	$\gamma_{\{R-p\}}$	$\mu_p(\text{attr})$	$\mu'_p(\text{attr})$（归一化）
$v(t)$	0.4645	0.1235	48.39%
$v(t-1)$	0.5392	0.0488	19.12%
$v(t-2)$	0.5502	0.0375	14.69%
$v(t-3)$	0.5730	0.0150	5.88%
$T(t)$	0.5576	0.0304	11.91%

　　表 8-3 分别记录了不同输入空间下的预测结果。由表 8-3 中前 3 项结果可以看出，模型输入缺少某些重要性属性时，预测精度会有所下降，下降幅度跟重要性有关。然而，若将气压或 $t-4$ 时刻后的风速等某些重要性很低或不相关的因素加入到模型输入后，预测效果同样会变差，表明了过多的输入变量会加重模型的训练负担，影响预测精度。最后，根据式 (8-4) 对属性重要性归一化（表 8-2），并赋予加权欧氏距离不同的权值系数。使用改进后的 k 聚类对一个月的属性数据进行聚类，并选取与各簇中心加权欧氏距离最小的 200 组历史数据作为训练样本训练 k 类神经网络预测模型。在案例中，对 k 进行 5～10 取值测试，k 取 7 时预测效果最好。

表 8-3　不同输入空间下的预测误差

输入空间	$E_{\text{MAE}}/(\text{m/s})$	E_{MAPE}	$E_{\text{MAX}}/(\text{m/s})$
$\{v(t-1),v(t-2),v(t-3),T(t)\}$	0.8367	0.0881	2.9554
$\{v(t),v(t-1),v(t-3),T(t)\}$	0.7391	0.0751	2.5287
$\{v(t),v(t-1),v(t-2),v(t-3)\}$	0.6674	0.0694	2.2802
$\{v(t),v(t-1),\cdots,v(t-3),T(t)\}$	0.6440	0.0651	2.2019
$\{v(t),v(t-1),\cdots,v(t-4),T(t)\}$	0.6836	0.0672	2.2476
$\{v(t),\cdots,v(t-3),P(t),T(t)\}$	0.6747	0.0680	2.1655
$\{v(t),\cdots,v(t-7),P(t),T(t)\}$	0.8197	0.0840	3.3013

3. 结果对比分析

　　为了验证所提方法的有效性，本章分别采用人工神经网络 (artificial neural network，ANN) 方法、模糊粗糙集和神经网络相结合 (fuzzy rough set-artificial neural network，FRS-ANN) 方法、模糊粗糙集与传统聚类相结合的神经网络预测 (fuzzy rough set-clustering-artificial neural network，FRS-C-ANN) 方法与本章所提的 (fuzzy rough set-improved clustering-artificial neural network，FRS-IC-ANN) 方法对本案例进行了风速预测，结果如图 8-4 和表 8-4 所示。

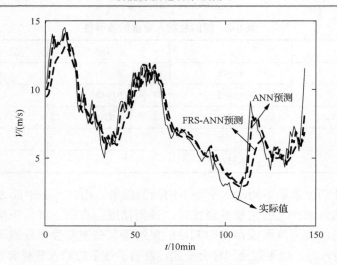

图 8-4 预测效果图

表 8-4 预测结果对比 1

方法	E_{MAE}/(m/s)	E_{MAPE}	E_{MAX}/(m/s)	$E_{AE}>1$	$E_{APE}>0.1$
ANN	0.8222	0.0870	3.3013	34.03%	29.86%
FRS-ANN	0.6449	0.0675	2.2019	25.00%	24.31%
FRS-C-ANN	0.6420	0.0690	2.0881	24.31%	23.61%
FRS-IC-ANN	0.5846	0.0624	2.0839	15.97%	20.14%

从表 8-4 可以看出，相对于 ANN 方法，FRS-ANN、FRS-C-ANN 和 FRS-IC-ANN 方法的各项指标均有了大幅度提高，说明优化输入空间提高了模型预测性能。FRS-ANN 和 FRS-C-ANN 方法的各项指标则基本相同，而采用了改进聚类的 FRS-IC-ANN 方法，各项指标相对于 FRS-ANN 和 FRS-C-ANN 方法都有了一定的提高。可以看出，传统聚类方法对预测效果的提升作用并不明显，而改进后的聚类方法则考虑了属性间的不等重要性，提高了聚类效果，可以为模型提供相似度较高的训练样本，从而提高训练效率。从预测整体效果方面看，本方法对输入空间和训练样本实现优选后，E_{MAE} 和 E_{MAPE} 分别下降了 28.9%与 28.3%，E_{MAX} 从 3.3013 下降到了 2.0839；从误差分布方面看，绝对误差 E_{AE} 大于 1m/s 的比例由 34.03%下降到 15.97%，而绝对百分比误差 E_{APE} 大于 0.1 的比例则从 29.86%下降到 20.14%，分别下降了 53.1%和 32.6%，表明了该方法大幅度地提高了神经网络风电场风速预测性能，具有较高的实用价值。为了进一步说明该方法的有效性，选取了另外某个月的数据作为模糊粗糙集和改进聚类分析样本，并选取之后某一天 144 个时刻的数据作为测试集，结果如表 8-5 所示。同样，可以看到，采用本章方法优化模型输入和训练样本后，各预测性能指标均有了较为明显的提高，再次验证了该方法的有效性。风电功率数值可通过功率曲线以及预测得到的风速值计算获得。

表 8-5　预测结果对比 2

方法	$E_{MAE}/(m/s)$	E_{MAPE}	$E_{MAX}/(m/s)$
ANN	0.9661	0.1031	5.3215
FRS-ANN	0.6682	0.0874	3.3014
FRS-C-ANN	0.6499	0.0810	2.8739
FRS-IC-ANN	0.6017	0.0759	2.4998

4. 总结

针对模型的输入变量与训练样本选择问题，本章提出了模糊粗糙集与改进聚类相结合的方法对风速进行了神经网络预测，可得如下结论。

(1)使用模糊粗糙集理论对影响风速的众多因素进行了属性约简，简化了模型输入，得到了覆盖初始数据的若干重要输入变量，实测证明优化后的预测模型在较少的输入下可以达到较高的精度。

(2)提出了基于属性重要性的加权欧氏距离改进聚类方法，考虑了不同重要性属性在聚类时起的作用，提高了聚类质量；并为神经网络风速预测模型提供了各类相似性高的训练样本，提高了模型泛化能力与预测精度。

(3)该方法相对于传统神经网络预测方法，E_{MAE} 和 E_{MAPE} 分别下降了 28.9% 与 28.3%，提高预测精度效果明显。但是，在波动性大的地方该方法仍可能会出现过拟合现象，预测误差相对比较大，需进一步探究。此外，如何选择更合适样本和隶属度函数进行模糊粗糙集分析也是本课题需进一步研究的内容。

8.3　基于混沌理论的风电功率预测方法

8.3.1　基于混沌分析和 RBF（C-RBF）的功率预测模型

经过长期的统计和计算发现风速时间序列是一类混沌时间序列[8]，虽然在各种因素相互作用下，风速表现出极其复杂而难以精确预测的演化特征，但混沌时间序列内部存在一定的规律性。通过对风速序列进行混沌分析可以为神经网络结构的确定和训练样本的选择提供依据。如果将混沌分析法和神经网络相结合来进行多步预测，将有利于发挥两者的优势，有望提高直接多步预测的预测精度，混沌理论的具体内容已在第 2 章介绍此处不再赘述。基于混沌理论的风电功率预测方法的建模和预测过程如下。

(1)分析风速序列的混沌特性，进行相空间重构。本章采用 Wolf 方法计算时间序列的最大 Lyapunov 指数，采用自相关法选取延迟时间（以时间序列的自相关函数下降到初始值的 $1-1/e$ 时对应的时间为 τ ），利用 G-P 算法确定嵌入维数[9]。

（2）构建用于风速直接多步预测的 RBF 神经网络结构。由嵌入维数 m 确定 RBF 神经网络的输入层神经元个数；输出层神经元个数则根据预测要求确定，例如，进行 p 步预测，则输出层神经元个数为 p；隐含层神经元个数采用试错法在网络学习过程中优选。

（3）选择训练样本集。样本数据的好坏直接影响到神经网络的预测精度。距离越近的相点，演化特性越接近，故本章利用空间欧氏距离来选择输入样本，并进一步构成训练样本集。本章选择距离预测相点最近的 q 个相点作为输入样本（样本选择太少会造成预测失败，一般选择样本个数 $q>m+1$ 个即可），而目标样本则对应地取各输入样本后的 p 个值。为了提高预测精度，需要对样本数据进行归一化处理，当输出预测结果时再进行反归一化变换。

（4）训练神经网络，确定网络模型后即可对风速进行直接多步预测。采用图 8-2 所示的学习流程来训练 RBF 神经网络，训练结束后，将预测相点作为输入向量，网络输出向量为直接多步预测结果。

8.3.2　模型仿真实例与结果分析

图 8-5 所示为该月的实测 10 分钟平均风速序列，即原始分钟风速时间序列，共 4032 个采样点（对应 28 天）。其中，前 2880 点用于构建训练样本，最后 8 天的风速时列，即采样点 2881～4032（共 1152 点）用于对比测试。显然，该风速序列呈现出强非线性并无明显变化规律。

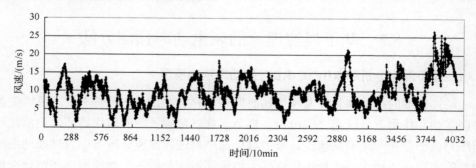

图 8-5　实测 10min 平均风速

按照 8.3.1 节所述方法，首先对风速序列进行相空间重构。图 8-6 所示为计算所得的自相关函数值（ACF）与延迟时间 τ 的关系曲线。当 $\tau=27$ 时，ACF 下降为初始值的 $1-1/e$，故相空间的最小延迟时间 $\tau=27$。

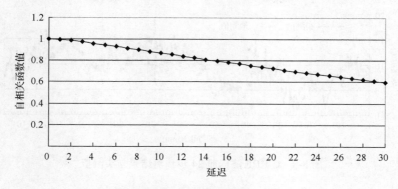

图 8-6 自相关函数值随延迟步长的变化

利用 G-P 算法计算关联维数，结果如图 8-7 所示，可见当嵌入维数 m 增加到 18 时，关联维数 d 逐渐趋于稳定值，故选取相空间的嵌入维数 m=18。取 $\tau=27$，$m=18$，采用 Wolf 算法可估算得到最大 Lyapunov 指数为 0.081，从而印证了该风速序列具有混沌属性。因此，重构后的相空间为

$$X_m(t) = \{x(t), x(t+27), \cdots, x(t+459)\}, \quad t = 1, 2, \cdots, 2421 \qquad (8\text{-}3)$$

然后，利用 RBF 网络对风速序列进行直接多步预测。其中，输入层神经元个数取为嵌入维数，即 18；输出层神经元个数根据预测要求（提前预测步数 p）设定为 24，计算所得的隐含层神经元个数为 30。当进行提前 24 步预测时，依次选取重构相空间中的 $X_m(2421+t)$（$t = 0, 1, \cdots, 1128$）作为预测相点，按照 8.3.1 节中所述准则选择训练样本对 RBF 网络进行训练，之后以该预测相点作为输入即可得到风速的直接多步预测结果。图 8-8 所示为风速超前 24 步直接预测结果与实测值。可以看出，预测风速较好地反映了实际风速的变化趋势。风电功率数值可通过功率曲线以及预测得到的风速值计算获得。

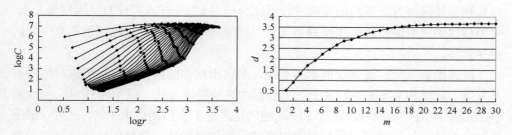

图 8-7 用 G-P 算法计算嵌入维数

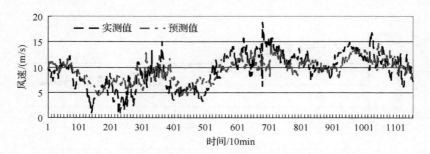

图 8-8　C-RBF 法提前 24 步预测结果与实测值

8.4　基于 EMD 的风电功率预测方法

　　经验模式分解（empirical mode decomposition，EMD）是近年来出现的一种处理非线性、非平稳信号的新目标数据分析方法。相对于小波分析等信号处理方法，该方法不需要预先设定基函数，具有自适应性，因此克服了依赖预测人员主观经验的问题。另外，经 EMD 能够得到有限个基本模式分量（intrinsic mode function，IMF），尽管有些 IMF 仍保持着不同程度的非平稳性，但是在它们之间的相互影响却被隔离开来，利用这种隔离可以尽可能地减小非平稳行为对预测的影响。同时，这些 IMF 能够突出原始数据的局部特征，有利于发掘数据内部蕴含的变化规律。EMD 已被证明在很多方面的应用效果皆优于其他信号处理方法[10,11]，而且已在地震工程、系统识别、结构损伤诊断与健康监测等许多工程领域得到了广泛的应用。此外，在电力系统也已得到了一定的应用[12-15]。然而在风速预测领域中的应用却很少[16,17]。

　　基于此，本章将 EMD 分析方法应用于风速预测中，提出了基于 EMD 的风速预测方法，利用该方法对所选风电场风速进行了单步和多步预测，并将预测结果与几种传统预测方法得到的结果进行对比分析，以探寻有效可行的风速预测方法，并为后续的风电输出功率预测提供支持，同时对风电场的运行控制也具有一定的指导意义。

　　风速受到气压、温度及地形的影响，表现出很强的随机性，故风速时间序列具有强非线性和非平稳性。基于历史数据的风速预测方法一般不超过 6h。当预测未来 1h 的风速时，既可以通过 10min 的风速进行多步预测后求平均，也可以根据小时平均风速进行预测。采用时间序列法、持续时间法、神经网络法等常规预测方法直接对风速进行单步或多步预测，往往存在精度不高的问题，无法满足风电场和电力调度相关部门的要求。

EMD 方法具有完备性，如此能够保证风速时间序列经 EMD 后可以重构原信号；EMD 方法具有正交性，使各 IMF 之间的影响相互隔离开来，利用这种隔离可以尽可能地减小非平稳行为对预测的影响；EMD 具有自适应性，因此克服了依赖预测人员主观经验的问题。

8.4.1　基于 EMD-ARMA 的风电功率预测模型

将 EMD 方法和时间序列分析相结合，建立了一个新的预测模型，如图 8-9 所示。图 8-9 中 EMD 为模式分解单元，C_i 为分解得到的第 i 个 IMF，r_n 为剩余分量，D_i 为第 i 个分量序列的建模单元，ARMA_i 为建立的第 i 个分量序列的预测模型，SUM 是预测合成单元。

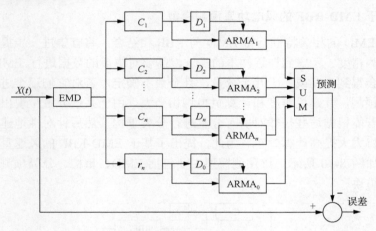

图 8-9　EMD-ARMA 模型

假设给定的风速时间序列为 $\{X(t),\ t=1,2,\cdots,N\}$，$N$ 是风速时间序列的样本点数。算法步骤如下。

第一步，将原始时间序列通过 EMD 分解成具有不同尺度的 $\text{IMF}(C_i)$ 及剩余分量 r_n。

第二步，对分解得到的各个分量进行时间序列分析，建立 ARMA 模型。本章选择 Pandit-Wu S.M 法进行时间序列的分析建模，即在模型定阶时用模型 $\text{ARMA}(p,p-1)(p=2,3,4,\cdots)$ 取代模型 $\text{ARMA}(p,q)(p=1,2,3,\cdots;q=1,2,3,\cdots)$ 来进行逐步拟合，并采用最小信息准则（akaike information criterion，AIC）进行模型定阶。这样只要定出 p 就可以确定 $q(q=p-1)$，可以缩短建模时间。采用最小二乘算法进行模型参数估计[18]，得到模型方程表达式。最后对模型进行检验，判断模型是否合适，不合适则重新进行模型定阶和参数估计。如此循环，直到得到最佳模型。

第三步，根据第二步确定的 ARMA 模型，对每个分量进行预测。例如，对第 k 个基本模式分量的预测如下：

$$C_k(t+\tau) = \sum_i^p \varphi_{ki} C_k(t-i) + \sum_{j=0}^{p-1} \theta_{kj} \alpha_k(t-j) \tag{8-4}$$

式中，τ 为预测步长。

第四步，将每个分量的预测值叠加，得到对原始风速序列的预测结果，即

$$X(t+\tau) = \sum_{i=1}^n C_i(t+\tau) + \gamma_n(t+\tau) \tag{8-5}$$

8.4.2 基于 EMD-RBF 的风电功率预测模型

鉴于 EMD 的相关特性，将 EMD 与 RBF 相结合，将有望进一步提高风速直接多步预测精度。考虑到训练样本的需求，需要对更多的数据进行 EMD 处理，这样往往会得到十几或二十几个分量，且个数不确定，若对它们逐个进行直接多步建模与预测，其建模难度和计算负担将相当大。由于某些分量呈现出相近的变化规律，若能根据这些规律对所有分量进行分类重构，然后针对性地建立多步预测模型，将大大提高计算效率。为此，提出了基于 EMD-RBF 的风速直接多步预测模型，如图 8-10 所示。该预测模型主要包括 EMD、重构、分类预测和自适应叠加四个模块。

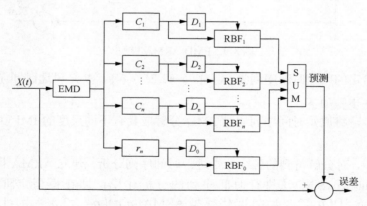

图 8-10 EMD-RBF 多步预测模型结构

（1）EMD 具体算法参见本书第 2 章。

（2）重构。选用游程判定法对分解所得的 IMF 和剩余分量进行波动程度的检验。游程判定法的原理如下[19]：设某分量所对应的时间序列为 $\{Y(t)\}$ $(t=1,2,\cdots,N)$，均值为 $\overline{Y}$，比 $\overline{Y}$ 小的观察值记为 "–"，比 $\overline{Y}$ 大的观察值记为 "+"，

如此可得到一个符号序列，其中，每段连续相同符号序列称为一个游程。可见，游程总数的大小反映了该分量的波动程度，故可根据游程数对分解所得分量进行分类，将其重构为高–中–低频三个分量。

（3）分类预测。重构后的高–中–低频分量分别具有不同的变化规律，根据其特点分别采用不同结构的 RBF 神经网络进行建模预测。

（4）自适应叠加。采用 GRNN 将高–中–低频分量的多步预测结果进行自适应叠加[20]，通过在训练中动态修正各分量的权值，降低某些预测误差较大的分量对总预测结果的影响，以提高最终预测精度。

结合图 8-10，风速的多步预测过程可简述如下：首先，风速时间序列经 EMD 分解为 n 个 IMF，即 C_i（$i=1,2,\cdots,n$）和一个剩余分量 r_n；其次依据游程准则将这些分量重构为三个不同频率的分量（R_1, R_2, R_3）；然后针对重构后各分量的特点，分别建立相应的 RBF 模型进行直接多步预测；最后采用 GRNN 将三分量的预测结果进行自适应叠加，得到最终的风速预测值。

8.4.3 模型仿真实例与结果分析

1. 风速单步预测模型仿真实例

以我国华北地区某风电场测风塔 2007 年 2 月的实测小时平均风速为例，对本章所提的两种算法进行了测试。图 8-11 所示为该月的实测小时风速时间序列，即原始小时风速时间序列，共 672 个采样点（对应 28 天）。从图 8-11 中可以看到，原始时间序列波动较剧烈，且无明显变化规律。将最后 8 天的风速时间序列，即采样点 481～672（共 192 点）作为测试样本，按照单步预测算法步骤，依次利用最近的 480 点预测下一时刻点的风速值。

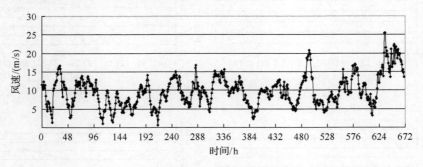

图 8-11 实测小时平均风速

以第 481 点为例，预测过程说明如下。

首先，将前 480 个风速样本点进行 EMD，得到了 9 个 IMF 和一个剩余分量，如图 8-12 所示。可以看出，经过 EMD 得到的各个分量的变化频率依次变小，同时各分量的变化规律较原始风速序列更明晰，且随着 EMD 的深入逐步趋向平稳，这样对各分量的预测难度就在一定程度上得到了降低。

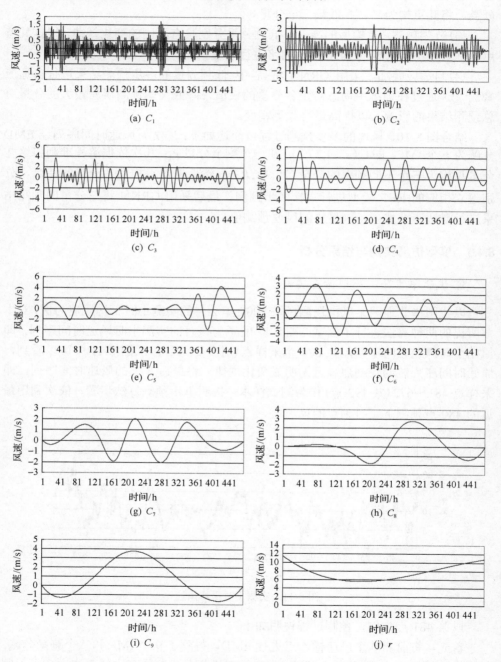

图 8-12　实测小时平均风速 EMD 分解结果

　　然后，对上述分量建立相应的 ARMA 预测模型。其中，分量 C_4 对应的模型参数和 AIC 函数值列于表 8-6 中。显然，当 p 为 4 时，AIC 函数达到第一个极小值，故将该分量的预测模型确定为 ARMA(4,3)。其他分量进行 ARMA 建模的过程与此相同。

表 8-6　分量 C_4 量的模型参数计算结果

模型阶数 (p, q)	自回归参数 φ_i	滑动平均参数 θ_j	AIC 函数值
(2,1)	1.97; −0.99	−0.99	−8.02
(3,2)	2.91; −2.86; 0.95	−1.17; −0.56	−10.46
(4,3)	3.83; −5.56; 3.64; −0.90	−0.33; 0.07; 0.07	−10.66
(5,4)	4.03; −6.31; 4.71; −1.59; 0.17	−0.13; 0.14; 0.07; 0.04	−10.64

　　最后，根据相应模型，对这 10 个分量进行预测，叠加得到第 481 点的风速值。

　　当采用 RBF 神经网络模型预测时，建模思路如下：利用各个分量的数据构成训练样本，对 RBF 神经网络进行训练，训练前需要确定 RBF 神经网络模型的输出、输入、扩展系数 spread 和隐层最大神经元个数 MN。模型的输出个数即预测步数，进行单步预测时为 1；经过多次测试对比将输入个数选取为 2～5，其中低频分量和剩余分量选为 2，高频分量选为 5；spread 则定为 1.5～2.0 更合适；对于低频分量，不到 MN 就达到了最小训练误差，对于高频分量 MN 的增加可以降低训练样本的训练误差，但是过大的 MN 会使预测时不收敛，所以 MN 选为 20。同理，在得到所有分量的 RBF 模型后，分别进行预测，叠加得到第 481 点的风速值。

　　对第 481～672 个采样点逐一进行预测，预测结果和测试样本对比见图 8-13。从图 8-13 可以看出：①预测值与实测值在大多时刻吻合较好，说明所建立的模型符合该测试风速的变化规律；②在风速出现极值点连续变化时，预测效果欠佳。

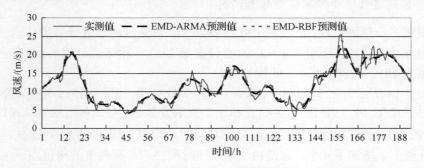

图 8-13　基于 EMD 的小时平均风速预测与实测风速对比

　　为了进一步考察所提方法的有效性，分别运用持续法、时间序列法和神经网络法对该风速测试样本进行了预测，并进行了误差分析。结果列于表 8-7，其中，MAE 为平均绝对误差，RME 为相对平均误差，RMSE 为均方根误差。MAE 和 RMSE 表示的是误差的统计学特性，反映了样本的离散程度，而 RMSE 更能突显出现误差极大值的情况；RME 则反映了误差的整体情况。

表 8-7　单步预测误差对比

误差	方法				
	持续法	时间序列（ARMA）	神经网络（RBF）	EMD-ARMA	EMD-RBF
MAE	1.29	1.18	1.16	1.03	0.98
RME	10.52%	10.41%	10.41%	9.79%	9.18%
RMSE	1.85	1.75	1.73	1.36	1.34

分析表 8-7 可知，无论采用何种误差指标，本章两种方法的预测精度均较常规方法有较大提高（MAE 降低了 10%～20%，RMSE 降低了 22% 左右），可见，采用本章方法不仅提高了单步预测的整体精度，而且保证了大多数预测点与实测风速的偏离程度较小（从图 8-13 中也可看出）。同时注意到 EMD-RBF 的预测误差较 EMD-ARMA 的更小。相对于其他常规方法，本章所提方法由于经过 EMD 处理，风速时间序列被分解为一系列变化较平稳且有明显变化规律的分量，从而在很大程度上降低了不同特征信息之间的干涉和耦合，进而使各分量建立的预测模型更为准确，进一步地，预测精度得以提高。同时，经 EMD 分解后，各分量的建模难度随之降低，这点在 ARMA 建模过程中获得了印证。另外，在对各分量进行拟合时发现，高频分量的拟合效果欠佳，故认为本章方法的预测误差主要来源于对高频模式分量的预测。而 RBF 对中高频分量的预测效果更佳，故 EMD-RBF 模型的预测效果优于 EMD-ARMA。

2. 风速直接多步预测模型仿真实例

根据多步预测过程，依次利用最近 2880 点，对测试样本进行多步预测。例如，当提前 6 步预测时，则用第 1～2880 点预测第 2881～2886 点，然后用第 2～2881 点预测第 2882～2887 点，以此类推。

图 8-14 所示为第 1～2880 个采样点的 EMD 结果。可见，该时间序列经 EMD 处理后共产生 14 个 IMF（$C_1 - C_{14}$）和一个剩余分量 r。对比对应原始风速的小时序列（图 8-11）经 EMD 处理后的结果（图 8-12），可以发现 10min 的风速序列分解后，分量个数增加了 4 个，这是由于该风速时间序列具有更多的极值点，而 EMD 自适应分解过程受极值点的影响较大。也就是说极值点越多的序列，其 EMD 处理后的分量个数越多。也可以说明，对风速进行更长时间的平均处理本身也是一个滤波过程，可能会丢失一些重要信息。

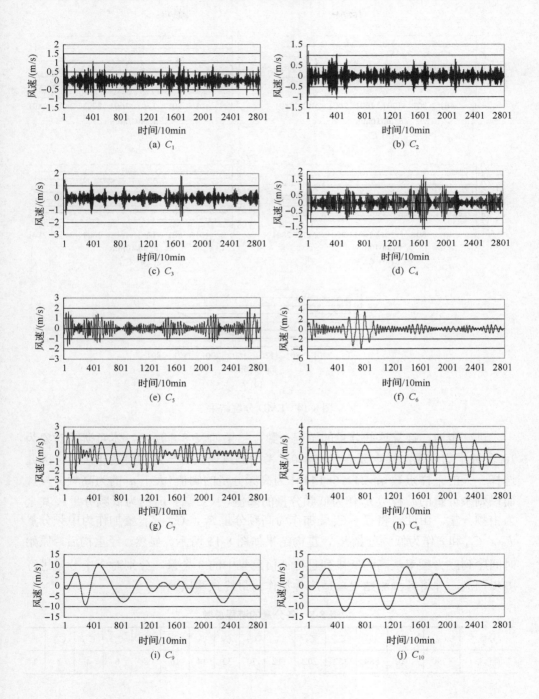

(a) C_1

(b) C_2

(c) C_3

(d) C_4

(e) C_5

(f) C_6

(g) C_7

(h) C_8

(i) C_9

(j) C_{10}

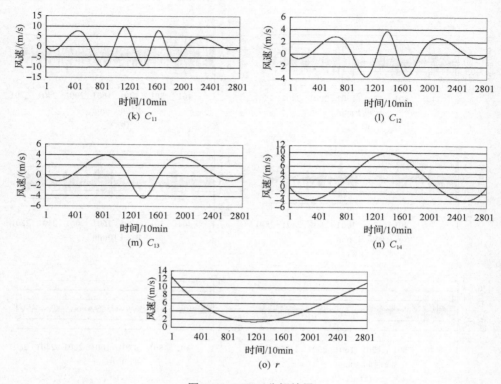

图 8-14　EMD 分解结果

　　进一步地，计算这些分量的游程个数，结果如表 8-8 所示。本章研究对象为 10 分钟平均风速，样本数 N 为 2880，考虑到风速具有一定的日变化规律，因此选择一天的采样点数 $n_1=24\times6=144$ 作为高频分量的阈值(大于 n_1 的为高频分量)，而以剩余分量的游程数 n_2 作为低频分量的阈值(小于等于 n_2 的为低频分量)，其余为中频分量。由此，将 C_1-C_5 叠加作为高频分量 R_1，C_6-C_{13} 叠加作为中频分量 R_2，C_{14} 和 r 作为低频分量 R_3，重构结果如图 8-15 所示。显然，经重构后，原始时间序列成为频率从高到低排列且特征信息集中的 3 个量。分别对 3 个分量进行多步预测，并将各预测结果自适应叠加作为最终预测风速。

表 8-8　各分量的游程总数

分量	C_1	C_2	C_3	C_4	C_5	C_6	C_7	C_8	C_9	C_{10}	C_{11}	C_{12}	C_{13}	C_{14}	r
游程数	1790	1010	584	352	202	112	70	32	14	10	8	6	4	2	2

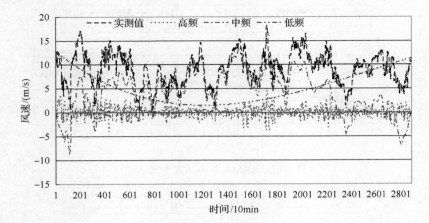

图 8-15　重构结果

图 8-16 所示为提前 24 步（4h）的预测风速（预测值 2）与实测风速的对比结果。同时，图 8-16 中也给出了将重构所得分量的多步预测值直接叠加作为预测风速的仿真结果（预测值 1）。观察图 8-16 可以发现：①提前 4h 的风速预测值与实测值吻合较好，说明所建立的多步预测模型符合该风速的变化规律；②经过自适应叠加的风速预测值在大多预测点较直接叠加的预测值更接近风速实测值，表明通过将三个分量的多步预测值进行自适应叠加，能够在一定程度上提高风速多步预测的准确性。

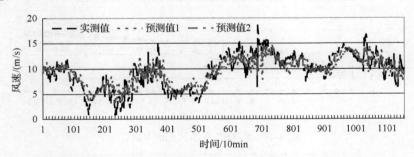

图 8-16　EMD-RBF 模型提前 24 步预测值与实测值对比

为了验证本章方法的有效性，分别采用单步迭代法（ARMA）和 RBF 神经网络法以及本章所提两种方法对该风电场测风塔全年除 1 月外各月的风速序列进行了仿真测试，并比较了各种方法的预测精度。图 8-17～图 8-20 分别为 4 种算法每月各步预测的 RMSE 误差结果，图 8-21 所示为各种算法各月第 24 步预测误差对比，同时图 8-22 给出了 4 种算法在 2 月份各步的预测误差对比。分析图 8-19～图 8-22，可得到如下规律：

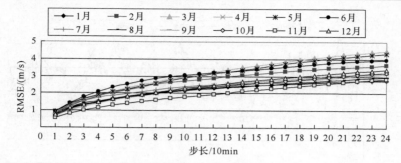

图 8-17　ARMA 多步预测的 RMSE

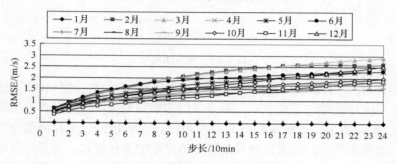

图 8-18　RBF 多步预测的 RMSE

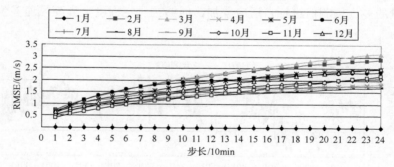

图 8-19　C-RBF 多步预测的 RMSE

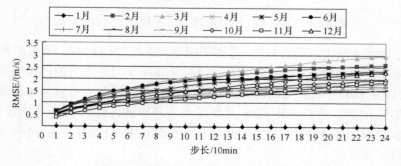

图 8-20　EMD-RBF 多步预测的 RMSE

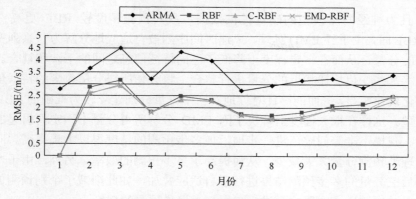

图 8-21　各月第 24 步预测误差对比

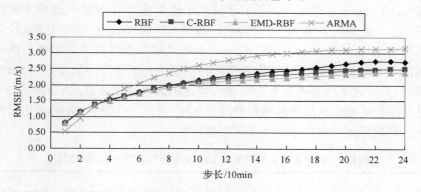

图 8-22　2 月份各预测方法的误差对比

（1）随着预测步长的增加，各种方法的预测精度均呈下降趋势。

（2）ARMA 模型在 3 步（即半小时）以内误差较其他方法小，但 3 步之后则相反，且随着预测步长的增加这种差异更加明显。这是因为 ARMA 采用的是迭代预测的模式，在预测时将预测值纳入输入信息，随着预测步长的增加，预测误差的累积会越来越大。

（3）与单步迭代法（ARMA）相比，直接多步预测法（RBF、C-RBF、EMD-RBF）总体的预测精度普遍得到了提高。就其原因，在于直接多步预测仅使用测量数据，不依赖单步预测结果，避免了累计误差的影响。

（4）采用 RBF 的 3 种方法在 6 步以内，即 1h 内的误差差别不大，这是由于 1h 内的风速值和最新实测数据紧密相关，几种方法都用到了最新实测数据，而各种方法在 1h 后的多步预测误差差别明显，误差最小的是 EMD-RBF，其次是 C-RBF，最差的是 RBF。可见，采用本章算法不仅提高了直接多步预测的整体精度，而且保证了大多数预测点与实测风速的偏离程度较小。分析如下：采用 C-RBF 时，因为对风速时间序列进行了相空间重构，能够更好地反映风速内在的变化规

216 ·　　　　　　　　　　　　新能源发电功率预测

律，并且为神经网络模型的确定提供依据，故其预测精度较 RBF 更高；采用 EMD-RBF 时，由于经 EMD 处理，风速时间序列被自适应地分解为一系列变化相对平稳的分量，从而在一定程度上降低了不同特征信息之间的干涉和耦合。而通过重构将那些变化规律相近的分量进行整合，将会使所得分量包含的特征信息集中且变化规律明显，进而能够针对性地对三个分量分别建立较为准确的 RBF 多步预测模型。这样在很大程度上解决了因 EMD 分解所得分量不确定而引起的建模难度大、建模不准等问题，进一步地，使多步预测的精度得以大幅提高。同时，重构处理使预测分量大大减少，从而提高了多步预测的效率。另外，由于本算法将重构后三分量的多步预测结果进行了自适应叠加，如此削减了个别预测偏差较大分量对总预测风速的影响，进一步提高了多步预测的精度。

另外，将 10min 平均风速的前 6 步预测平均误差和 1h 平均风速单步预测误差进行了对比，结果见表 8-9。可以看出，各种方法对 10min 平均风速进行多步预测后求小时平均的精度均高于对 10min 平均风速求小时平均后的单步预测结果（EMD-RBF 方法则不明显），这主要是因为风速序列的平均间隔在 5～15min 时更容易预测（当风速序列间隔小于 5min 时，风速的湍流特性显著；当间隔超过 15min 时，时间序列可能缺失用于精确预测的信息）。可见，在进行 1h 的风速预测时采用 10min 间隔风速的多步预测来实现效果较好。

表 8-9　小时平均单步预测和 10min 多步预测求平均误差对比

误差	方法					
	时间序列（ARMA）		神经网络（RBF）		EMD-RBF	
	单步	多步平均	单步	多步平均	单步	多步平均
MAE	1.18	1.04	1.16	1.00	0.98	0.96
RME	10.41%	9.32%	10.41%	9.27%	9.18%	9.18%
RMSE	1.75	1.40	1.73	1.38	1.34	1.33

3. 总结

以某风电场为对象对所提的风速单步和多步预测方法进行了研究，得到了如下结论。

（1）风速小时时间序列经 EMD 处理后再进行单步预测，其预测精度较常规算法普遍得到了提高（MAE 降低了 10%～20%，RMSE 降低了 22%左右），这是由于 EMD 处理后原非线性序列被分解为若干相对平稳的分量，从而简化了不同特征信息之间的干涉和耦合。

（2）EMD-RBF 模型的风速单步预测效果优于 EMD-ARMA 模型，这是因为经 EMD 处理后再进行相关预测时，其误差主要来源于对高频模式分量的预测，而 RBF 对中高频分量的预测效果较好。

(3)对风电场各月 10min 平均风速进行多步预测时，直接多步预测法(RBF、EMD-RBF)的预测精度较单步迭代法(ARMA)的较高，这是因为直接多步预测仅使用测量数据，不依赖单步预测结果，避免了累计误差的影响。

(4)对 10min 平均风速进行 1h 内的直接多步预测时，采用 RBF 或 EMD-RBF 模型的预测误差差别不大。这是由于 1h 内的风速值和最新实测数据紧密相关，几种方法都用到了最新实测数据。而进行 1h 后的直接多步预测时，基于 EMD-RBF 的预测精度最高，RBF 的预测误差最大。这是由于 EMD 处理后更能突显风速数据本身的内在规律。

(5)基于 EMD-RBF 的风速直接多步预测模型中，对重构所得三分量的多步预测结果进行自适应叠加，能够在一定程度上削减偏差较大分量对整体预测结果的影响，进一步提高多步预测精度。

(6)在进行 1h 平均风速预测时，采用 10min 间隔风速多步预测后求平均的方法效果较好。

8.5　考虑时空信息的风电功率预测方法

8.5.1　风速时空相关性分析

风速作为空间三维矢量，既有大小又有方向，其分布由压力差(高–低)和边界条件(即地形)决定。有关研究表明，空间相关点的风速之间有短程作用和长程关联。所以，可做一个合理的假设，即在任何情况下，A 点(上风向)和 B 点(下风向)的速度之间均存在或弱或强的关系。图 8-23 为观测点 A 和 B 的风速曲线图，可看出 v_A 序列经过不同的延迟时间和一定幅度衰减，演变 v_B 序列，两站点的风速数据序列之间具有一定的相似性与延时性。

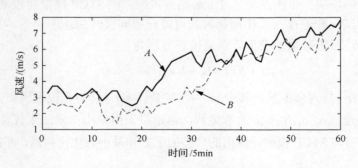

图 8-23　同一风向上两个点的风速曲线

假设一个理想状态的均匀风速场，点 A 和点 B 分别为风向上两个观测点，位于地面上足够的高度，风由全局压力梯度引起且保持不受热传递和地形特征的影响。对于相当短的距离 AB，在 $t=0$ 时刻到达 A 点的任何气象事件，均认为发生了

显著变化，且假设该风速干扰以速度 $v_F(t)$ 进行传播，$\Delta\tau$ 后到达 B 点，于是得到

$$v_A(t) = v_B(t + \Delta\tau) = v_F(t) \tag{8-6}$$

$$\Delta\tau = AB \cdot v_F(t)v_F^{-2}(t) \tag{8-7}$$

式中，$v_A(t)$ 为 A 点 t 时刻的风速；$v_B(t + \Delta\tau)$ 为 B 点 $t + \Delta\tau$ 时刻的风速；$v_F(t)$ 为传播风速；$\Delta\tau$ 为对应于传播风速 $v_F(t)$ 的时延，通过距离矢量在传播风速向量上的投影除以传播风速求得；AB 为距离矢量；$AB \cdot v_F(t)$ 为点积。

8.5.2　STCP-BP 组合的时空相关性预测模型

相关研究表明，接近于地表，风速的传播受到地形、海拔和热效应等多种因素的影响，风速场不能认为是均匀的，其传播风速及下风向风速会在上风向风速的基础上发生幅值的衰减和方向的变化[21]，为简化问题，考虑用线性关系去估计 $\Delta\tau$ 以及用 A 的风速矢量预测 B 的风速矢量，公式为

$$v_F(t) = a_0 + a_1 v_A(t) \tag{8-8}$$

$$v_B(t + \Delta\tau) = b_0 + b_1 v_A(t) \tag{8-9}$$

式中，系数 a_0 和 a_1 能够指明上风向点风速和传播风速的关系。这两个参数的错误估计将会导致模型预测即将到来事件时，比它们本应到达的时间更早或更晚。系数 b_0 和 b_1 用来调整 A 点到 B 点的风速相关特性，准确选择这两个参数可避免永久性的不足或过度预测。

通常情况下，风速时间序列表现为 3 种状态：在较长的时间内，可能出现一个稳定的趋势；风速发生突变，即风速平均值的巨大上升或下降；风速围绕一个相对稳定的平均值大范围摆动。对于前两种风况，该 STCP 模型能较准确地预测，但最后一种风况普遍存在，在预测时就可能导致同极性的连续误差，为避免这种情况的发生，可进行误差校正。误差校正方程为

$$v_B(t + \Delta\tau) = b_0 + b_1 v_A(t) + c \times e(t - 1) \tag{8-10}$$

式中，$c \times e(t-1)$ 为修正量，其中 c 为常参数，$e(t-1)$ 为非校正模型的前一时刻风速矢量误差。a_0, a_1, b_0, b_1, c 为常参数，本章将采用最小二乘法来优化模型参数，以风速的实值与 STCP 模型计算值的残差的平方和最小为优化判据，即目标函数为

$$J = \min_p \| E(p) \| = \min_p \sum_{t=1}^{N} [v_B(t + \Delta\tau) - \hat{v}_B(t + \Delta\tau, p)]^2 \tag{8-11}$$

式中，p 为参数，$p = [a_0, a_1, b_0, b_1, c]$；$v_B(t + \Delta\tau)$ 为实测值；$v_B(t + \Delta\tau, p)$ 为 STCP 模型的预测值。

　　为便于确定下风向 B 点未来时刻 $t+\Delta\tau$ 的实际风速和模型的优化，使之更贴近风电场风速预测的实际应用，实际过程中对 $t+\Delta\tau$（单位：min）除以 10 后采取四舍五入取整的办法，对整 10min 时刻风速进行预测。

　　为了便于电力系统及时调整调度计划以及提高风电的市场竞争力[22]，实际应用中需滚动预测未来 0～4h 每 10 分钟的风速，然而，由于 STCP 模型的预测时效并不固定，低风速时预测时效长，高风速时预测时效较短，此时要求每个预测点所选的时间窗将不再固定，其长度的动态选取将成为一大难题，为此，本章考虑将 STCP 预测风速叠加到 BP 的实时预测风速中进行两者的组合来实现实时预测。

1. BP 网络实时预测模型

　　本章采用 3 层 BP 神经网络模型，隐含层神经元采用非线性传递函数 tansig，输出层神经元采用线性传递函数 purelin。首先确定 BP 网络结构，观察 s_0 点风速序列的自相关函数（auto-correlation function，ACF）随时延的变化曲线（图 8-24）可知，滞后 6 阶之内的历史风速值与当前时刻的风速的自相关系数均在 0.8 以上，说明最近 6 个时刻风速对当前风速有较大影响，再往前对当前风速的影响相对较小，选择输入神经元数量为 6；通过多次仿真测试，发现隐含层神经元数为 13 时，预测精度最高；若提前 n 小时预测，则需要 $6n$ 步预测，输出层神经元的数量与预测步数一致。

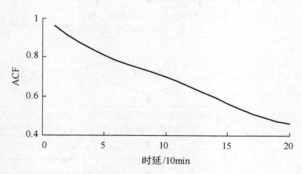

图 8-24　s_0 点风速序列的自相关函数 ACF

　　其次进行样本数据集处理，归一化样本数据。然后按照网络结构形成样本：将每个样本的前 6 个值作为 BP 神经网络的输入，后 $6n$ 个值作为目标输出，最后通过网络学习，实现从输入空间到输出空间的映射。

2. STCP-BP 组合预测模型

　　图 8-25 为 STCP-BP 预测算法流程框图，详细的预测步骤如下所示。

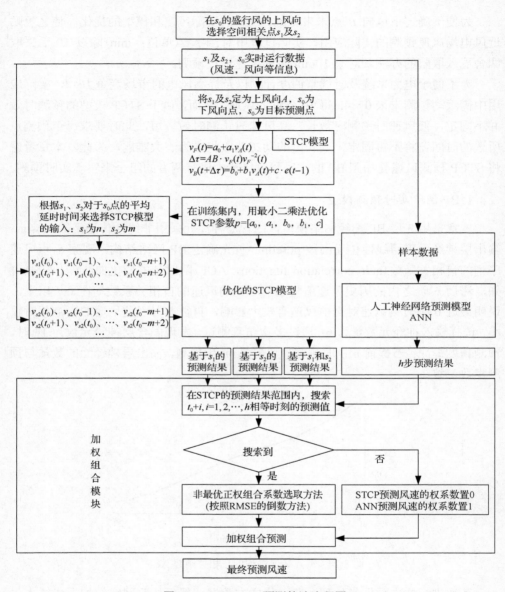

图 8-25　STCP-BP 预测算法流程图

(1)选定盛行风向上的邻域点 s_1 和 s_2。

(2)从 3 个风电场监控系统中读取历史运行数据,选定训练样本集及测试样本集。

(3)STCP 模型训练及优化。

建立两个上风向点 s_1、s_2 相对于 s_0 的 STCP 模型,分别记为 STCP$_1$ 和 STCP$_2$。在训练样本集内,利用最小二乘优化算法确定 STCP$_1$ 和 STCP$_2$ 模型最优参数 p。

根据时延的概率统计图，由其平均值来确定组合预测中 STCP 预测风速的时间窗长度 n 与 m。

（4）进行未来 1h 每 10min 的六步预测。

①利用 s_1 点当前及过去 $n-1$ 个历史时刻的风速风向信息，即取 n 个相邻的样本为滑动窗，用上一步骤中优化的 STCP$_1$ 对 s_0 点的未来风速进行预测，每个历史时刻对应一个延后 $\Delta \tau$ 的预测风速，每个时刻对应的 $\Delta \tau$ 可能不同，因而得到 s_0 点未来时刻不等间隔的 n 个风速预测值 $\hat{v}_{\text{STCP1}}(t_{\text{STCP1}-1}), \hat{v}_{\text{STCP1}}(t_{\text{STCP1}-2}), \cdots, \hat{v}_{\text{STCP1}}(t_{\text{STCP1}-m})$。

②同理，用 s_2 点当前及过去 $m-1$ 个历史时刻的风速风向信息，即取 m 个相邻的样本为滑动窗，用优化的 STCP$_2$ 对 s_0 点的未来风速进行预测，得到 s_0 点未来时刻不等间隔的 m 个风速预测值 $\hat{v}_{\text{STCP1}}(t_{\text{STCP1}-1}), \hat{v}_{\text{STCP1}}(t_{\text{STCP1}-2}), \cdots, \hat{v}_{\text{STCP1}}(t_{\text{STCP1}-m})$。

③用 s_0 站点（下风向）自身的历史风速数据，用 BP 神经网络进行训练、测试，得到未来 1h 的 6 步预测值 $\hat{v}_{\text{BP}}(t_0+1), \hat{v}_{\text{BP}}(t_0+2), \cdots, \hat{v}_{\text{BP}}(t_0+h)$，$h=6$。

④加权组合预测：

（Ⅰ）令 $i=1$，$i \leqslant h$，在 $\hat{v}_{\text{STCP1}}(t_{\text{STCP1}-1}), \hat{v}_{\text{STCP1}}(t_{\text{STCP1}-2}), \cdots, \hat{v}_{\text{STCP1}}(t_{\text{STCP1}-n})$ 范围内寻找 $t_0+i=t_{\text{STCP1}-i}$ 的 $\hat{v}_{\text{STCP1}}(t_{\text{STCP1}-i})$ 若搜索到满足条件 STCP$_1$ 相应时刻的预测值，则将 STCP$_1$ 与 BP 两种算法的预测风速进行适当加权组合，即

$$\hat{v}_{s_0}(t_0+i) = \lambda_{\text{STCP1}} \hat{v}_{\text{STCP1}}(t_{\text{STCP}-i}) + \lambda_{\text{BP}} \hat{v}_{\text{BP}}(t_0+i) \tag{8-12}$$

若搜索不到，则有

$$\hat{v}_{s0}(t_0+i) = \hat{v}_{\text{BP}}(t_0+i) \tag{8-13}$$

式中，λ_{STCP} 为 STCP 的加权系数；λ_{BP} 为 BP 的加权系数，且有 $\lambda_{\text{STCP}} + \lambda_{\text{BP}} = 1$。

（Ⅱ）$i=i+1$，判断 $i \leqslant h$，若是则执行 a.，否则执行 c.。

（Ⅲ）搜索范围变为 STCP$_2$ 的 m 个预测风速，按照上述步骤 a.～b.，得到 STCP$_2$ 与 BP 两种算法的组合预测风速。

（Ⅳ）同理，将搜索范围锁定在 STCP$_1$ 和 STCP$_2$ 的 $n+m$ 个预测风速，得出组合预测结果。

⑤返回步骤④，修改预测步数 h，进行未来 2h、3h、4h 的风速短期预测。

8.5.3　模型仿真实例与结果分析

1. 仿真数据

以我国某区域多个风电场为例，对本章所建模型进行检验。该地区风力资源丰富，盛行风为西北至东南风，冬季以这样的天气形势为主。如图 8-26 所示，安装风力机的 3 个点 s_2、s_1、s_0 距离分别为 $s_1 s_2 = 48 \text{km}$，$s_1 s_0 = 132 \text{km}$，$s_2 s_0 = 85 \text{km}$，

海拔分别为 1549m、1554m 和 1427m。选取 2009 年冬季时段的数据作为样本。考虑到数据的时间分辨率为 10min，所以每小时每类数据就有 6 个，选取 100h 的运行数据作为训练样本，24h 的数据作为测试样本。

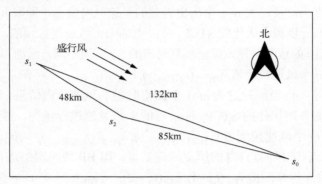

图 8-26　某区域各风电场相对位置

2. 仿真实例与结果分析

为衡量预测结果，采用绝对值平均误差（MAE）、均方根误差（RMSE）这两个统计学指标。STCP$_1$ 模型与 STCP$_2$ 模型的预测误差 MAE 分别为 0.8019m/s 和 1.0144m/s，可见，采用离目标预测点较近的站点 s$_2$ 建立的 STCP 模型预测误差相对较大，究其原因可能是 s$_2$ 站点的海拔相对于 s$_1$、s$_0$ 站点较低，高度差超过 100m，在不同高度处风速的时空相关性不是很明显，预测效果稍差。

按照风的演变规律，采用 STCP 预测模型将上风向点（称为点 A）的每 10 分钟平均风速转换为下风向点（称为 B 点）超前 $\Delta\tau$ 时刻的预测风速，可发现，两个相邻空间点间的时延不是恒定的，取决于距离、风速大小和风向，其概率统计分布如图 8-27 所示。

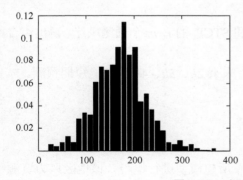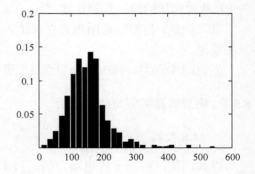

图 8-27　时延概率统计分布图

由图 8-27 可知，两个模型的时延分布为 0～400min，其平均延迟时间分别为

170min 和 150min。因此，选定组合预测中 STCP 预测风速的时间窗长度 n=17、m=15。组合预测选为最简单的平均组合法，即 $\lambda_{STCP} = \lambda_{BP} = 0.5$，分别进行提前 6、12、18、24 步的风速预测，测试误差见表 8-10。

表 8-10　测试误差

预测方法	提前 6 步		提前 12 步		提前 18 步		提前 24 步	
	MAE/ (m/s)	RMSE/ (m/s)	MAE/ (m/s)	RMSE/ (m/s)	MAE/ (m/s)	RMSE/ (m/s)	MAE/ (m/s)	RMSE/ (m/s)
BP	1.2376	1.3982	1.3914	1.6183	1.4935	1.7453	1.7310	2.0027
组合预测 1	1.1160	1.2901	1.2382	1.4823	1.2097	1.4847	1.4061	1.7174
组合预测 2	1.2204	1.3809	1.3631	1.5899	1.3573	1.6250	1.5291	1.8394
组合预测 3	1.1105	1.2799	1.2145	1.4528	1.1938	1.4683	1.3374	1.6576

注：组合预测 1 为 $STCP_1$+BP；组合预测 2 为 $STCP_2$+BP；组合预测 3 为 $STCP_1$+$STCP_2$+BP。

由表 8-10 可知，利用 BP 神经网络预测算法提前 6 步的预测误差 MAE 为 1.2376m/s，本章提出的 3 种组合预测模型的预测误差 MAE 分别为 1.1160m/s、1.2204m/s 和 1.1105m/s，可见，时空相关性信息的加入能提高预测精度，且不同位置的空间相关点所起的作用不同，其中较近站点 s_2 由于海拔比其他两个站点低，对精度的提升作用有限，仅为 1.39%；而较远的同一海拔处的空间相关点 s_1 的风速风向信息对提高预测精度所起的作用较大，为 9.83%；包含两站点信息的组合预测 3 算法提高得最多，达到 10.27%。

同样地，提前 12、18、24 步预测时，第 3 种组合预测法精度提高得最多，分别为 17.82%、25.23%和 22.74%。由于较远的站点 s_1 对目标预测点的平均时延为 170min，最接近 18 个步长，所以在提前 18 步预测时，STCP 相应时刻的预测风速在组合预测中的利用率最高，提高的精度也最多，如果在此方向的更远处设置一些风速观测点，所能提前预测的时间将会更长，且精度也会有更大程度的提升。

组合预测方法也会有效地改善误差随预测步长的变化情况。如提前 6 步预测时，组合预测 3 模型的 MAE 随预测步数 h 的变化关系曲线如图 8-28 所示，可看出，BP 模型的误差随预测步长的增加呈近似线性增加，到第 6 步预测时，误差增至 1.4m/s，准确度较低；与 BP 模型相比，提前 1 步和 2 步时，组合预测 3 模型误差略差或接近，而在第 3 步之后则明显降低，且随预测步长增大而增加的幅度更加缓慢，明显提高了实时预测的准确度，体现了加入时空相关性信息进行组合预测的巨大优势。

运用 BP 和组合预测 3 两种算法分别提前 6 步预测，其第 6 步预测风速与实际风速的曲线如图 8-29 所示。从图 8-29 中可看出，BP 网络提前 1h 的预测表现出明显的滞后现象，且往往在预测极端风速时出现偏差，即风速较大时预测的风速往往相对观测值偏大，而风速较小时则预测值相对观测值偏小，与此相反，

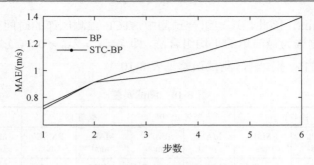

图 8-28　MAE 随预测步数的变化曲线

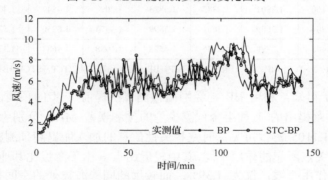

图 8-29　第 6 步实际风速和预测风速曲线

STCP-BP 则明显地改善了滞后预测的劣势，预测风速能较理想地跟踪实际风速数据，且对风速发生剧烈变化点的预测，并未像 BP 神经网络出现较大的同极性偏差，减小了预测峰值的出现。

3. 总结

本章考虑风速演变的物理特性，提出一种基于 STCP-BP 的风速实时预测方法，经测试得出以下结论：

（1）由于距离目标预测点不同距离的观测点的 STCP 模型包含不同时间尺度的信息，相比于 BP 神经网络预测模型，仅利用较近站点的信息的 STCP-BP 组合模型能将提前 3h 实时预测精度提高 9.12%，仅利用较远站点的提高预测精度 19.00%，同时利用两个站点信息的其精度提高 25.23%；利用两个站点信息的较只用 1 个站点信息的模型精度分别提高 12.00% 与 1.32%，说明利用的空间相关点信息越多，其精度提高越明显。

（2）海拔对时空相关性有较大影响。同一海拔处，其风速的时空相关性明显，STCP 模型包含的信息对于组合预测模型贡献较大。若在盛行风向的上风向设置同海拔的多个风速观测点，其 STCP 模型将会包含多个不同时间尺度的信息，将会提升多个预测时间段的预测精度。

(3) 鉴于加权组合模块采取简单的平均方法, 若深入研究 STCP 和 BP 预测风速的权值选取方法, 将会更大尺度地提高预测精度。另外, 针对不同海拔处的空间相关点如何建立最优时空相关模型将是下一步研究工作的重点。

参 考 文 献

[1] 风电功率预测系统功能规范(NB/T 31046—2013)[S]. 北京: 国家能源局, 2013.

[2] El-Fouly T H, El-Saadany E F, Salama M M A. One day ahead prediction of wind speed and direction[J]. IEEE Transactions on Energy Conversion, 2008, 23(1): 191-201.

[3] 杨秀媛, 肖洋, 陈树勇. 风电场风速和发电功率预测研究[J]. 中国电机工程学报, 2005, 25(11): 1-5.

[4] 刘永前, 韩爽, 杨勇平, 等. 提前 3 小时风电机组出力组合预报研究[J]. 太阳能学报, 2007, 28(8): 839-843.

[5] 蔡凯, 谭伦农, 李春林, 等. 时间序列与神经网络法相结合的短期风速预测[J]. 电网技术, 2008, 32(8): 82-85, 90.

[6] Senju T, Yona A, Ura-saki N. Application of recurrent neural network to long-term-ahead generating power forecasting for wind power generator[C]. Power Systems Conference and Exposition, Atlanta, 2006: 1260-1265.

[7] 王志勇, 郭创新, 曹一家. 基于模糊粗糙集和神经网络的短期负荷预测方法[J]. 中国电机工程学报, 2005, 25(19): 7-11.

[8] 冬雷, 高爽, 廖晓钟, 等. 风力发电系统发电容量时间序列的混沌属性分析[J]. 太阳能学报, 2007, 28(11): 1290-1294.

[9] 吕金虎, 陆君安, 陈士华. 混沌时间序列分析及其应用[M]. 武汉: 武汉大学出版社, 2002: 46-80.

[10] 杨培才, 周秀骥. 气候系统的非平稳行为和预测理论[J]. 气象学报, 2005, 5: 556-570.

[11] Huang N E, Shen Z, Long S, et al. The empirical mode decomposition and the Hilbert spectrum for nonlinear and non-stationary time series analysis[J]. Proceedings of the Royal Society of London Series A, London, 1998: 903-995.

[12] 李天云, 高磊, 聂永辉, 等. 基于经验模式分解处理局部放电数据的自适应直接阈值算法[J]. 中国电机工程学报, 2006, 26(15): 29-34.

[13] 郝志华, 马孝江. 局域波法和独立成分分析在转子系统故障诊断上的应用[J]. 中国电机工程学报, 2005, 25(3): 84-88.

[14] 于德介, 陈淼峰, 程军圣, 等. 一种基于经验模式分解与支持向量机的转子故障诊断方法[J]. 中国电机工程学报, 2006, 26(16): 162-167.

[15] 牛东晓, 李媛媛, 乞建勋, 等. 基于经验模式分解与因素影响的负荷分析方法[J]. 中国电机工程学报, 2008, 28(16): 96-102.

[16] 刘兴杰, 米增强, 杨奇逊. 基于经验模式分解和时间序列分析的风电场风速预测[J]. 太阳能学报, 2010, 31(8): 1037-1041.

[17] 刘兴杰, 米增强, 杨奇逊, 等. 一种基于 EMD 的短期风速多步预测方法[J]. 电工技术学报, 2010, 25(4): 91-96.

[18] 杨位钦, 顾岚. 时间序列分析与动态数据建模[M]. 北京: 北京工业大学出版社, 1986.

[19] 王振龙, 顾岚. 时间序列分析[M]. 北京: 中国统计出版社, 2000.

[20] 陈祥光, 裴旭东. 人工神经网络技术及应用[M]. 北京: 中国电力出版社, 2003.

[21] Landberg L. Short-term prediction of the power production from wind farms [J]. Journal of Wind Engineering and Industrial Aerodynamics, 1999, 80(1/2): 207-220.

[22] 米增强, 刘兴杰, 张艳青, 等. 基于混沌分析和神经网络的风速直接多步预测[J]. 太阳能学报, 2011, 32(6): 901-906.

第9章 风电功率短期预测

9.1 概 述

风电功率的短期预测是指预测未来 24～72h 内的输出功率[1]，一般需要借助数值气象预报来实现。在进行预测时可以采用物理方法和统计方法。物理方法需要专业的气象知识和复杂的模型构建，难以大规模适用，而且由于影响模型的因素众多，无法精确建模，所以应用难度更大。而统计方法是建立输入(包括数值天气预报和风电场实测数据)和输出功率之间的映射关系，通过数据训练得到模型，该方法可以自发地适应风电场位置，随着数据积累不断地提高预测精度。

9.2 基于 NWP 的短期风力发电功率预测方法

9.2.1 NWP 信息与风力发电功率的关系

数值天气预报(numerical weather prediction，NWP)是在给定初始条件和边界条件的情况下，数值求解大气运动基本方程组，由已知的初始时刻的大气状态预报未来时刻的大气状态。NWP 输出的气象要素多达 200 余种，对于风力发电功率来说，主要关注的是与新能源发电密切相关的气象要素，如风速等，且对数据的时空分辨率和预报时长等参数有特定要求，具体来说有如下特点。

(1)关注风速。风速的大小直接决定了风电出力的大小，因而功率预测中最关键的气象要素是风速。在实际应用的预测模型中，为提高预测的精度，往往在风电功率预测中还需引入风向、温度、气压、湿度等要素。

(2)空间分辨率要求更高。目前，风力发电主要利用近地面风能资源，近地面风速受局部地形和地貌影响显著，同一风电场内，不同风电机组位置处的风速差异可达到 20%以上。因而，为了保障新能源发电功率预测精度，要求 NWP 的空间分辨率应尽量高，以提升对微尺度地形、地貌等微气象要素的模拟精度。目前区域模式普遍都将空间分辨率提高到 9km×9km 以上。

(3)时间分辨率需与电力调度要求一致。风力发电功率预测目的是预知风电未来一段时间内的出力，从而支撑电力调控机构制定发电计划，保障风电安全高效消纳。目前，发电计划编制通常采用的时间分辨率为 15 分钟，这就要求风力发电功率预测结果的时间分辨率需与其保持一致，对应的 NWP 各参量的时间分辨率也需要为 15min。

（4）定量化预报。有别于天气事件预测，用于风力发电功率预测的 NWP 需实现定量预报，即给出具体时间、地点相关要素的具体值，如某某风电场，2018 年 7 月 22 日 10:30 的风速为 10.2m/s、风向为 93°等。随着集合预报技术的发展，除给出定量值外，还应给出概率预测值。

（5）预报时长至少 72h。为了促进风电消纳，满足风电的调峰需求，要求新能源发电功率预测的时间长度至少为 3 天，相应的 NWP 的时间长度也应在 3 天以上，未来还需发展到 7 天及以上。

9.2.2　基于 NWP 的神经网络风电功率预测

将过去 n 点的实测风速、温度和功率（通过试错法来确定 n），未来 m 点不同高度的预测风速、风向、温度和气压作为输入，未来 m 点的预测功率作为输出。利用历史数据对神经网络进行训练后即可进行预测[2]。

9.2.3　模型仿真实例及结果分析

本章的输出功率短期预测方法研究是基于风电场 1 进行的，因为该风电场的数据源中包含数值气象预报信息。该气象预报提供了风电场区域 4 个格点未来 48h 的风速、风向、温度和气压等数据，每天提供两次。风速数据包含 12 个高度，分别为 10m、30m、50m、70m、100m、120m、150m、170m、200m、250m、300m 和 350m。以下分别利用功率曲线和神经网络两种方法对风电场 1 进行了输出功率短期预测。

目前，两种输出功率短期预测方法都已在实际系统中试用，应用中发现基于功率曲线的方法较基于神经网络的方法精度高。这是由于神经网络法的精度很大程度上取决于训练样本的代表性和准确度，而数值气象预报目前存在一些问题，如数据积累不够和精度不高（目前误差为 20%～30%）等。当使用数值气象预报数据对神经网络进行训练时，样本的不稳定性将导致训练效果欠佳。而功率曲线法相对简单且可以灵活考虑机组运行状态，所以精度更高。目前，短期功率预测的月均方根误差为 20%～30%，其误差主要来自数值气象预报。图 9-1 和图 9-2 所示为实际运行中同一时间段的风速预测和功率预测（采用功率曲线法）的应用效果。从图 9-1 和图 9-2 中可以看出，当数值气象预报准确时，经功率曲线方法对风电输出功率的预测也非常准确，这表明功率曲线法非常有效。同时，测试结果证明随着数值气象预报模型的不断完善和精度的逐步提高，基于神经网络的风电输出功率短期预测精度也在逐步提高。

当前功率: 0.20MW
当前风速: 0.40m/s

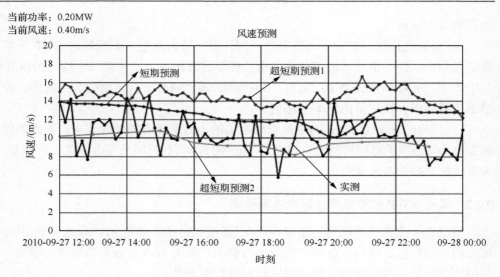

图 9-1　实际系统中风速预测

当前功率: 0.60MW
当前风速: 0.40m/s

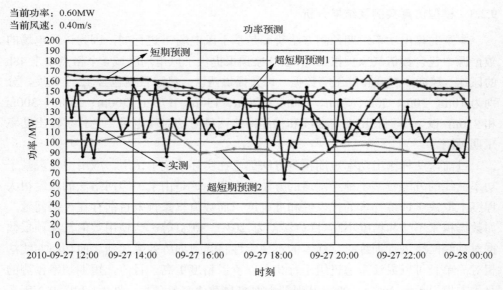

图 9-2　实际系统中功率预测截图

9.3　风力发电功率的概率预测方法

目前，确定性风电功率点预测依然存在着较大误差，且其预测结果无法反映风电功率波动特性。相比之下，波动区间预测则包含更多的信息，有利于决策者更好地认识未来变化可能存在的不确定性和面临的风险[3]，因此有必要对风电功率预测误差分布规律进行研究和对未来风电功率波动区间进行预测。本章在风电预测功率区间合理划分的基础上，利用参数优化后的非标准贝塔分布对功率预测误差频率分布进行拟合，进而对风电功率的波动区间进行了估计，便于系统运行人员更好地认识未来可能存在的不确定性，做出合理决策。最后以内蒙古某风电场的历史数据为例对该优化模型的有效性进行了验证。

9.3.1　风力发电功率预测误差概率分布特性分析

1. 风电功率预测误差

本章以内蒙古某风电场 2012 年 5～8 月份实际数据和基于神经网络功率预测方法所得到的未来 10min 的预测数据为例进行预测误差分析。实际运行中风电机组实际出力值和预测值并不完全相符，且该不相符由于风电出力预测模型精度、风电场地理环境[4]、风电功率预测时间间隔[5]等因素不同而呈现预测值大于、小于或者滞后于实际值的程度不同。图 9-3 为内蒙古某风电场 5 月 1 日风电实测功率和未来 10min 的预测功率，从图 9-3 中可以看出实测功率和预测功率并不完全相符。

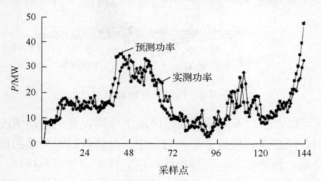

图 9-3　风电预测功率和实测功率

本章为便于对功率预测误差进行分析，对实测功率和预测功率进行了归一化处理，即

$$P_m' = \frac{P_m}{P_N} \tag{9-1}$$

$$P_p' = \frac{P_p}{P_N} \tag{9-2}$$

式中，P_m 为风电场实际功率；P_p 为风电场预测功率；P_N 为风电场额定功率，该内蒙古风电场额定功率为 99MW；P_m' 为归一化后风电场实际功率；P_p' 为归一化

后风电场预测功率。取预测误差 d 为

$$d = P'_m - P'_p \qquad (9\text{-}3)$$

2. 预测功率区间分段

为了更细化研究预测误差的分布特性，本章在 MATLAB 环境下，利用内蒙古某风电场 2012 年 5～7 月风电历史数据，得出了不同预测功率区段下的预测误差频数分布，如图 9-4 所示，图中预测误差为标幺值，下同。

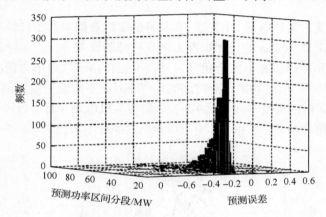

图 9-4　预测误差频数分布

从图 9-4 中可以看出，不同预测功率区段下预测误差的波动情况差别很大，当预测功率较小时，预测误差频数分布相对集中，而随着预测功率的增大预测误差频数分布越来越分散。预测功率区间越细化，越能体现误差分布规律，但当数据总体量一定时，预测功率区间越细化，各样本的数据量就越少，使得某些区间样本数量不足以较好地反映出预测误差统计规律。结合参考文献[6]的研究结果，本章将功率预测分为 $[0,0.1P_N]$、$[0.1P_N,0.2P_N]$、$[0.2P_N,0.4P_N]$、$[0.4P_N,P_N]$ 4 个区段进行探究。

3. 预测误差概率分布的偏态性

预测误差虽不可避免，但依然可以建立相关的数学模型对其规律进行拟合分析，如文献[2]、[7]和[8]都对预测误差采取正态分布模型进行拟合。图 9-5 为在 MATLAB 环境中所做 4 个预测功率区段上的预测误差样本数据的正态概率图，图中曲线①～④和曲线⑤～⑧分别表示样本数据 1～4 和正态分布数据 1～4。从图 9-5 中可以发现，所得 4 个区间预测误差样本数据和正态分布数据并不完全重合(如果样本数据分布符合正态分布，则样本数据应与正态分布数据重合且显示为直线)，由此可见风电功率预测误差并不完全服从正态分布，而是呈现不同程度的

正偏或负偏分布，所以如果所建模型能够充分地考虑这种偏态分布，则风电功率
预测区间估计的精度会进一步提高。

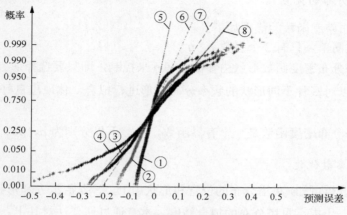

图 9-5　风电功率预测误差正态概率图

9.3.2　贝塔分布模型及模型的优化

基于前面功率预测误差概率分布特性分析，同时由于标准正态分布自变量取
值范围为[0,1]，不适合对取值范围为[-1,1]的风电功率预测误差进行拟合，所以本
章选择非标准贝塔分布对风电功率预测误差概率分布进行拟合。

1. 非标准贝塔分布密度函数

设随机变量的密度函数为

$$f(x,\gamma,\eta,a,b)=\begin{cases}\dfrac{1}{(b-a)\beta(\gamma,\eta)}\left(\dfrac{x-a}{b-a}\right)^{\gamma-1}\left(\dfrac{b-x}{b-a}\right)^{\eta-1}, & a\leqslant x\leqslant b\\[3mm]0, & \text{其他}\end{cases}\tag{9-4}$$

式中，$\beta(\gamma,\eta)=\displaystyle\int_0^1 z^{\gamma-1}(1-z)^{\eta-1}\mathrm{d}z, \gamma>0,\eta>0, z=(x-a)/(b-a)$，称 x 服从贝塔分
布，记为 $x\sim\beta(\gamma,\eta),a,b$ 为 x 取值的上、下边界值。γ,η 为形状参数，表达式为

$$\begin{cases}\gamma=\dfrac{(\mu_x-a)^2(b-\mu_x)-\sigma_x^2(\mu_x-a)}{\sigma_x^2(b-a)}\\[4mm]\eta=\dfrac{(\mu_x-a)(b-\mu_x)^2-\sigma_x^2(b-\mu_x)}{\sigma_x^2(b-a)}\end{cases}\tag{9-5}$$

式中，μ_x 与 σ_x 分别为 x 的均值和标准差。

2. 贝塔分布的优点

贝塔分布密度函数的优点如下：

(1)函数简单，只有 2 个参数 γ、η。

(2)贝塔分布密度函数形状由参数 γ 和 η 来控制，即只要选择适当的 γ 和 η，贝塔分布可以对多种不同形状的频率分布图形进行拟合，体现出良好的适应性和普适性。

(3)贝塔分布密度函数是一个有界函数，上、下界分别为 a、b。

3. 模型参数优化

由上面分析可知，贝塔分布的位置和形状由上、下边界 a、b 和形状参数 γ、η 确定，为进一步提高贝塔分布的拟合精度，本章通过迭代法对其上、下边界值和形状参数进行了优化，步骤如下。

(1)设预测误差样本数据为 $d_i(i=1,2,\cdots,n)$，计算预测误差样本均值 $\overline{d}$ 和方差 s_d^2。

(2)对预测误差样本 d_i 排序，令 $y_1=d_{\min},y_n=d_{\max},y_1\leqslant y_2\leqslant\cdots\leqslant y_n$，其中 $d_{\min}$ 和 $d_{\max}$ 分别为样本数据的最小值和最大值。

(3)计算上、下边界 a 和 b 的初始值：

$$\begin{cases} \hat{a}=2y_1-\sum_{i=1}^{n}[F(n,i-1)-F(n,i)]y_i \\ \hat{b}=2y_n-\sum_{i=0}^{n-1}[F(n,i)-F(n,i+1)]y_{n-i} \end{cases} \tag{9-6}$$

式中，$F(n,i)=(1-i/n)$。

(4)计算形状参数 γ、η 的初始值：

$$\begin{cases} \hat{\gamma}=\dfrac{(d-\hat{a})^2(\hat{b}-\overline{d})-S_d^2(\overline{d}-\hat{a})}{S_d^2(\hat{b}-\hat{a})} \\ \hat{\eta}=\dfrac{(\overline{d}-\hat{a})(\hat{b}-\overline{d})^2-S_d^2(b-\overline{d})}{S_d^2(\hat{b}-\hat{a})} \end{cases} \tag{9-7}$$

计算边界 b 的新估计值：

$$\hat{b} = y_n + \frac{a_1(t)}{a_2(t)}\left[y_n - (1-\mathrm{e}^{-1})\sum_{i=0}^{n-1}\mathrm{e}^{-i}y_{n-i} \right]$$

$$a_1(t) = \Gamma(t+1)(1-\mathrm{e}^{-1})\sum_{i=0}^{n}G_a(i,t) - \Gamma(2t+1)$$

$$a_2(t) = \Gamma(2t+1)[1+(1-\mathrm{e}^{-1})^2(1-\mathrm{e}^{-2})^{-2t-1}] - 2\Gamma(t+1)$$

$$\times(1-\mathrm{e}^{-1})\sum_{i=0}^{n}G_a(i,t) + 2(1-\mathrm{e}^{-1})^2\sum_{i=0}^{n}G_a(i,t)\sum_{j=0}^{n}G_b(j,t)$$

$$(9\text{-}8)$$

$$G_a(i,t) = \mathrm{e}^{-i}\frac{\Gamma(2t+i+1)}{\Gamma(t+i+1)}$$

$$G_b(j,t) = \mathrm{e}^{-j}\frac{\Gamma(t+j+1)}{\Gamma(j+1)}, \ t = 1/\hat{\eta}$$

$$(9\text{-}9)$$

(5) 由 $\hat{a}$、$\hat{b}$ 的当前值按式(9-7)计算形状参数 $\hat{\gamma}$、$\hat{\eta}$ 估计值。

(6) 计算边界 a 的新估计值：

$$\hat{a} = y_1 + \frac{a_1(t)}{a_2(t)}\left[y_1 - (\mathrm{e}-1)\sum_{i=1}^{n}\mathrm{e}^{-i}y_i \right]$$

$$(9\text{-}10)$$

(7) 由 $\hat{a}$、$\hat{b}$ 的当前值按式(9-7)计算形状参数 $\hat{\gamma}$、$\hat{\eta}$ 的新估计值。

(8) 重复步骤(5)~(7)，直到 $\hat{a},\hat{b}$ 的当前值与前一步的估计值之差的绝对值满足式(9-11)后才使迭代停止。

$$\left| \hat{a}_i - \hat{a}_{i-1} \right| \leqslant A_{\mathrm{cc}}, \ \left| \hat{b}_i - \hat{b}_{i-1} \right| \leqslant A_{\mathrm{cc}}$$

$$(9\text{-}11)$$

式中，A_{cc} 为预定精度，本章取 0.0000001。

4. 置信区间的求取

由前面迭代结束后所得贝塔分布函数自变量新的上下边界 $\hat{a}_i$、$\hat{b}_i$ 和形态参数估计值 $\hat{\gamma}$、$\hat{\eta}$，可得参数优化后的预测误差概率密度函数 $f(\hat{d},\hat{\gamma},\hat{\eta},\hat{a},\hat{b})$，对其进行积分从而得分布函数 $F(d_i)$。

本章采用估计区间最狭原则求得对应置信水平下的置信区间，即

$$\begin{cases} F(d_1) - F(d_2) = 1-a \\ \min(\Delta P = d_1 - d_2) \end{cases}$$

$$(9\text{-}12)$$

式中，$1-a$ 为对应置信水平。

9.3.3 模型仿真实例及结果分析

1. 预测误差概率分布拟合和波动区间估计

为验证所建模型的有效性，本章引用正态分布模型和参数优化前的贝塔分布模型进行对比分析。在 MATLAB 环境下，利用参数优化后的贝塔分布模型进行拟合，当预测功率区段为 $[0,0.1\,P_N)$ 时，经过 4 次迭代后，求得优化贝塔分布相关参数分别为 $\hat{a} = -0.0809$，$\hat{b} = 0.502\,9$，$\hat{\gamma} = 4.6116$，$\hat{\eta} = 27.3512$，同时利用正态分布模型和参数优化前的贝塔分布模型对预测误差概率分布进行拟合，结果如图 9-6 所示。同理可以依次求得其他区段的拟合曲线，图 9-7 为 $[0.1\,P_N, 0.2\,P_N)$ 区段功率预测误差拟合曲线。

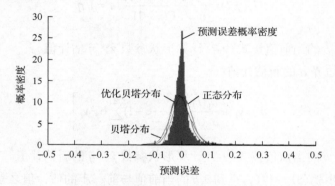

图 9-6　区段功率预测误差拟合曲线

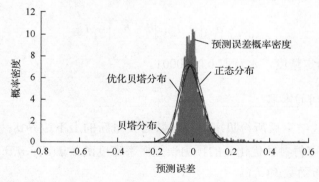

图 9-7　$[0.1\,P_N, 0.2\,P_N)$ 区段功率预测误差拟合曲线

根据参数优化贝塔分布模型所得各区段概率密度函数，对 2012 年 8 月 1 日前 139 个时段，依据 3.2 节公式对置信水平为 90%的风电功率波动区间进行估计，结果如图 9-8 所示。同时，分别利用正态分布和参数优化前贝塔分布模型，对置信水平为 90%的风电功率波动区间进行估计，结果如图 9-9 和图 9-10 所示。

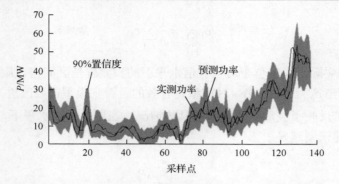

图 9-8　90%置信水平下优化贝塔分布功率波动区间

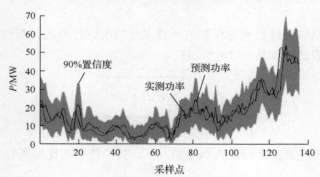

图 9-9　90%置信水平下正态分布功率波动区间

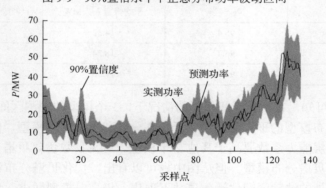

图 9-10　90%置信水平下贝塔分布功率波动区间

2. 模型结果对比

为分析优化贝塔分布模型的有效性，本章利用预测区间覆盖率(prediction interval coverage probability，PICP) δ_{PICP}、平均带宽 $\Delta \overline{P}$ 和分辨能力系数 $\sigma_{\Delta P}$ 对 3 个模型的预测精度进行对比分析。

$$\delta_{\mathrm{PICP}} = \frac{1}{n} \sum_{i=1}^{n} c_i \qquad (9\text{-}13)$$

若第 i 个实际出力值位于对应置信水平下的预测置信区间内，则取 $c_i = 1$，否则取 $c_i = 0$。当 $\delta_{\mathrm{PICP}} \geqslant (1-a)\%$ 时模型是有效的，否则模型需要改进。

平均宽带反映了波动区间宽窄的具体情况，在同一置信水平下，平均宽带越小则说明所建模型越好。

$$\Delta \overline{P} = \frac{\sum_{i=1}^{n} \Delta P_i}{n} \qquad (9\text{-}14)$$

分辨能力系数能够对所建模型的所得误差情况进行分析，其值越大说明估计结果越好，其表达式如式(9-15)所示：

$$\sigma_{\Delta P} = \sqrt{\frac{\sum_{i=1}^{n} (\Delta P_i - \Delta \overline{P})^2}{n}} \qquad (9\text{-}15)$$

经过计算，在置信水平均为 90%情况下，模型指标对比结果如表 9-1 所示。

表 9-1　模型指标对比结果

模型	δ_{PICP} /%	平均带宽 $\Delta \overline{P}$ /MW	分辨能力系数 $\sigma_{\Delta P}$
优化贝塔分布	96.4	14.32	7.48
正态分布	96.4	18.24	6.42
贝塔分布	96.4	17.56	6.87

从表 9-1 可知，在置信区间相同的情况下，3 个模型的预测区间覆盖率相同，而优化贝塔分布模型的平均带宽要小于正态分布和贝塔分布模型，同时优化贝塔分布模型的分辨能力系数要高于其他 2 个模型。可见参数优化贝塔分布模型要优于正态分布和贝塔分布模型。但从图中也可以看出，优化贝塔分布和另外 2 个模型在处理拐点处的波动区间估计效果并不理想，仍需对模型做进一步改进。

3. 结论

在电力系统运行中，面对风电功率较强的波动性和间歇性问题，更好地把握风电功率的波动规律能够为运行人员的决策提供有效的依据。本章结合功率预测区间分段方法，利用参数优化后的非标准贝塔分布对风电功率预测误差概率分布进行了拟合，并利用所得分布函数对风电功率预测的波动区间进行了估计。通过对功率预测误差分布特性分析和实例验证可以得出以下结论：

（1）不同风电预测功率区段下，功率预测误差概率分布拟合曲线不同；

（2）本章所建立的模型考虑了风电功率预测误差概率分布的偏态性，相较于正态分布模型能更好地拟合预测误差概率分布，得到与实际分布一致的拟合函数；

（3）通过对内蒙古某风电场算例分析，相对于正态分布模型及未优化贝塔分布模型，本章所建优化贝塔分布模型能够更有效地提供风电功率波动区间分析结果，这对电网经济运行以及提高风电场预测精度具有积极意义。

参 考 文 献

[1] 风电功率预测系统功能规范(NB/T 31046—2013)[S]. 北京：国家能源局, 2013.

[2] 范高锋, 王伟胜, 刘纯, 等. 基于人工神经网络的风电功率预测[J]. 中国电机工程学报, 2008, 28(34)：118-123.

[3] 柯拥勤. 风电场风速及风电功率预测研究[D]. 保定：华北电力大学, 2012.

[4] 徐曼, 乔颖, 鲁宗相. 短期风电功率预测误差综合评价方法[J]. 电力系统自动化, 2011, 35(12)：20-26.

[5] 杨秀媛, 肖洋, 陈树勇. 风电场风速和发电功率预测研究[J]. 中国电机工程学报, 2005, 25(11)：1-54.

[6] Pinson P, Chevallier C, Kariniotakis G N. Trading wind generation from short-term probabilistic forecasts of wind power[J]. IEEE Transactions on Power Systems, 2007, 22(3)：1148-1156.

[7] 刘斌, 周京阳, 周海明, 等. 一种改进的风电功率预测误差分布模型[J]. 华东电力, 2012, 40(2)：286-291.

[8] Wang J H, Shahidehpour M, Li Z Y. Security—constrained unit commitment with volatile wind power generation[J]. IEEE Transactions on Power Systems, 2008, 23(3)：1.

第 10 章　实际预测系统

10.1　光伏功率预测系统

10.1.1　概述

由于在预测原理、模型方法、程序软件、功能设置等方面存在的不足，现有光伏发电功率预测系统的预测精度和整体性能尚不能满足电网调度管理和光伏电站优化运行的要求，适合我国电网实际情况的光伏电站发电功率预测系统亟待开发。面对规模化光伏发电并网容量快速增长的发展形势和电网消纳间歇性波动电源的迫切需求，在本章关于光伏发电功率预测应用基础问题研究成果的基础上，基于 C/S 构架和 Microsoft Visual.net 开发工具，利用开发语言 Microsoft C#和数据库接口技术 Microsoft ADO.net 开发了并网型光伏电站发电功率预测系统。

10.1.2　数据的采集和处理

1. 系统的数据来源

光伏电站发电功率预测系统的数据包括以下来源：

(1) 光伏电站的静态数据信息。

(2) 光伏电站的实测数据，指监控系统中的实时运行数据，包括所有发电单元、逆变器、升压变压器的实时数据。

(3) 各个光伏发电单元处自动气象站所采集的气象参数数据。

(4) 来自调度部门或外部文件的天气预报数据。

2. 光伏电站的静态数据

根据《光伏发电功率预测系统功能规范》(征求意见稿)中的定义[1]，光伏发电单元是指在光伏电站中，一定数量的光伏组件通过串并联方式，通过直流汇流箱和直流配电柜多级汇集，经光伏逆变器与单元升压变压器一次升压成符合电网频率和电压要求的电源。这种一定数量光伏组件串的集合称为光伏发电单元。光伏电站及其各发电单元的静态数据包括以下几种。

(1) 光伏电站：名称、地点、经度、纬度、海拔、最大功率、占地面积、投运时间、并网电压、运营商、发电单元个数。

(2) 发电单元：单元编号、组件参数、组件供货商、组件串联数、组件并联数、铭牌容量(MW)、实际容量(MW)、安装运行方式(固定安装、单轴跟踪、双轴跟踪、建筑光伏)、逆变器配置、汇流方式(汇流接线图)、安装位置，逆变器转换效率曲线和单个光伏组件的面积、额定容量、峰值功率组件温度曲线、峰值功率辐照度曲线，以及光伏组件数量等。

(3)光伏组件：生产厂家、电池类型(单晶硅、多晶硅、非晶硅、薄膜)、电池规格型号、生产日期。

(4)汇流箱：型号、端子数、最大输入电压、每路最大电流、隔离设备、最大输出电流。

(5)变压器：对应发电单元的编号、型号、相数、额定容量、额定电压(变比)、额定频率、高压分解范围、调压方式、联结组别、阻抗电压、空载损耗、负载损耗、噪声水平、重量、生产厂家、出厂日期。

(6)自动气象站的经度、纬度、海拔，以及站址变更信息。

3. 光伏电站的实测数据

光伏电站实测数据的类型与精度要求如下所示[1,2]。

(1)发电单元功率：相对分辨率不低于 1/1024。

(2)逆变器数据：直流侧电压、直流侧电流、交流测电压、交流侧电流、功率因数、有功功率、无功功率、频率、工作状态(由逆变器确定)。

(3)辐照度：不低于 $1W/m^2$。

(4)温度：组件温度，环境温度，不低于 1℃。

(5)相对湿度：不低于 10%。

(6)风速：不低于 1m/s。

(7)风向：不低于 10°。

(8)气压：不低于 10kPa。

(9)天气类型：预设不超过 16 类天气类型。

(10)发电单元状态：预设不超过 8 种状态，如运行、检修、停运等。

以上实测数据来自光伏电站监控系统的数据服务器和各个发电单元处装设的自动气象站。所有数据的采样间隔不大于 5min，单个发电单元最大采样点数量不超过系统支持的最大发电单元数(不超过 4096 个)。

4. 光伏电站的历史数据

光伏电站监控系统提供预测系统读取该光伏电站所有历史数据的接口，当预测系统第一次投运时可以从监控系统的数据服务器中获得该光伏电站所有可用的历史运行数据。光伏电站的历史运行数据应包括[1,2]：

(1)光伏电站并网点高压侧有功功率、开机容量、限电记录、逆变器工作状态、光伏发电单元故障记录等；

（2）光伏电站发电单元交流侧有功功率，对应气象站采集的辐照度、环境温度、组件温度、相对湿度和风速等；

（3）投运时间不足年的光伏发电站应包括投运后所有的历史运行数据，投运时间超过年情况下历史运行数据应不少于 1 年；

（4）有功功率数据的时间分辨率应不小于 5min。

5. 天气预报数据

由专业的气象服务机构提供，天气预报信息包括光伏电站所在地点指定预报时间尺度下的最高温度、最低温度、降雨量、相对湿度、云量、日出时间、日落时间、天气类型等。在本系统中，将天气预报提供的天气类型进行归纳合并，最终得到四种广义天气类型，即 A、B、C、D 类，专业气象天气类型与广义天气类型之间的对应关系见表 10-1。

表 10-1　广义天气类型对应表

广义天气类型	专业气象天气类型
A 类	晴、晴间多云、多云间晴
B 类	多云、阴、阴间多云、多云间阴、雾
C 类	阵雨、雷阵雨、雷阵雨伴有冰雹、雨夹雪、小雨、阵雪、小雪、冻雨、小到中雨、小到中雪
D 类	中雨、大雨、暴雨、大暴雨、特大暴雨、中雪、大雪、暴雪、中到大雨、大到暴雨、暴雨到大暴雨、大暴雨到特大暴雨、中到大雪、大到暴雪、沙尘暴

6. 数据的预处理

系统采集的数据有光伏电站监控系统的运行记录数据和气象站采集的气象环境数据。由于实时数据采集过程中有可能会出现传感器漂移、电磁干扰、通信故障等现象，造成采集数据的异常、丢失、错误或偏差，这些错误和不真实的数据称为不良数据。为了保证采集数据的可靠性和发电功率预测的精度，需对不良数据进行修正、对缺失数据进行插补，即需要对采集数据进行预处理。

数据的预处理主要包括以下几个环节。

（1）完整性检验。完整性检验主要根据采样间隔和通信延迟等指标要求，检查采集数据的数量是否等于预期的数量，以及数据的时间顺序、时间标签是否符合预期的开始、结束时间，数据序列应当连续。

（2）合理性检验。合理性检验主要是根据各类物理量的合理取值范围，检查采集数据的数值是否正常，如发电功率的采样值应该为正值，且不应超过该发电单元对应的额定功率，辐照度数值应在 0 到对应的地外辐照度理论值之间等。

(3)变化率检验。对发电功率的变化率进行检验,变化率检验的门限值可以手动设置。

(4)缺失与错误数据的补齐。

①发电功率数据。理论分析和实测数据表明,光伏电站在同一天气系统下,不同时刻的发电功率主要与该时刻对应的辐照度、环境温度、相对湿度和风速有关。在只是发电功率数据缺失的情况下,可针对各个发电单元建立发电功率与辐照度、环境温度、相对湿度和风速的回归方程,通过该方程和对应时刻的辐照度等参数的数值计算得到对应的发电功率值作为该时刻的发电功率。

②线性插值方法。当缺失数据较少时,根据其缺失时间前后的数据记录值,采取线性插值方法进行补缺;当缺失数据较多时,这种方法就不适用,需要利用回归方程插补。

(5)采样间隔的转换。不同光伏电站的监控系统所提供数据的采样间隔可能各不相同,因此需要根据实际情况对其数据的采样间隔进行转换。如需要 15min 采样间隔的数据则将数据采集与监视控制系统(supervisory control and data acquisition, SCADA)采样间隔为 1 分钟的数据求平均值来作为 15min 的数据。

(6)数据格式的转换。不同厂家 SCADA 系统所提供的数据文件格式可能不同,为了获取历史数据和实时运行数据需要对数据文件进行格式转换以满足本系统的要求。

(7)缺失、异常和非标格式数据应该赋以特定的标志以示区别,经过修正和插补的数据也需进行特殊标示。

10.1.3　系统的架构设计

1. 系统的总体架构

通过详细分析光伏电站发电功率预测系统功能设置以及各组成部分之间的相互关系,将其整体架构划分为四层:基础连接层、综合数据层、模型算法层和人机交互层。预测系统通过基础连接层读取、接收各个光伏发电单元的实时运行数据和外部数值天气预报,这些数据上传到综合数据层后进行预处理,然后将预处理之后的有效数据在数据库中进行存储,生成并动态更新发电功率出力特性的关联数据模型。模型算法层根据预测请求选择适合的预测模型和算法,调用综合数据层的数据后运行相应的模型完成预测,并将发电功率的预测结果传输到综合数据层,然后存储至预测结果数据库中,人机交互层可以采用曲线、图形等多种形式显示各种数据和预测结果。光伏电站发电功率预测系统的总体架构如图 10-1所示。

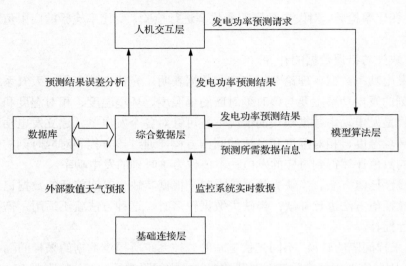

图 10-1　光伏电站发电功率预测系统的总体架构

2. 基础连接层

预测系统基础连接层的功能模块如图 10-2 所示。

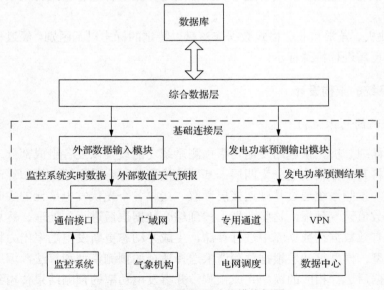

图 10-2　基础连接层功能模块框图

基础连接层包括外部数据输入和发电功率预测输出两个功能模块,外部数据输入模块负责读取光伏电站监控系统数据服务器中的实时运行数据,并且接收由专业气象服务部门提供的数值天气预报信息；发电功率预测输出模块负责将光伏电站的发电功率预测结果上报电网调度机构和发电公司总部的数据中心。

3. 综合数据层

综合数据层的功能模块如图 10-3 所示。

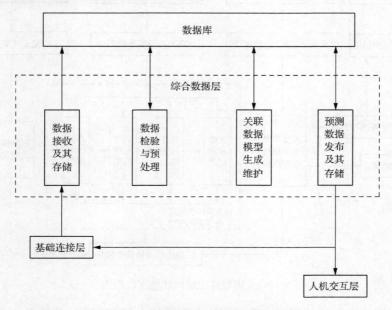

图 10-3　综合数据层的功能模块框图

综合数据层包括四个功能模块：数据接收及其存储、数据检验与预处理、关联数据模型生成维护、预测数据发布及其存储。数据接收及其存储模块主要负责接收基础连接层收集来的光伏电站各个发电单元实时运行数据和专业数值天气预报，临时保存在数据库，留作数据处理之用。数据检验与预处理模块负责检验采集来的实时数据，对其完整性与合理性进行判断，将无效数据删除并将有效数据进行预处理，得到符合系统格式要求的历史运行数据，以备模型算法层调用。关联数据模型生成维护模块负责建立辐照度、环境温度、相对湿度、风速和发电功率的关联数据模型，并依据最新采集的实时运行数据对关联数据模型中的记录进行更新，以备预测模型调用。预测数据发布及其存储模块负责接收模型算法层输出的预测结果，首先将其存入数据库并提供给基础连接层，同时也可以为人机交互层提供所有预测结果的调用。

4. 模型算法层

模型算法层的功能模块如图 10-4 所示。

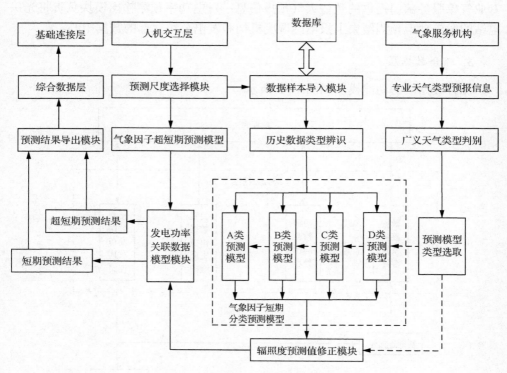

图 10-4　模型算法层的功能模块框图

　　模型算法层包括预测尺度选择模块、数据样本导入模块、历史数据类型辨识模块、气象影响因子预测模块(含超短期预测模型和短期分类预测模型)、辐照度预测值修正模块、发电功率关联数据模型模块、功率预测结果导出模块共 7 个功能模块。模型算法层是本预测系统的核心层,实现了本章提出的缺失天气类型信息历史数据的类型辨识、按照广义天气类型分类建立的气象影响因子改进的 ANN 预测模型、基于时间周期性和临近相似性的辐照度预测值修正方法、光伏电站发电功率出力特性的关联数据模型等。数据样本导入模块根据预测尺度要求和预测模型需要,从数据库中获取所需的历史数据,针对不同时间尺度要求分别进行气象影响因子预测,其中辐照度的预测值经过时间周期性和临近相似性的修正,最后通过发电功率出力特性关联数据模型和发电功率映射预测方法得到最终预测值,预测结果经导出模块传输至综合数据层进行存储和发布。

10.1.4　系统拓扑与数据交换方式

　　本系统针对云南电网公司云电科技园 166kW 并网型光伏实验电站进行设计开发,光伏电站的光伏电池阵列、自动气象站和并网逆变器如图 10-5 所示。

(a) 光伏电池阵列

(b) 自动气象站

(c) 并网逆变器

图 10-5　云电科技园并网型光伏电池

为实现光伏电站发电功率预测系统的自动高效运行、远程监视和升级维护，需要将光伏电站现场自动气象站采集的气象数据和光伏电站监控系统中的实际运行数据同步传输到预测系统所在地点。

在光伏电站监控系统服务器所在的内网中，设置一台专门用来进行综合数据存储和发电功率预测的服务器，称为数据采集功率预测服务器。数据采集功率预测服务器要接入光伏电站监控系统所处内网的交换机上，保证该服务器和监控服务器处于同一子网。远程监控中心可通过该服务器进行数据采集和系统升级，实测数据和气象数据都要通过数据采集功率预测服务器进行读取。为了保证内网运行的安全，根据电力系统二次安全防护规定的要求，需要在该服务器和外网的连接处装设正向和反向隔离装置。光伏电站发电功率预测系统拓扑与数据交换方式如图 10-6 所示。

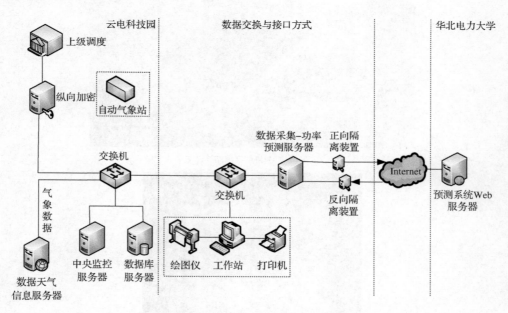

图 10-6　系统拓扑与数据交换方式

监控系统的数据服务器和数据采集功率预测服务器之间的连线采用两端均为 RJ-45 水晶头的双绞线，将该双绞线一端连接至监控系统数据服务器所在内网交换机的 RJ-45 接口，另一端连接至所安装交换机的 RJ-45 接口。监控系统提供工业控制 OPC 或者 MODBUS 服务器接口，利用 OPC 或 MODBUS 协议为预测系统提供实时数据。该 OPC 或者 MODBUS 服务器接口可由光伏组件供应商或者是监控系统制造厂家提供。监控系统每日生成一个文本文件，每隔 5 分钟(数据采集的时间间隔)更新该文本文件，该文件存放在数据采集功率预测服务器能够访问的共享文件夹中，该文本文件的数据格式为：时间｜发电单元｜功率｜有功功率｜无功功率｜功率因数｜辐照度｜环境温度｜组件温度｜风速｜相对湿度｜气压｜风向｜天气类型｜发电单元状态频率｜直流侧电压｜直流侧电流｜交流测电压｜交流侧电流。

10.1.5　功能设置与界面展示

系统导航菜单包括：电站状态、功率预测、接收上传、误差分析、参数设置、系统管理，各个导航菜单根据实际情况设有二级菜单。系统主页面显示光伏电站的实时运行状态，包括光伏电站当前的发电功率、辐照度、环境温度、相对湿度、风速和气压等，采集数据的自动更新周期为 5 分钟。二级菜单页面显示各个按钮下所对应属性值的曲线。光伏电站发电功率曲线如图 10-7 所示，其他二级菜单的显示界面与之类似。

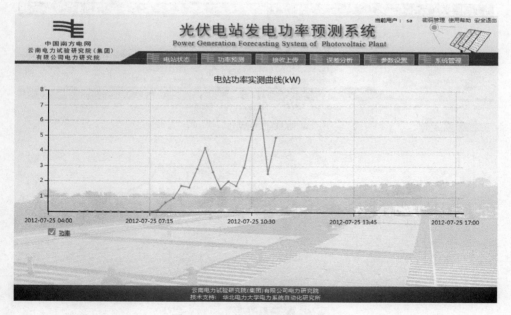

图 10-7　光伏电站发电功率曲线

辐照度预测曲线如图 10-8 所示，光伏发电功率预测曲线如图 10-9 所示。预测系统可选择显示的时间范围，最小单位为小时，如图 10-10 所示。

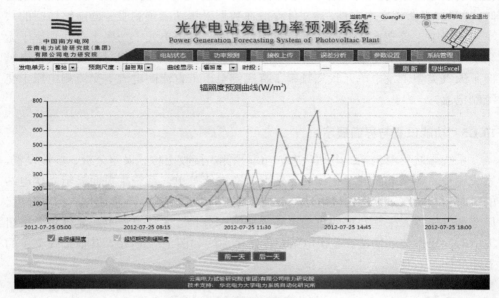

(a) 辐射度超短期预测曲线

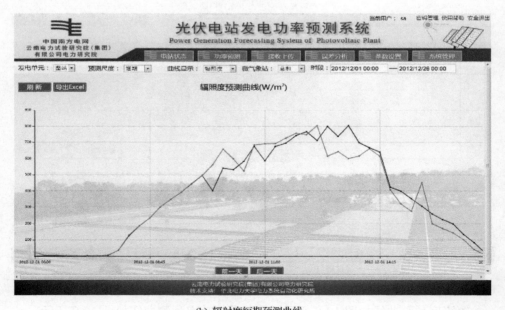

(b) 辐射度短期预测曲线

图 10-8　辐射度预测曲线

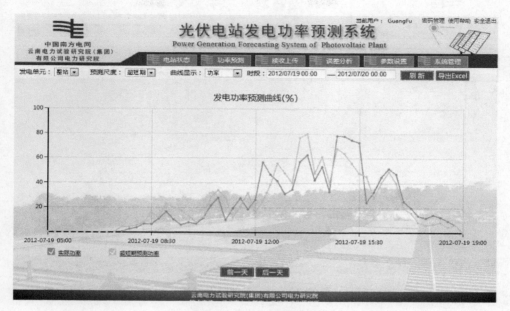

(a) 光伏电站发电功率超短期预测曲线

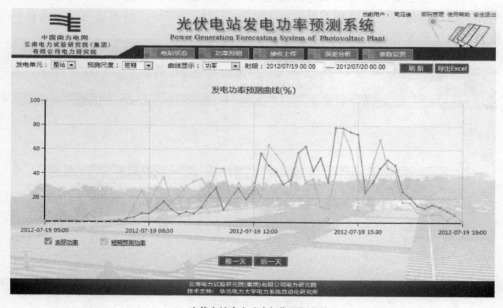

(b) 光伏电站发电功率短期预测曲线

图 10-9　光伏发电功率预测曲线

图 10-10　显示时间范围选择

　　阈值设置主要是设定光伏电站发电功率、辐照度、环境温度、相对湿度、风速和气压等数据的上限值和下限值，当实测数值超出其规定的阈值范围后会自动报警，阈值设置界面如图 10-11 所示。

图 10-11　阈值设置界面

10.1.6　小结

在前面研究成果基础上，参照电力行业标准《光伏发电功率预测系统功能规范》(NB/T 32031—2016)和能源行业标准《光伏发电站功率预测技术要求》(NB/T 32011—2013)，给出了光伏电站发电功率预测系统的总体框架设计，搭建了基于 C/S 的预测系统硬件平台，利用 Microsoft Visual Studio.net 2008 开发工具和 Microsoft C#语言开发了预测系统软件，数据库部分基于微软公司企业级数据库的解决方案和高扩展性的数据存储架构。

系统的人机界面友好、功能设置丰富、技术指标符合规范要求、扩展性强，目前该系统已经成功地应用于云南电网公司云电科技园并网型光伏电站。系统自投运以来运行良好，能够较为准确地预测光伏电站的发电功率，并通过了云南省科技厅组织的科技成果鉴定，鉴定结论为总体水平国内先进，预测模型和修正方法国内领先。

10.2　风电功率预测系统

10.2.1　概述

为实现对风电输出功率的实时预测，有利于电网调度和风电场运营，需开发一套风电输出功率预测系统。本书基于一定的预测算法，根据所要实现的相关功能，利用 Microsoft Visual Studio.net 2008、Microsoft Sqlserver 2008 及 MicrosoftC# 等软件工具开发了一套风电输出功率预测系统，该系统已在多个风电场和地区电网调度安装投运。本章从风电输出功率预测系统开发的需求分析、构架设计、系统实现和系统应用等方面进行介绍。

10.2.2　需求分析

系统设计时首先需要对系统目标、用户需求和功能需求几个方面进行分析，以便为系统的后续设计和开发确定指导原则[3-5]。

1. 系统目标

作为一套商用和服务于电网和风电场的软件系统，应该充分考虑风电场的具体情况和电网的特殊要求，为此，系统应该达到以下目标。

(1)扩展性：系统设计应采用分层模块化设计，降低各层及模块间的耦合程度，增强对未来扩展功能的支持，为后续开发和升级提供便利。

(2)兼容性：系统接口部分设计需基于 XML 标准输出，从而达到为各个系统灵活提供预测数据的目标。

(3)标准性：系统的功能与指标须满足相关行业和企业标准。

(4)开放性：考虑到风电行业的特殊性，风电场端系统的预测结果需实现 Web 发布，任何一台得到授权的客户端均能访问预测系统服务器获得预测结果，以便于各级风电机构掌握风电场运行情况。

(5)安全性：预测系统与电网远动信息系统之间需要进行信息传递，需按照电力二次系统安全防护规定严格设计，满足电力系统安全运行要求。

此外，在进行风电输出功率预测时应针对不同的预测对象采用相应的预测技术路线，以达到最好的预测效果。因此，在系统开发过程中应包含多种预测算法并具备一定的智能自选择性。

2. 用户需求

该系统按照服务对象，可以分为电网调度和风电场，不同的服务对象和用户在访问系统时具有不同的需求。

(1)风电场版：用户主要有风电场管理员和普通值班员。风电场管理员应拥有对风电场预测系统的所有管理权限，包括数据采集的管理、算法程序的管理、预测结果的修正权限管理、数据发布权限的管理、用户管理和日志管理等；普通管理员可以查看数据发布模块发布的各种信息，享有风电场管理员赋予的其他权限。

(2)调度版：用户主要有调度管理员和普通调度员。调度管理员可以对下属的所有风电场进行控制和管理，可以设置普通调度员的权限、管理调度日志等；普通调度员可以查看所有风电场或单个风电场的预测情况，可以享有调度管理员赋予的其他权限。

3. 功能需求

风电场版风电输出功率预测系统应具备的一般功能如下所示。

(1)数据采集和处理功能：根据风电场运行情况，实时采集风电机组的运行数据和测风资料数据，对采集数据进行合理性检验后根据预测需求处理为所需数据格式进行保存。包括风速、风向、有功功率、机组状态等信息。

(2)风速预测功能：根据最新数据，在不同的时间间隔发布预测结果，包括基于历史数据的风速超短期预测，基于数值气象预报的风速短期预测。

(3)功率预测功能：根据最新数据，在不同的时间间隔发布输出功率超短期和短期预测结果，包括基于历史数据的输出功率超短期预测(0~6h 每 10~15min 间隔)和基于数值气象预报的短期功率预测(0~72h 每 10~15min 间隔)。

(4)统计分析功能:统计分析功能包括数理统计、相关性校验、误差统计、误差分析和考核统计等功能。

(5)预测结果的人工修改:具有用户级别和权限设置功能,支持对功率预测结果的人工修改。

(6)预测曲线与信息上传:能够满足电网调度对上传功率预报曲线和相关信息的要求。并可将功率预报曲线和相关信息上传风电公司本部。

(7)权限管理功能:根据不同操作人员的特性,赋予一定的管理和使用权限。

调度版风电输出功率预测系统应具备的一般功能如下所示。

(1)数据采集和处理功能:采集所辖风电场的实时运行数据,对采集数据进行合理性检验后根据预测需求处理为所需数据格式进行保存。主要包括风速、功率等。

(2)功率预测功能:实现对所辖所有、单个或组合风电场的输出功率的超短期和短期预测。

(3)统计分析功能:统计分析功能包括数理统计、相关性校验、误差统计、误差分析和考核统计等功能。

(4)预测数据的上传:能够为上一级电网调度提供预测信息,能够为调度平台的其他软件提供预测信息。

(5)权限管理功能:根据不同操作人员的特性,赋予一定的管理和使用权限。

以上功能可分为"后台实现"和"前台显示"两个部分。后台实现主要指数据采集,核心数据库和预测程序模块,强调数据的后台操作和流程。前台显示主要指预测数据发布模块,强调预测数据的显示。后台实现部分功能如表 10-2 所示,前台显示部分功能如表 10-3 所示。

表 10-2　后台实现部分功能

功能	描述
数据采集	01.与数据前置机连接
	02.从数据前置机采集风机实时数据
核心数据库	01.对采集数据进行筛选、处理存储
	02.提供算法预测所需数据
	03.对实时数据和预测数据进行存储
预测程序	通过算法结合数据库提供数据进行预测

表 10-3　前台显示部分功能

功能	描述
基本情况	显示调度所辖风电场或具体风电场的基本情况，具体数据项可选
风速预测	01.查看预测风速情况，具体显示包括超短期风速预测值、短期风速预测值、实测风速值
	02.查询历史预测风速：对历史预测风速进行查询，支持导出
功率预测	01.查看预测功率情况，具体显示：调度版显示单个或多个风电场输出功率超短期预测值和短期预测值及实测功率值；风电场版显示风电场输出功率的超短期预测值和短期预测值以及实测功率值
	02.查询历史预测功率，对历史预测功率进行查询，支持导出
风速误差	01.查看预测风速与实测风速的对比，显示几种典型误差
	02.查看预测风速与实测风速的对比，对历史风速误差进行查询，支持导出
功率误差	01.查看预测功率与实测功率的对比，显示几种典型误差
	02.查看预测功率与实测功率的对比，对历史功率进行查询，支持导出
上报管理	仅为风电场版提供，在将预测信息上报电网调度前可以进行人工修正和干预
算法管理	实现对预测算法的添加、删除、修改等管理工作
后台管理	对用户的管理，包括查看、创建、删除、权限设置等
日志管理	记录系统各级别管理员的操作时间、操作动作等
帮助	系统使用说明书
退出	安全退出系统

10.2.3　构架设计

　　根据需求分析，确定了系统的总体构架[6,7]。风电场版的系统总体构架如图 10-12 所示，其数值气象预报是通过电网调度和风电场之间的通信网络获取的，不支持该模式的地区可以以无线或其他方式获取。调度版的系统总体构架如图 10-13 所示。该预测系统主要由四个模块构成，分别为数据采集模块、核心数据库模块、算法程序模块和 B/S 网站。可见，该系统是一个以数据库为核心，B/S 结构和 C/S 结构相结合的分布式应用软件系统，其中数据采集部分和预测算法部分采用 C/S 结构，预测数据发布则采用 B/S 结构。

　　根据各项功能的依赖关系可将整个系统的开发划分为接口层、数据层、预测层和表示层[8]，如图 10-14 所示。各层的通信以数据库为核心，系统通过接口层采集风电机组的实时运行数据和数值天气预报，经过筛选交予数据层，数据层对接口层采集到的数据进行预处理，并将有效数据存入数据库中，形成一定时间规则的历史数据库，同时建立和维护风速、风向、发电功率等相关参数的专家数据库。预测层根据预测请求选择相应预测算法，调用数据层提供的数据存储过程，从数据库中获得相关数据样本，完成预测并将预测结果交由数据层，存储至预测结果数据库中。以下将详述各层的功能和定义。

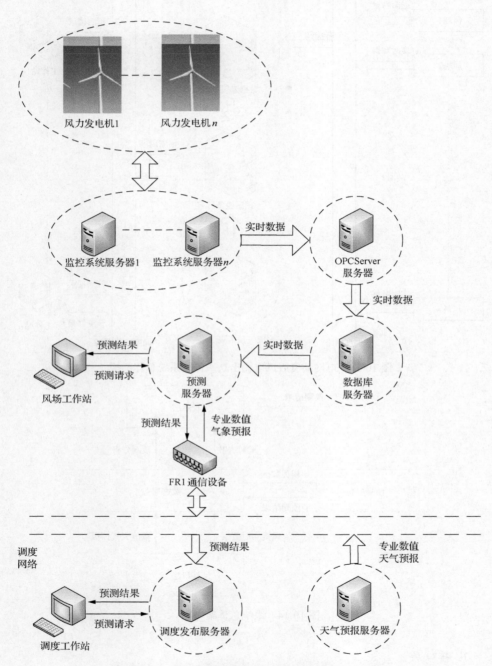

图 10-12　风电场版风电输出功率预测系统总体架构

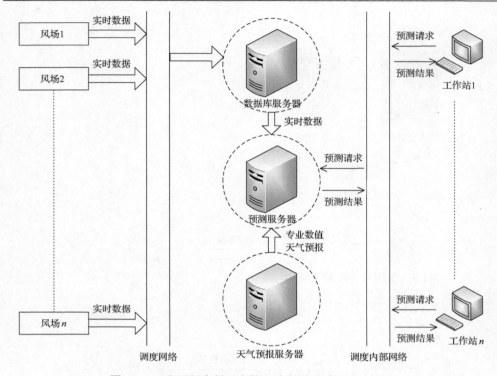

图 10-13　电网调度版风电输出功率预测系统总体架构

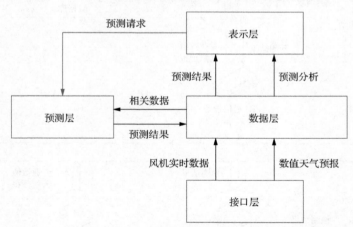

图 10-14　系统总体架构图

1. 接口层

接口层构架图可分为外部数据获取和预测结果对外发布两个模块,如图 10-15 所示。其中外部数据获取实现从风机监控系统中获取实时运行数据以及从气象部

门获取数值天气预报的功能。预测结果对外发布模块实现了将预测结果上报风电
公司和电网调度的功能。

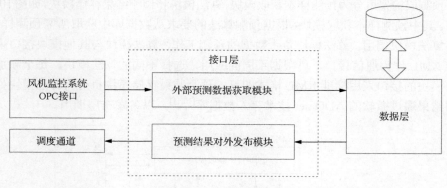

图 10-15　接口层架构图

2. 数据层

数据层构架可分为实时数据存储、数据预处理、专家数据库维护和预测结果发
布四个模块，如图 10-16 所示。其中实时数据存储模块负责接收接口层采集来的风
电机组实时运行数据和数值天气预报，存入临时数据库，以备数据处理工作；数据
预处理模块负责分析采集来的实时数据，将无效数据剔除，并将有效数据处理成固
定时间间隔的历史运行数据，以备算法层调用；专家数据库维护模块负责建立风速、
风向、发电功率等相关参数的专家数据库，并依据最新采集的实时运行数据完成专
家数据库更新工作，以备预测模块调用；预测结果发布模块负责接收预测模块输入
的预测结果，将其存入数据库，并为表示层提供所有数据调用的存储过程[9,10]。

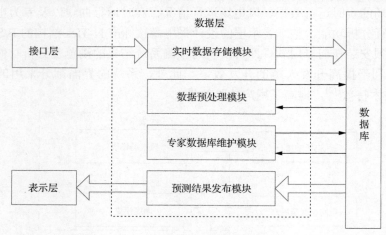

图 10-16　数据层架构图

3. 预测层

预测层构架可分为预测样本获取模块、算法模块和预测结果存储模块,如图 10-17 所示。其中预测样本获取模块,根据预测算法的要求从数据库中获取所需预测样本,以备算法模块调用。算法模块负责数据的预测工作,算法模块与其他模块接口采用标准 XML 作为通信接口,可根据不同的应用,选择不同的算法模块,每个新加的算法模块的接口采用标准 XML 格式即可。预测结果存储模块负责将算法模块处理后的结果通过微软的 ADO.net 技术存入数据库[10,11],以备发布层调用。

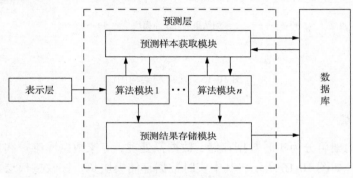

图 10-17　预测层架构图

4. 表示层

表示层构架可分为风电场模块和调度模块两部分,如图 10-18 所示。其中风电场模块实现了风电场端用户的操作界面,包括风机实时运行数据、风电厂运行情况、实时预测曲线、数据分析等功能;调度模块实现了电网调度端的操作界面,包括风电场的实时运行数据、风电场运行情况、实时运行曲线以及专为电网调度定制的运行分析功能。整个表示层的设计采用微软标准 N-Ties 结构的 B/S 构架,客户端无须安装任何专用软件即可实现对预测系统结果的浏览及分析功能,此种构架也有利于提高开发人员的开发效率。此外,系统的界面部分采用的大量的 Web2.0 技术特效[12],提高了用户体验效果。

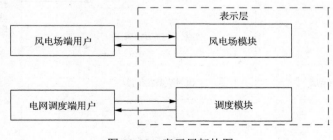

图 10-18　表示层架构图

10.2.4　系统实现

根据接口层、数据层、预测层和表示层不同的功能特点，采用不同的开发工具和开发技术分别予以实现[13-16]。

（1）接口层：接口层主要功能为与外部系统实现接口通信（如与监控系统的 OPC 接口进行通信），需要一定的 W 底层支持，因此接口层的开发采用了 C/S 构架，开发工具为 Microsoft Visual Studio.net 2008，开发语言为 Microsoft C#，数据库接口采用 Microsoft ADO.net 技术实现。

（2）数据层：数据层的功能需要与数据库系统进行实时高并发量的通信，采用外部软件访问数据库的方式将受制于数据通道技术的瓶颈限制，因此数据层的开发采用了利用数据开发工具在数据库内部实现的方案，数据库开发工具为 Microsoft SqlServer 2008，开发语言为 Transact Sql 语言。

（3）预测层：预测层的核心为算法部分，大规模计算是 C/S 构架的优势，因此预测层的实现采用 C/S 构架，开发工具为 Microsoft Visual Studio.net 2008，开发语言为 Microsoft C#，数据库接口采用 Microsoft ADO.net 技术实现。

（4）表示层：表示层的主要功能是用户交互，B/S 构架具有界面友好、部署简单、维护方便的特点，因此表示层的开发采用了基于 Microsoft ASP.net 3.5 技术开发的 B/S 构架，报表部分则采用了大量的 Web 2.0 特效技术以增强用户体验。开发工具为 Microsoft Visual Studio.net 2008，开发语言为 Microsoft C#，数据库接口采用 Microsoft ADO.net 技术实现。

10.2.5　系统应用

1. 系统软硬件要求

（1）硬件要求：系统硬件配置要求 CPU 为 Inter Pentium IV 以上，内存为 512MB 以上，硬盘可用空间在 10GB 以上。

（2）软件要求：操作系统可以是 Windows XP、Windows2003、Windows Vista、Windows 7 等常用操作系统。浏览器可以是 IE7.0 及其以上版本、FireFox（火狐）、Mathon（遨游）、Google Chrome 等常用浏览器。

2. 系统展示

该系统已在多个风电场和地区电网调度运行，图 10-19～图 10-29 为系统的一些界面。

图 10-19　登录界面

图 10-20　调度版首页

风电场	
风场个数：	1个
总风机台数：	284台
总装机容量：	MW
总实发功率：	85.9 MW
总预测功率：	80.7 MW
平均预测风速：	11.7 m/s

图 10-21　调度端基本情况页

图 10-22　风电场端首页

图 10-23　风电场端基本情况

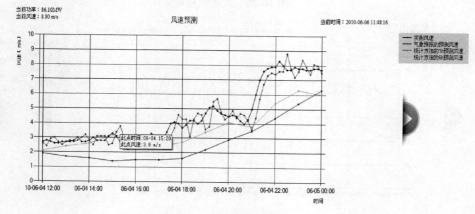

图 10-24　风速预测页面

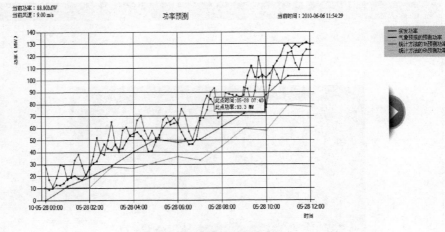

图 10-25　功率预测页面

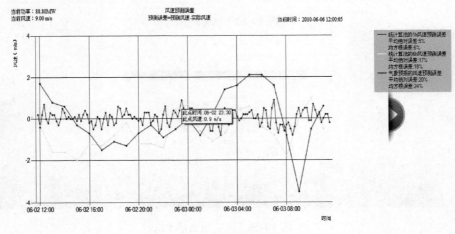

图 10-26　风速误差页面

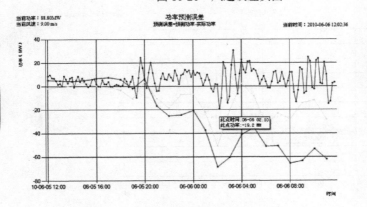

图 10-27　功率误差页面

名字	分组	删除	编辑
admin	管理员	删除	编辑
sd	调度员	删除	编辑
aa	调度员	删除	编辑
ac	管理员	删除	编辑
dd	管理员	删除	编辑
dc	管理员	删除	编辑

图 10-28　用户管理页面

ID	登陆者	登陆时间	
163	admin	2010-12-3 9:08:05	删除
162	ly	2010-12-2 12:47:08	删除
161	admin	2010-12-1 10:45:38	删除
160	admin	2010-12-1 10:41:58	删除
159	ly	2010-11-29 21:42:32	删除
158	ly	2010-11-29 16:45:52	删除

1　　2　　3　　4　　5　　6　　7　　8　　9　　10　　…

图 10-29　日志管理页面

10.2.6　小结

在分析了风电输出功率预测系统各项需求的基础上,确定了系统的总体构架,利用 Microsoft Visual Studio.net 2008、Microsoft Sqlserver 2008 及 Microsoft C#等软件工具开发了风电输出功率预测系统。系统具有智能自学习性、可扩展性、开放性、安全性、兼容性和标准性等特点,实现了风电输出功率的超短期和短期预测。在多个风电场和地区电网调度实际运行表明,系统安全可靠、用户界面友好,可操作性强,能够高精度地实现预测功能,且不受风电机组检修、停机、风电场扩建的限制。

参 考 文 献

[1] 电力行业标准. 光伏发电功率预测系统功能规范(征求意见稿)[EB/OL]. [2012-06-01]. http://dls.cec.org.cn/yijianzhengqiu/2012-05-03/83885.html.

[2] 能源行业标准. 光伏发电站功率预测技术要求(征求意见稿)[EB/OL]. [2012-06-01]. http://dls.cec.org.cn/yijianzhengqiu/2012-05-03/83878.html.

[3] 风电功率预测系统功能规范(NB/T 31046—2013)[S]. 北京: 国家能源局, 2013.

[4] Maciaszek L A. 需求分析与系统设计[M]. 3 版. 马素霞, 王素琴, 谢萍, 等译. 北京: 机械工业出版社, 2009.

[5] Wiegers K E. 软件需求[M]. 2 版. 刘伟琴, 刘洪涛译. 北京: 清华大学出版社, 2004.

[6] Trott J R, Shalloway A. 设计模式解析[M]. 徐言声译. 北京: 人民邮电出版社, 2006.

[7] 布劳德, 李仁发. 软件设计: 从程序设计到体系结构[M]. 北京: 电子工业出版社, 2007.

[8] 梁立新. 项目实践精解: ASP.NET 应用开发(基于 ASP.NET、C#和 ADO.NET 的三层架构案例分析)[M]. 北京: 电子工业出版社, 2010.

[9] 江红, 余青松. 基于.NET 的 Web 数据库开发技术实践教程[M]. 北京: 清华大学出版社, 2007.

[10] 王寅永, 李降宇, 李广歌. SQL Server 深入详解[M]. 北京: 电子工业出版社, 2007.

[11] Vaughn W R, Blackburn P. Visual Studio 与 SQL Server 开发指南[M]. 沈洁, 杨华译. 北京: 清华大学出版社, 2008.

[12] 章立民. ASP.NET 3.5 AJAX 客户端编程精选 166 例[M]. 北京: 科学出版社, 2009.

[13] Troelsen A. C#与.NET 3.5 高级程序设计[M]. 4 版. 朱晔, 肖逵, 张大磊, 等译. 北京: 人民邮电出版社, 2009.

[14] Evjen B, Nagel C, Glynn J. C#高级编程[M]. 李敏波译. 北京: 清华大学出版社, 2006.

[15] 李满潮. Visual C#.NET 编程基础[M]. 北京: 清华大学出版社, 2002.

[16] 刘晓华. 精通.NET 核心技术-原理与构架[M]. 北京: 电子工业出版社, 2002.